KB116962

유클리드기하학,
문제해결의 기술

유클리드기하학, 문제해결의 기술

1판 1쇄 발행 2023. 7. 6.
1판 2쇄 발행 2023. 12. 26.

지은이 박종하

발행인 고세규
편집 김애리 디자인 조명이 마케팅 박인지 홍보 이태린
발행처 김영사
등록 1979년 5월 17일(제406-2003-036호)
주소 경기도 파주시 문발로 197(문발동) 우편번호 10881
전화 마케팅부 031)955-3100, 편집부 031)955-3200 | 팩스 031)955-3111

값은 뒤표지에 있습니다.
ISBN 978-89-349-7942-5 03410

홈페이지 www.gimmyoung.com 블로그 blog.naver.com/gybook
인스타그램 instagram.com/gimmyoung 이메일 bestbook@gimmyoung.com

좋은 독자가 좋은 책을 만듭니다.
김영사는 독자 여러분의 의견에 항상 귀 기울이고 있습니다.

최소 지식으로
최대 아이디어를 만드는
수학적 사고법

유클리드기하학, 문제해결의 기술

박종하 지음

김영사

차례

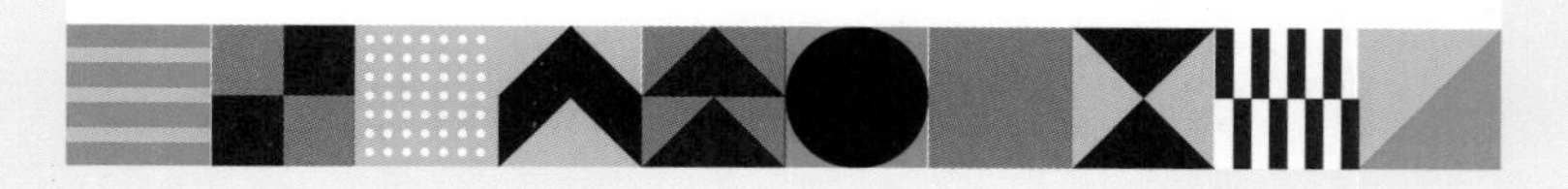

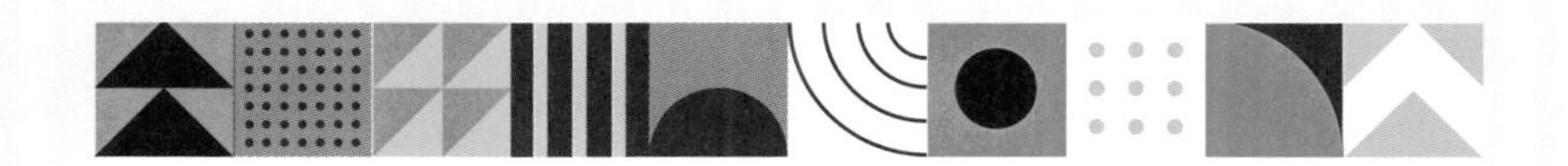

2부 아이디어를 찾는 유클리드식 사고법

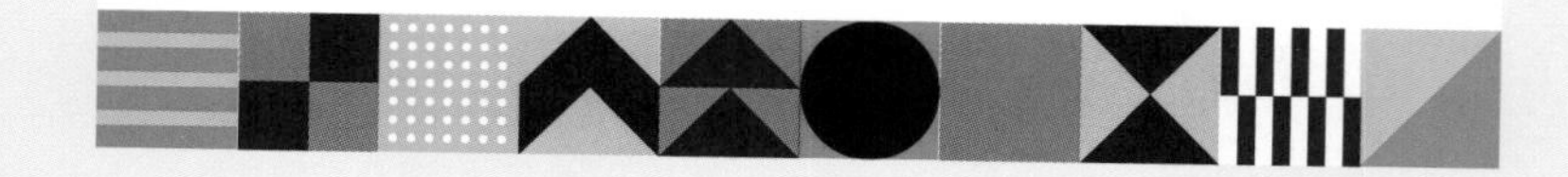

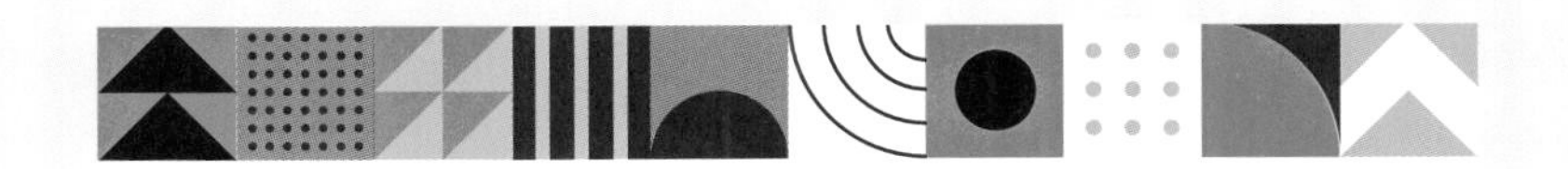

3부 정답의 틀을 깨는 문제해결의 기술

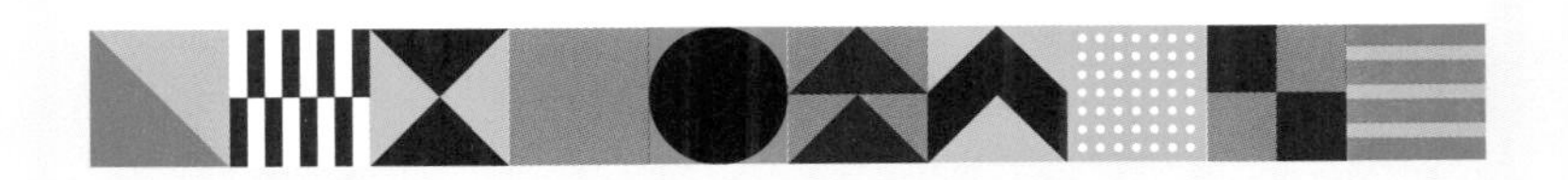

Euclidean
geometry

왜 유클리드기하학인가?

수학의 역사

수학과 철학 그리고 학문은 기원전 6세기경에 살았던 철학자 탈레스에서 시작되었다고 합니다. 물론 그 이전에도 수학과 철학이 있었습니다. 이집트의 피라미드는 지금으로부터 4,500년 전에 지어진 것으로 추정되는데, 즉 탈레스가 태어나기 2,000년 전부터 이미 피라미드가 존재했다는 거죠. 수학과 종교, 철학, 문학의 수준이 이미 상당히 발전해 있었습니다. 그런데 탈레스를 필두로 당시 고대 그리스의 철학자와 수학자들이 그런 지식을 체계적으로 정리해서 학문의 형태로 만들기 시작했습니다. 그래서 탈레스를 최초의 수학자로 보는데요, 고대 그리스의 중요한 수학자 몇 명을 간단하게 살펴봅시다.

- 탈레스Thales BC 625?~BC 547?
- 피타고라스Pythagoras BC 580?~BC 500?
- 히포크라테스Hippocrates BC 460~BC 377?
- 플라톤Platon BC 428?~BC 347?
- 유클리드Euclid BC 330~BC 275
- 아르키메데스Archimedes BC 287?~BC 212
- 에라토스테네스Eratosthenes BC 276?~BC 194?
- 아폴로니오스Apollonios BC 262?~BC 190?

'유클리드기하학'이라는 제목이 의미하는 것처럼, 이 책은 유클리드가 활동했던 기원전 300년경의 수학에 관한 내용을 다룹니다. 유클리드는 당시까지의 수학을 집대성하여 《원론》이라는 책을 썼습니다. 당시의 사람들이 알고 있던 수학은 기하학이었습니다. 기하학은 영어로 'geometry'라고 하는데, 이 용어는 땅을 측량한다는 의미입니다.

당시 사람들에게는 집을 짓고 건물을 쌓고 땅을 측량하는 등 실용적인 목적으로 수학이 필요했습니다. 그래서 선을 긋고 도형을 그려서 각이나 길이 또는 넓이를 구하는 기하학이 수학의 대부분이었던 거죠. 플라톤은 자신이 설립한 학원 '아카데메이아'의 입구에 "기하학을 모르는 사람은 들어오지 마시오"라고 써 붙였는데,

여기서 기하학이 바로 수학을 의미합니다. 인류 역사상 거의 최초의 수학 교과서라고 할 수 있는 유클리드의 책《원론》은《기하학 원론》이라고도 합니다.

고대 그리스의 수학은 기원후 400년경까지 발전했는데, 그 이후에 로마가 세상의 중심이 되면서 종교적인 이유로 수학 연구를 허용하지 않았습니다. 종교의 힘이 막강했던 시기, 즉 중세가 1,000년 동안 지속되었고 유럽에서는 1,000년 동안 수학이 발전하지 못했습니다. 그사이 아라비아 상인들은 장사를 활발하게 하면서 대수학을 발전시켰습니다. 인도에서 시작된 위치 기수법인 새로운 수 체계, 아라비아숫자를 바탕으로 대수학을 발전시켰죠. 15세기에 구텐베르크가 금속활자를 만들면서 출판인쇄술이 발전했습니다. 그리고 16세기에 상업의 발전으로 사람들의 이동과 교류가 활발해진 르네상스 시대를 거치며 17세기에는 고대 그리스의 책들이 라틴어나 프랑스어로 번역되어 출판되기 시작합니다.

17세기 초에 당시의 언어로 번역되어 출판된 고대 그리스의 책 가운데 최고의 베스트셀러는 단연 유클리드의《원론》이었습니다. 유클리드의《원론》은 20세기 초까지 성경 다음으로 가장 많이 팔린 책이라는 타이틀을 얻었습니다. 수학자와 철학자뿐 아니라 당대 지성인 대부분이 유클리드의《원론》을 공부하며 '생각하는 기술'을 배웠습니다. 데카르트나 뉴턴 같은 수학자만이 아니라 스피노자나 칸트와 같은 철학자도 유클리드의《원론》을 공부하여 그 방법으로 생각하고 글을 썼던 것으로 유명합니다.

이 책에서는 유클리드의 《원론》에서 다루는 고대 그리스의 수학을 공부해볼 것입니다. 고대 그리스인이 한정된 지식으로 주어진 문제를 어떻게 풀었는지 경험하고 체험하는 시간이 되시길 바랍니다.

유클리드기하학의 재미

유클리드기하학을 배우는 시간은 기본적인 내용을 바탕으로 문제를 풀면서 인지적인 재미를 경험하는 즐거운 시간이 될 것입니다. 우리가 느끼는 재미는 정서적인 재미와 인지적인 재미로 나눌 수 있습니다. 생각지도 못했던 아이디어를 만나거나 잘 구조화된 숨겨진 규칙을 만날 때 우리는 생각의 재미를 느낍니다. 그러면서 자연스럽게 논리적인 사고와 창의적인 발상을 경험하고 키우게 됩니다.

고대 그리스에서 수학이 발전한 이유 중 하나는 그곳에서 민주주의가 시작되었기 때문입니다. 민주주의란 의견이 다른 사람들과 합리적으로 토론하며 자신의 생각을 논리적으로 설명하고 상대를 설득하는 과정입니다. 따라서 민주주의에서는 토론과 설득이 중요한데, 고대 그리스에는 그런 토론과 설득으로 상대를 제압하는 방법을 가르치는 소피스트들이 있었습니다.

그런데 많은 소피스트들이 합리적이고 논리적으로 상대를 설득하기보다는 궤변으로 자신의 주장을 펼쳤습니다. 그래서 플라톤과 같은 사람은 절대적인 진리를 추구하며 수학을 더욱더 강조했던 겁니다. 수학에서 증명은 "어제는 틀렸지만 오늘은 맞는다" 또는 "서울에서는 맞지만 뉴욕에서는 틀린다"와 같이 상황에 따라 달라지는 것이 아니라 "언제 어디서나 항상 맞는다"와 같은 절대적인 것이기 때문이죠.

수학을 통해 우리가 배울 수 있는 생각의 기술을 크게 논리와 창의로 나눠서 살펴보겠습니다. 논리는 단계를 하나씩 하나씩 밟으며 확실하고 오류가 없는 생각을 전개하는 것입니다. 창의는 이런저런 생각을 해보며 존재할 수 있는 다양한 가능성을 찾는 것입니다. 논리는 확실하고 오류가 없는 생각을 하는 시간이고, 창의는 새로운 가능성을 찾는 시간이라고 할 수 있습니다.

기하학에서 증명은 논리적인 생각을 하는 과정이고, 주어진 문제를 해결할 때에는 창의적인 생각을 하게 됩니다. 예를 들어봅시다.

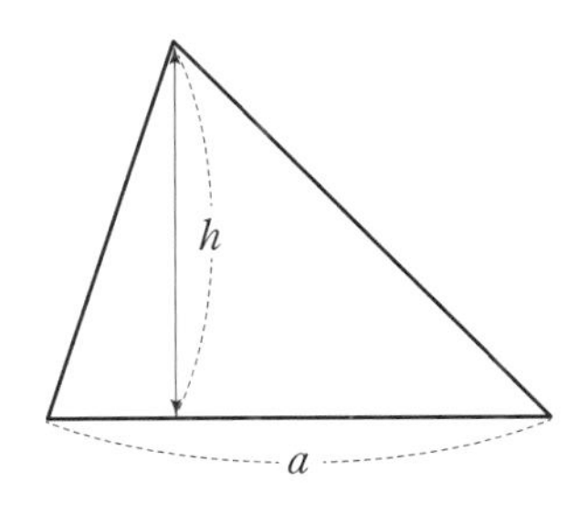

$$S=\frac{1}{2}ah$$

삼각형의 넓이는 $\frac{1}{2}\times$(밑변)$\times$(높이)입니다. 이 공식은 널리 알려져 있는데요, 왜 삼각형의 넓이는 이렇게 구할 수 있는 것일까요? 이렇게 이유를 파헤칠 때에는 왜 그런지 논리적인 근거를 찾고 과정을 하나하나 밟아야 합니다. 그런 과정이 바로 논리입니다.

삼각형의 넓이에 관한 공식이 성립하는 이유를 다음과 같이 설명할 수 있습니다. 삼각형이 하나 주어지면 다음과 같은 사각형을 그릴 수 있습니다. 그리고 삼각형의 한 꼭짓점에서 마주 보는 변에 수직으로 선을 그어보면 삼각형이 사각형을 정확하게 반으로 나눈다는 것을 알 수 있습니다.

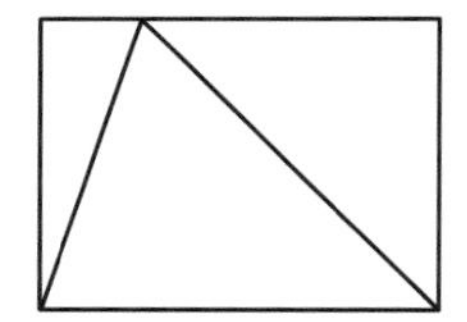

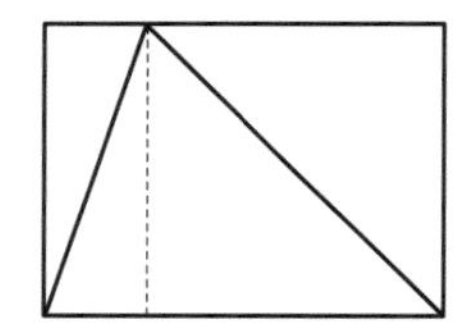

사각형 넓이의 반이 삼각형의 넓이이고, 사각형의 넓이는 삼각형의 (밑변)×(높이)입니다. 따라서 삼각형의 넓이는 $\frac{1}{2}$×(밑변)×(높이)입니다. 아주 쉬운 삼각형 넓이의 공식을 살펴봤는데, 피타고라스의 정리를 포함하여 이 책에는 많은 기하학의 정리가 있습니다. 그것들의 증명 과정을 하나하나 살펴보면 논리적으로 생각하는 힘을 키우는 데 도움이 될 것입니다.

증명이 아닌 기하학 문제를 풀 때에는 다양한 경우를 상상하며 문제에 접근하는데, 그러한 과정에서 우리의 창의력을 발휘할 수 있습니다. 가령 다음과 같이 우리에게 익숙한 관계를 잠깐 볼까요? 우리는 직각삼각형의 두 각이 30°, 60°일 때 세 변의 길이 사이에

$1:\sqrt{3}:2$라는 비가 성립한다는 사실을 알고 있습니다. 그런데 길이의 관계가 왜 이럴까요? 다음과 같은 직각삼각형에서 x, y의 값은 어떻게 생각해야 할까요?

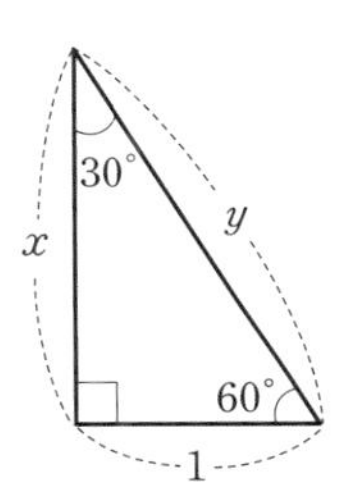

길이의 관계를 무조건 $1:\sqrt{3}:2$라고 외우는 것이 아니라 주어진 도형의 상황을 상상해봐야 합니다. 이 도형과 똑같은 도형을 상상하여 왼쪽으로 펼쳐보면 다음과 같은 정삼각형이 나옵니다.

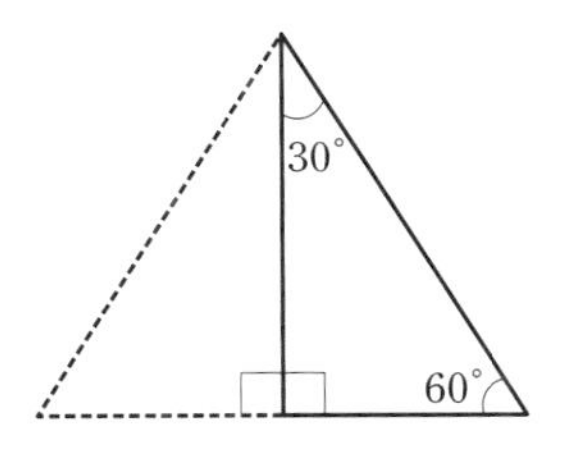

주어진 길이가 1이면 정삼각형 한 변의 길이는 2이고, 높이는 피타고라스의 정리에 따라 $\sqrt{3}$이라는 것을 알 수 있습니다. (피타고라스의 정리가 익숙하지 않으신 분들은 이 책을 쭉 읽다 보면 자연스럽게 이해하실 수 있을 것입니다.)

또 하나의 문제를 같이 살펴볼까요? 처음에는 약간 어려울 수도 있으니 같이 문제를 한 단계 한 단계 밟아가며 풀어봅시다. 다음과 같은 삼각형에서 x의 길이를 구하는 문제입니다.

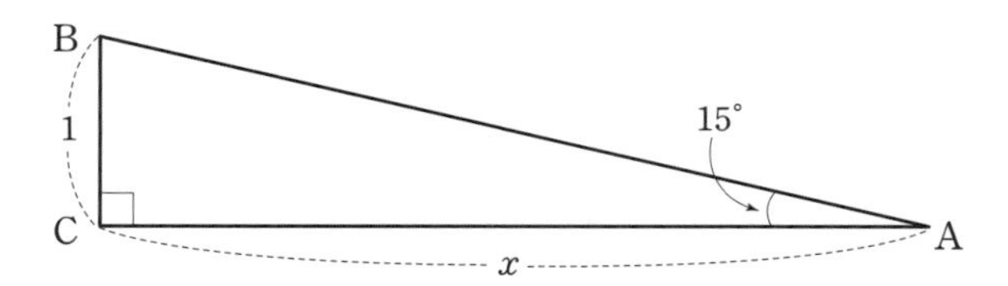

두 각이 30°, 60°인 직각삼각형 세 변의 관계는 앞에서 살펴본 것처럼 쉽게 알 수 있습니다. 그런데 이 문제는 하나의 각이 15°인 직각삼각형입니다. 이런 문제를 풀 때에는 문제의 상황을 다각도로 생각해보며 때로는 없는 것을 상상해보아야 합니다. 삼각형의 세 내각을 더하면 180°이니까 ∠B는 75°입니다. 일단 ∠B를 75°=60°+15°로 나누는 선을 그어봅시다.

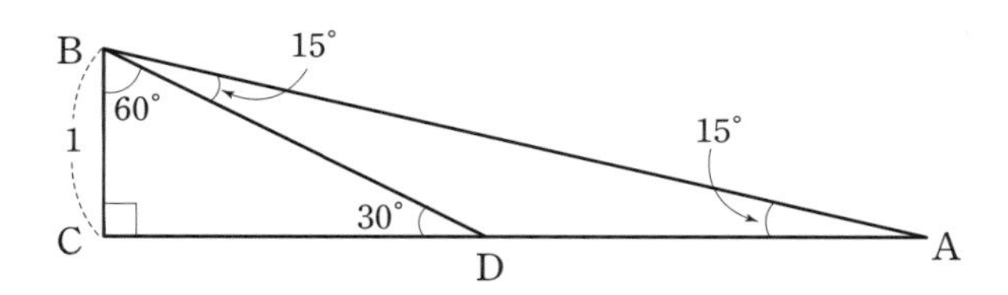

이렇게 나누면 직각삼각형 BCD는 두 각이 30°, 60°인 직각삼각형이 되고, 삼각형 BDA는 이등변삼각형이 됩니다. 두 각이 30°, 60°인 직각삼각형 세 변의 비는 $1:\sqrt{3}:2$입니다. 따라서 $\overline{\text{CD}}$의 길이는 $\sqrt{3}$이고 $\overline{\text{BD}}$의 길이는 2입니다. 삼각형 BDA가 이등변삼각형이므로 $\overline{BD}$와 $\overline{DA}$의 길이는 같습니다. 따라서 $\overline{DA}$의 길이는 2입니다. 여기에서 우리가 원하는 x는 $\overline{CA}$의 길이이므로, $\overline{CD}$와 $\overline{DA}$를 더한 $\sqrt{3}+2$입니다.

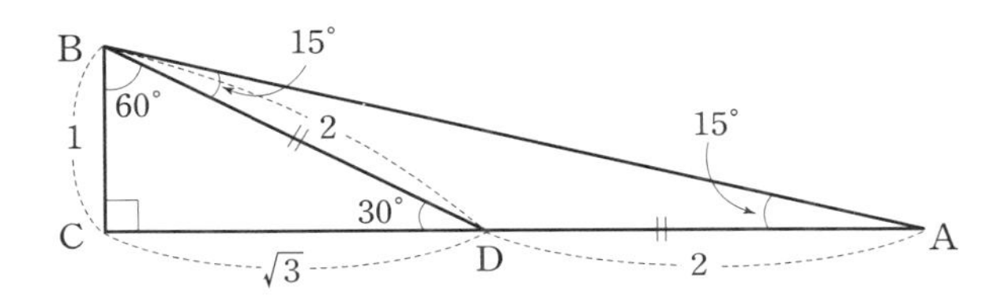

논리적인 생각과 창의적인 생각

논리적인 생각과 창의적인 생각을 다시 한번 정리해보면, 논리는 있는 것에서 출발하여 내가 필요한 결론을 찾아가는 것이고 창의는 없는 것을 상상하며 새로운 것을 만들어가는 것입니다. 기하학을 증명할 때에는 논리가 많이 쓰이고, 기하학 문제를 풀 때에는 도형이나 직선을 회전시키고 뒤집으며 때로는 없는 것을 새로이 상상하기도 하는 창의가 많이 쓰입니다. 이 책은 논리보다는 창의에 좀 더 초점을 맞추어 논리적인 근거를 확실하게 따지면서도 창의적인 아이디어로 상상하며 문제를 해결하는 경험을 하는 데 중점을 두었습니다.

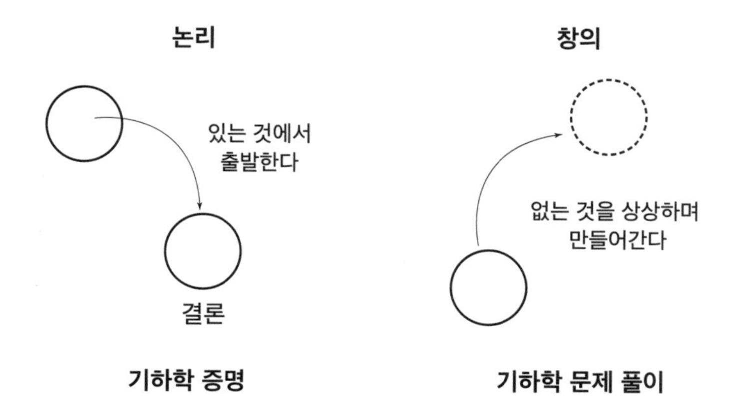

한 권의 책에 기하학의 방대한 내용을 모두 담을 수는 없기 때문에 이 책에서는 유클리드기하학 중 평면기하학만 다루었습니다. 초등학교 4학년 수준의 수학 지식만 있으면 대부분의 문제를 해결할 수 있습니다. 중학교 수학은 피타고라스의 정리 정도인데, 이 부분도 지식은 최소화했습니다. 이 책에 지식이 없어서 못 푸는 문제는 없습니다. 중간중간 필요한 내용을 요약해서 알려줄 것이기 때문에 지식을 찾기보다는 문제를 파악하고 해결하는 아이디어를 찾으며 즐기길 바랍니다.

1부

최대 아이디어를 위한 최소 지식

Euclidean
geometry

1장

자신감이 기본이다

자신감과 적극적인 태도가 필요하다

수학 문제를 풀 때 가장 중요한 것은 자신감을 갖고 적극적으로 생각하는 태도입니다. 우리가 유클리드기하학을 배우는 목적도 결국 그것을 활용하여 우리에게 주어진 문제를 해결하기 위해서입니다. 문제를 풀 때에는 지식이 필요하지만, 더 중요한 것은 바로 문제를 대하는 나의 태도입니다.

"난 잘 못 푸는데."

"난 이런 거 잘 모르는데."

"난 수학이 싫은데."

이런 마음가짐으로 문제를 대하면 쉽게 풀 수 있는 문제도 풀지 못하게 됩니다. 관련 지식을 충분히 익히고 문제 풀이 연습을 많이 했어도 어렵게만 느껴지는 거죠. 그래서 문제를 풀 때에는 자신감을 갖고 적극적으로 문제에 달려들어야 합니다. 내가 문제를 풀 수 있다고 스스로 믿어야 문제가 풀립니다. 지레 겁을 먹고 자신이 문제를 풀지 못할 거라고 여기는 순간 실제로 문제에 지고 맙니다.

이번 장에서는 지식보다는 아이디어가 필요한 문제를 몇 개 소개합니다. 문제를 푸는 데 필요한 지식을 이미 내가 충분히 갖추었다고 생각하고, 적극적으로 문제해결의 아이디어를 찾아보세요. '겁먹으면 꽝이다'라는 마음가짐으로 자신 있게 문제를 풀어보세요.

문제 1 다음 그림에서 색칠된 부분의 넓이를 구하세요.

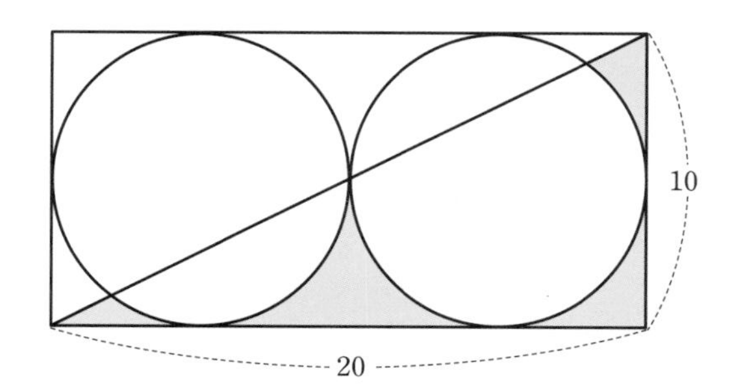

문제가 잘 풀리지 않아도 일단 3분 동안 문제를 풀어보세요. 3분 넘게 문제를 해결하려고 노력했는데도 문제가 풀리지 않는다면 다음 질문을 한번 보시죠. 색칠된 부분의 넓이를 어떻게 계산할까요?

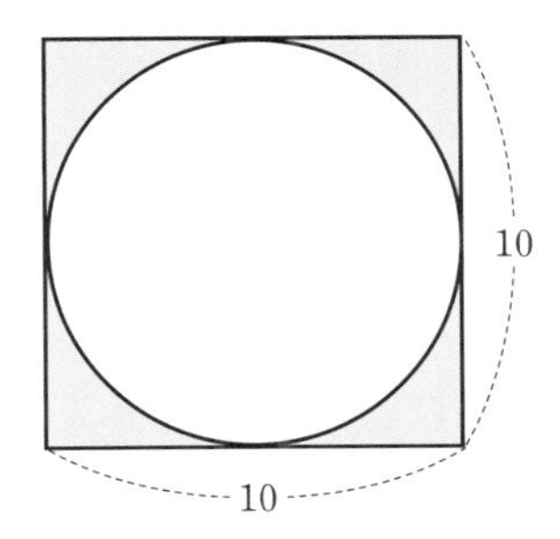

색칠된 부분의 넓이를 계산하려면 정사각형의 넓이에서 원의 넓이를 빼면 됩니다. 정사각형 안에 꼭 들어맞는 원이니까 지름이 10, 반지름이 5입니다. 그래서 다음과 같이 계산하여 넓이를 구할 수 있습니다.

$$\text{정사각형의 넓이} - \text{원의 넓이} = 10^2 - 5^2\pi = 100 - 25\pi$$

[문제 1]은 실제로 위 문제와 같은 문제입니다. 다음과 같이 그림의 가운데를 잘라보세요.

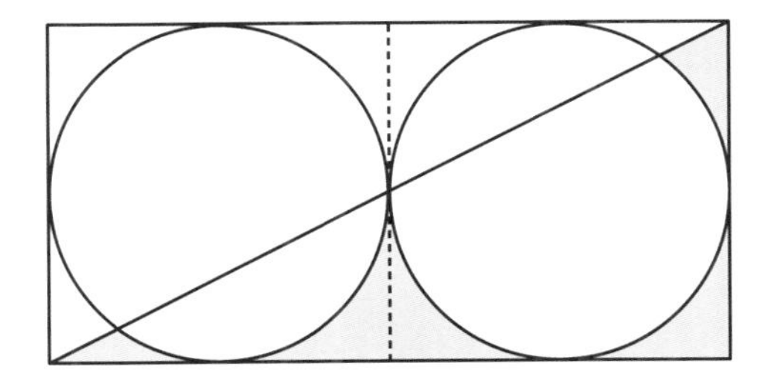

이렇게 직사각형의 가운데를 자르면, 모양과 크기가 딱 들어맞

는 부분들이 보입니다. 왼쪽 아래에 색칠된 부분을 오른쪽 위로 옮겨서 색칠된 부분을 한쪽으로 몰면 다음과 같습니다.

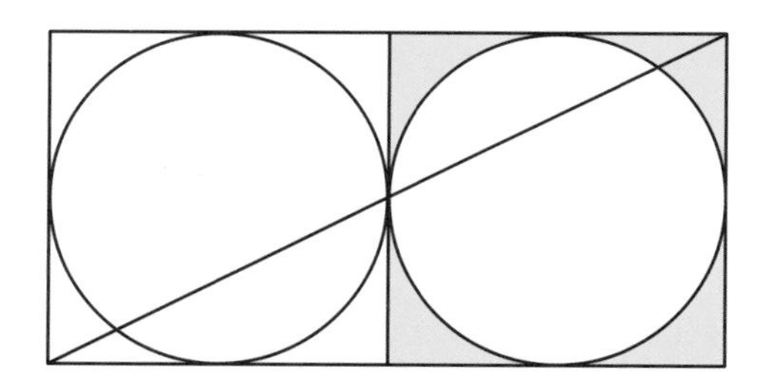

자르고 옮겨서 붙이니까 복잡해 보이던 문제가 정사각형에서 원의 넓이를 빼는 쉬운 문제로 바뀌는 것을 볼 수 있습니다. 앞에서 살펴본 것처럼 한 변의 길이가 10인 정사각형의 넓이는 $10\times10=100$이고 반지름이 5인 원의 넓이는 25π이므로 색칠된 부분의 넓이는 $100-25\pi$입니다.

방금 해본 것처럼 문제를 해결하려면 적극적인 태도로 아이디어를 찾아야 합니다. 문제를 몇 개 더 소개합니다.

문제 2 **다음 그림에서 색칠된 부분의 넓이를 구하세요.**

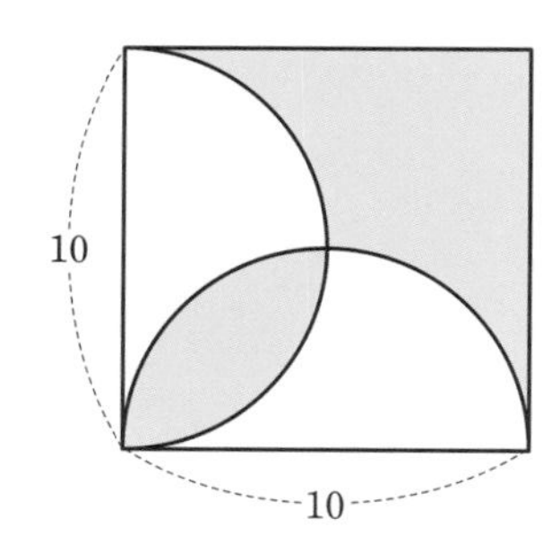

색칠된 부분의 넓이는 얼마일까요? 사실 저도 처음 이 문제를 풀 때 시간이 꽤 걸렸습니다. 그런데 어떤 사람은 문제를 잠시 본 뒤 바로 답을 내더군요. 계산을 하기 전에 일단 다음과 같은 보조선을 긋고 문제를 살펴봅시다.

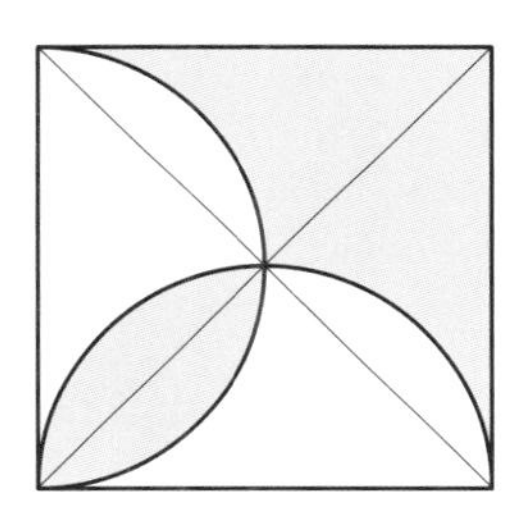

이렇게 보조선을 그어보면 색칠된 부분의 면적은 전체 정사각형의 절반이라는 것을 쉽게 알 수 있습니다. 전체 정사각형의 면적이 100이기 때문에 색칠된 부분의 면적은 50입니다.

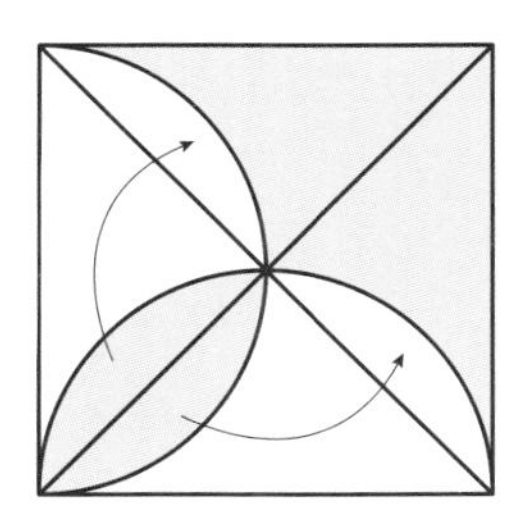

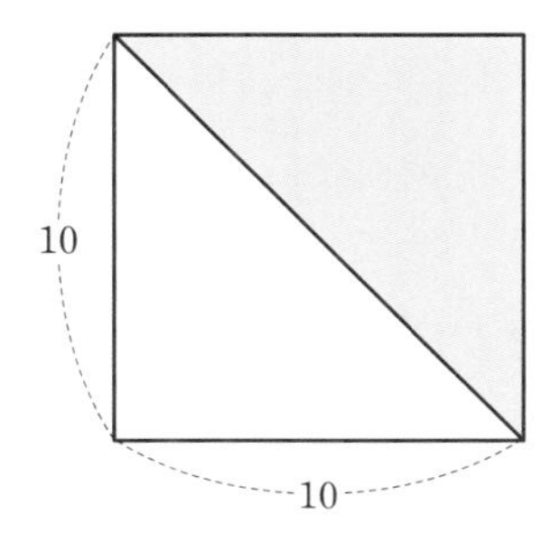

문제 3 다음 그림에서 색칠된 부분의 넓이를 구하세요.

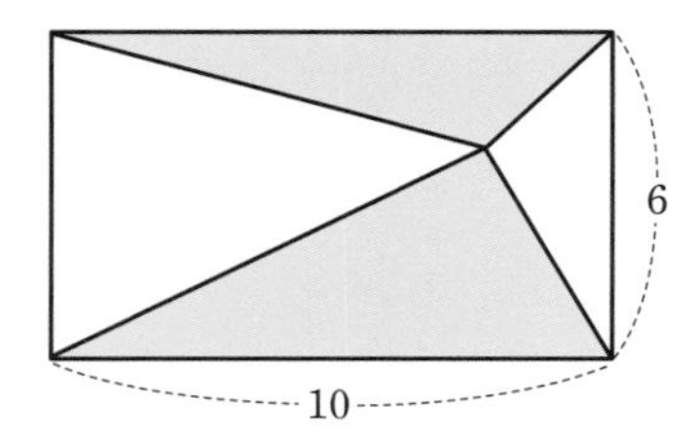

문제를 파악하기 위해 다음과 같이 선을 그어보세요.

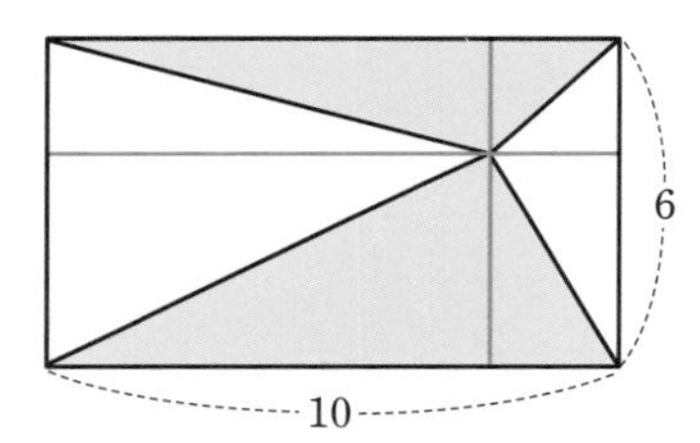

이렇게 나누면 색칠된 부분과 색칠되지 않은 부분이 직사각형을 정확하게 절반씩 차지하고 있다는 것을 알 수 있습니다. 여기에서 전체 직사각형의 넓이는 $10 \times 6 = 60$입니다. 따라서 색칠된 부분의 넓이는 30입니다.

문제 4 다음 정사각형 세 개의 넓이를 구하세요.

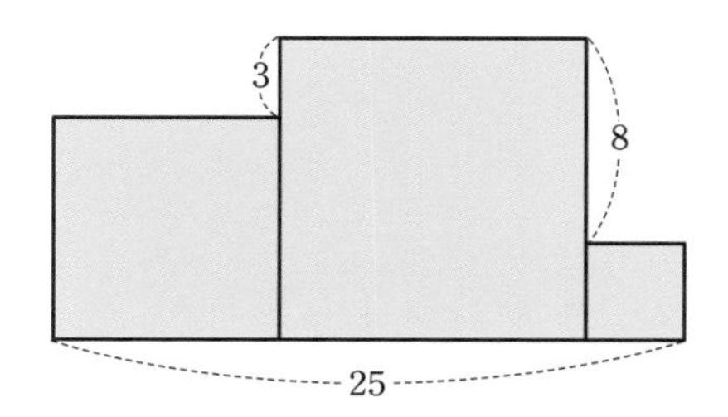

[문제 4]는 정사각형 세 개가 붙어 있습니다. 문제를 해결하기 위해 정사각형의 각 변을 합한 길이 25를 다음과 같이 표시해보세요.

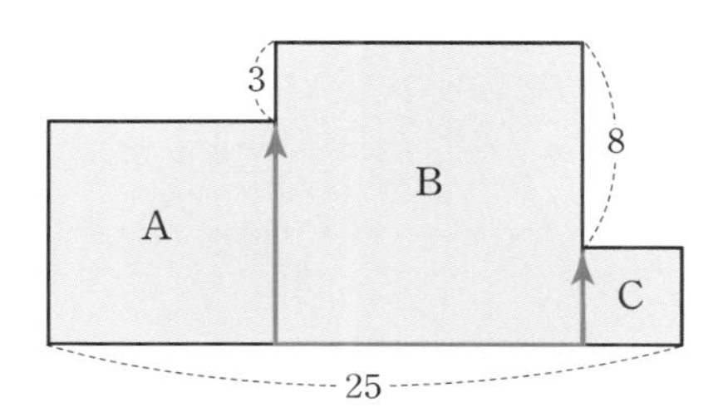

이렇게 보면 정사각형 B의 세 변의 길이는 $25+3+8=36$입니다. 여기에서 B의 한 변의 길이는 12이고, A의 한 변의 길이는 $12-3=9$, C의 한 변의 길이는 $12-8=4$입니다. 따라서 정사각형 세 개의 넓이는 $9^2+12^2+4^2=81+144+16=241$입니다.

능동적이고 적극적으로 조작하기

문제해결의 아이디어를 찾으려면 문제를 능동적이고 적극적으로 조작해봐야 합니다. 변형도 해보고 반대 방향으로 선을 그어보기도 하는 거죠. 문제의 조건을 바꾸지 않는다는 전제하에 적극적으로 문제를 다양하게 다뤄보는 것이 문제해결의 아이디어를 찾는 방법입니다. 다음 문제를 한번 볼까요?

문제 5 다음 그림에서 색칠된 부분의 넓이를 구하세요.

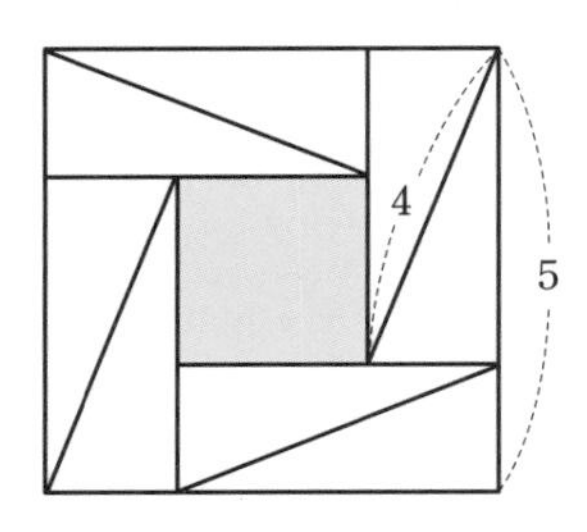

이 문제는 언뜻 보면 적당한 x, y를 잡아서 피타고라스의 정리와 같은 공식을 적용해야 할 것처럼 보입니다. 하지만 적극적으로 문제를 재구성해보면 생각보다 쉽게 계산할 수 있는 문제입니다. 문제에서 주어진 대각선의 방향을 한번 바꿔보세요. 문제를 재구성하여 대각선의 방향을 다음과 같이 바꿔보면, 큰 정사각형과 색칠된 정사각형 사이에 또 하나의 정사각형을 발견할 수 있습니다.

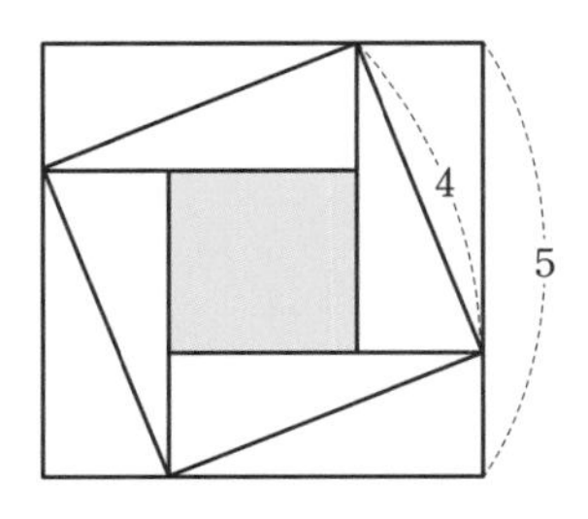

직사각형에서 대각선은 직사각형을 반으로 나눕니다. 따라서 길이가 5인 정사각형에서 길이가 4인 정사각형을 뺀 부분의 넓이는 길이가 4인 정사각형에서 가장 작은 정사각형을 뺀 것과 같습니다.

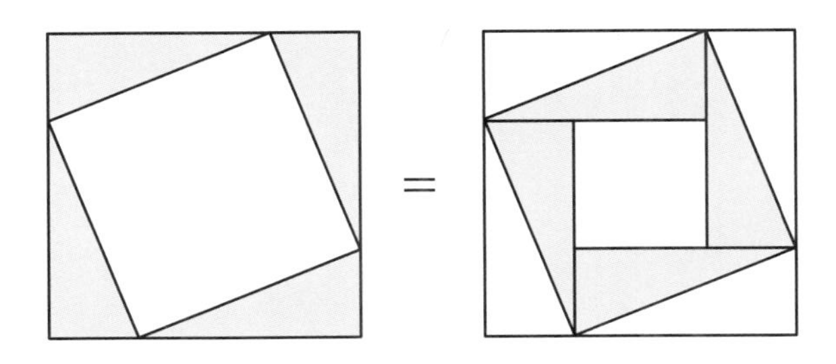

전체 정사각형의 넓이는 25이고, 가운데 정사각형의 넓이는 16이기 때문에 전체 정사각형에서 가운데 정사각형을 뺀 부분의 넓이는 25－16＝9입니다. 또한 넓이가 16인 정사각형에서 색칠된 부분을 뺀 부분의 넓이도 9입니다. 따라서 색칠된 부분의 넓이는 16－9＝7입니다.

문제 6 **정육각형을 다음 그림과 같이 두 부분으로 나눴습니다. 색칠된 부분과 색칠되지 않은 부분의 넓이의 비를 구하세요.**

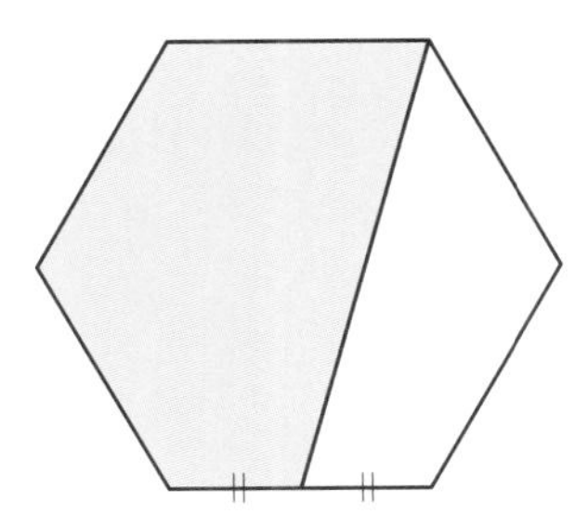

정육각형을 다음과 같이 나눠보세요.

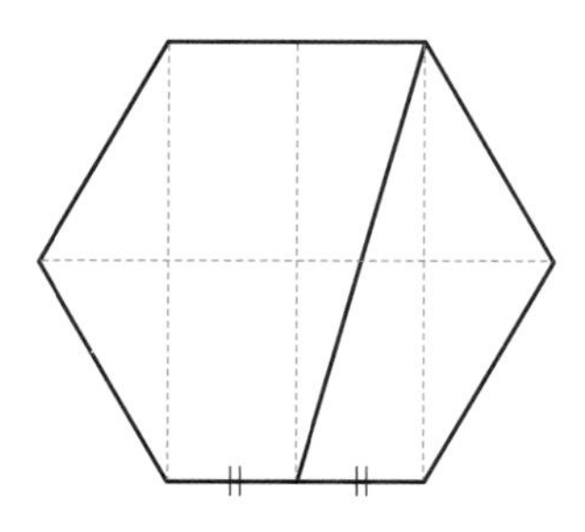

색칠된 부분은 직사각형 4개 넓이, 색칠되지 않은 부분은 직사각형 2개 넓이에 해당합니다. 따라서 넓이의 비는 색칠된 부분 : 색칠되지 않은 부분 = 2 : 1입니다.

상상력을 자극하기

유클리드기하학 문제를 풀 때 느낄 수 있는 쾌감 중 하나는 문제가 우리의 상상력을 자극한다는 것입니다. 문제를 풀기 위해 상황을 재구성하며 우리는 다양한 상상을 하게 됩니다. 적극적으로 다양한 상상을 하는 사람이 결국 어려운 문제도 쉽게 해결할 수 있습니다.

문제 7 **똑같은 모양의 직사각형을 다음 그림과 같이 배열했습니다. 직사각형 하나의 넓이는 얼마일까요?**

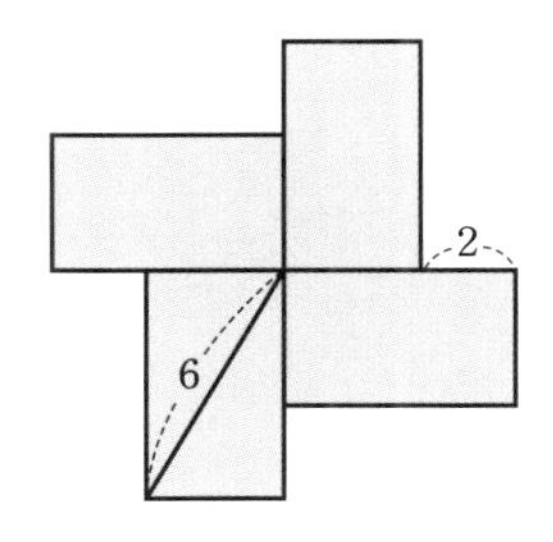

문제의 직사각형을 움직여 다음과 같이 다시 배열해볼까요?

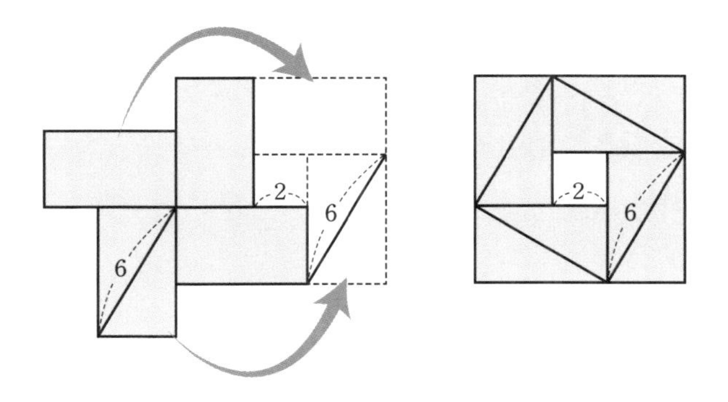

이렇게 주어진 직사각형을 다시 배열했더니, [문제 7]이 [문제 5]와 비슷한 모양이 되었네요. 색칠된 부분의 넓이는 한 변의 길이가 6인 정사각형에서 한 변의 길이가 2인 내부의 정사각형을 뺀 것의 2배입니다. 즉 $2\times(6\times6-2\times2)=64$입니다. 직사각형 4개의 합이 64이므로 직사각형 하나의 넓이는 16입니다. 무작정 계산부터 할 것이 아니라 다양한 경우를 상상하면서 상황을 재구성해 얻은 아이디어로 문제해결에 이르면 유클리드기하학의 진정한 매력을 맛볼 수 있습니다.

문제 8 **다음 그림에서 색칠된 부분의 넓이를 구하세요.**

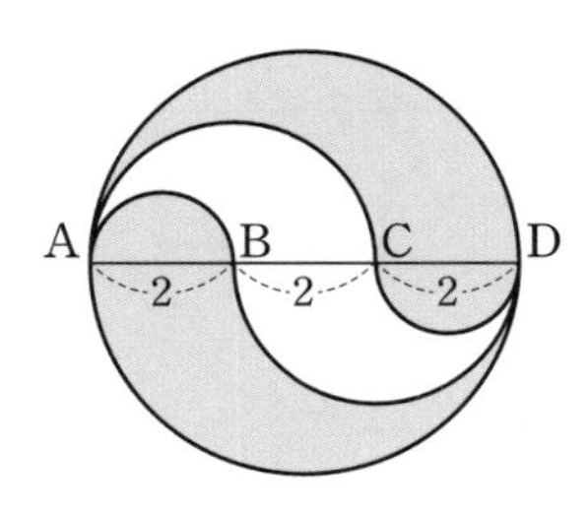

이 문제는 이렇게 상상해볼 수 있습니다. 주어진 원에서 색칠되지 않은 부분의 아랫부분을 좌우대칭으로 옮겨보는 겁니다. 그러면 다음과 같은 그림이 되는데, 이것이 바로 우리가 구하는 부분과 같은 넓이입니다.

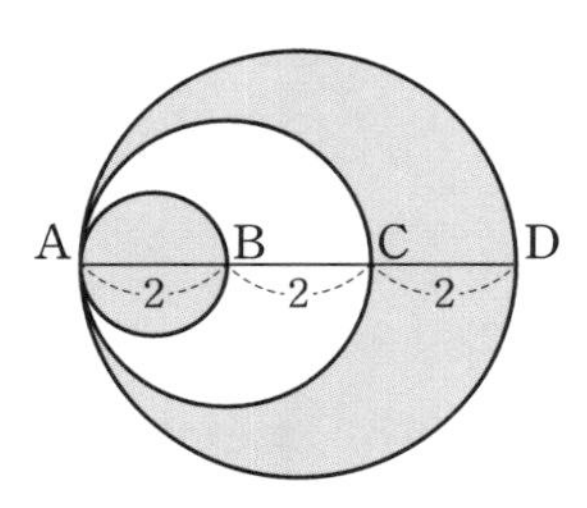

색칠된 부분의 넓이는 지름이 6인 원의 넓이에서 지름이 4인 원의 넓이를 빼고 지름이 2인 원의 넓이를 더하면 구할 수 있습니다. 즉 $3^2\pi-2^2\pi+1^2\pi=6\pi$입니다.

내가 선생님이라면? 가정하기

시험을 준비하는 효과적인 공부 방법 중 하나는 선생님의 입장에서 시험문제를 만들어보는 겁니다. '내가 선생님이라면 어떤 문제를 낼까?'와 같은 생각을 하며 직접 문제를 만들어보는 거죠. 선생님의 입장에서 시험문제를 만들어보면 학생의 입장에서 보는 것보다 더 넓은 시각으로 다양한 생각을 할 수 있기 때문에 매우 좋은 공부 방법입니다.

선생님의 입장에서 출제하고 싶은 문제 두 개를 소개합니다. 특별한 지식이 필요한 문제는 아니므로 10분 내에 두 문제를 모두 풀어보세요. 문제를 먼저 풀어본 뒤 각각의 해설을 참조하기 바랍니다.

문제 9 진하게 색칠된 부분의 넓이가 6일 때, 연하게 색칠된 부분의 넓이는 얼마일까요?

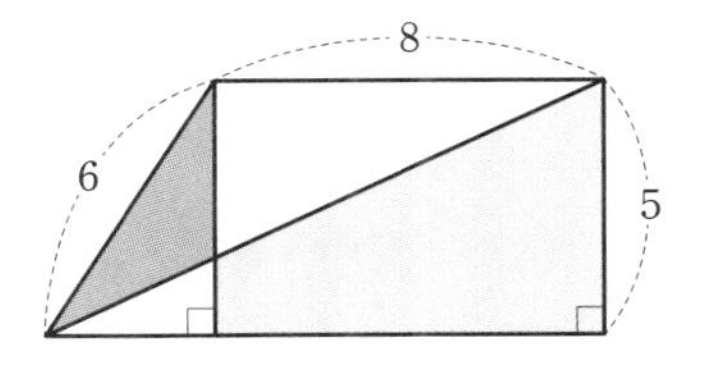

문제 10 다음에 주어진 사각형의 넓이는 얼마일까요?

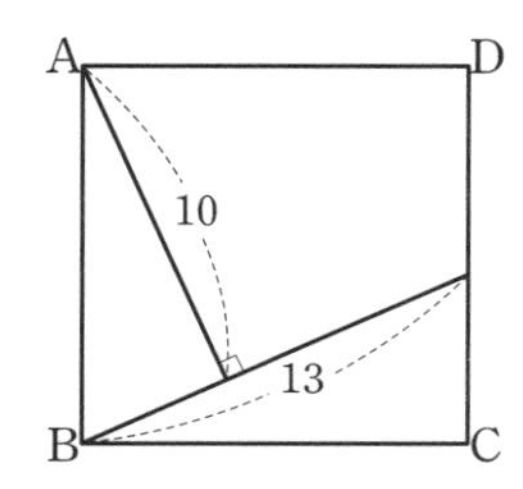

먼저 [문제 9]를 같이 풀어봅시다. 주어진 문제의 도형에 다음과 같이 선을 하나 그어보세요.

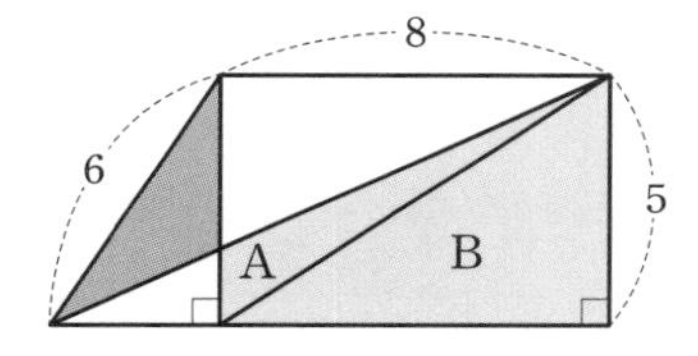

이렇게 선을 그어보면 우리가 구하려고 하는 연하게 색칠된 부분을 A와 B로 나눠서 생각할 수 있습니다. B 부분은 밑변이 8이고 높이가 5인 직각삼각형이므로 넓이가 $\frac{1}{2}\times 8\times 5=20$입니다.

진하게 색칠된 부분과 A만 따로 떼어보면 다음과 같이 나타낼 수 있습니다.

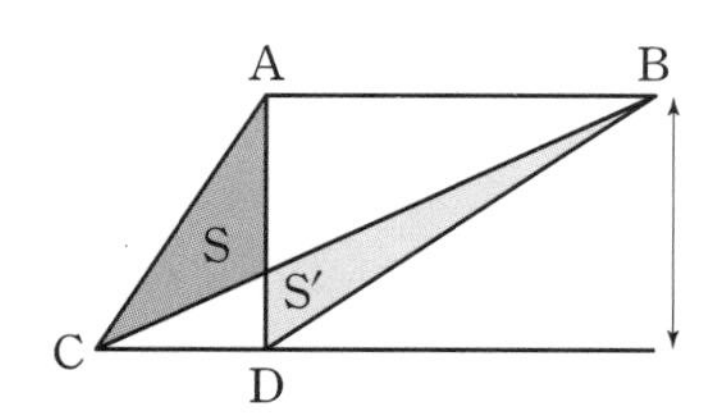

이 그림에서 S와 S′ 부분의 넓이는 같습니다. 삼각형 ABC와 삼각형 ABD는 밑변과 높이가 같은데, S와 S′는 두 삼각형에서 겹치는 부분을 제외한 나머지 부분이기 때문입니다. 이것을 문제에 적용하면 A의 넓이는 6입니다. 따라서 연하게 색칠된 부분의 넓이는 $A+B=6+20=26$입니다.

[문제 10]에는 다음과 같이 A와 E를 연결하는 선을 하나 그어 보세요.

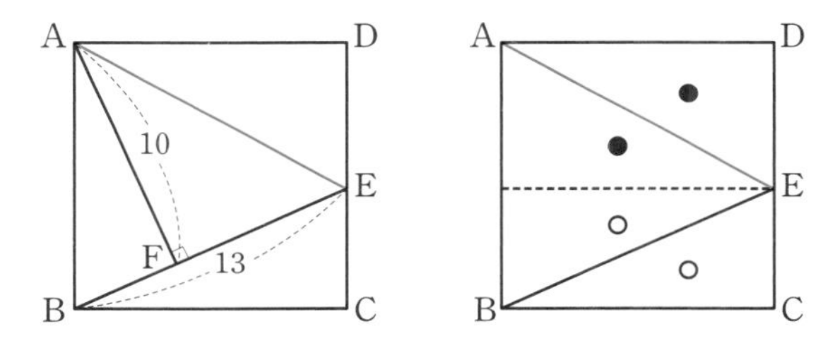

이렇게 하면 삼각형 ABE가 만들어지는데, 삼각형 ABE는 사각형 ABCD의 정확히 $\frac{1}{2}$입니다. 그 이유는 다음과 같은 기준선을 그려보면 알 수 있습니다. 삼각형이 사각형을 반으로 나누므로 삼각형 ABE의 넓이는 $\frac{1}{2}\times$(밑변)$\times$(높이)입니다. 따라서 삼각형 ABE의 넓이는 65이고, 사각형 ABCD의 넓이는 130입니다.

이번 장에서는 본격적으로 유클리드기하학의 내용을 접하기에 앞서 센스를 발휘하여 아이디어를 찾는 것의 중요성을 강조하기 위해 특별한 지식이 필요하지 않은 문제들을 소개했습니다. 앞에서 강조한 것처럼 문제를 풀 때에는 자신감을 갖고 적극적으로 문제에 접근해야 합니다. 때로는 기하학 문제처럼 보이지만 기하학 문제라고 말할 수 없는 문제도 있습니다. 재미로 즐기는 퍼즐에 더 가까운 문제 두 개를 소개합니다. 한번 풀어보시죠.

문제 11 다음은 크기가 같은 두 삼각형을 작은 삼각형으로 나눠 각각 일부 삼각형을 색칠한 것입니다. 왼쪽과 오른쪽 그림에서 색칠된 부분의 넓이가 더 큰 쪽은 어디일까요?

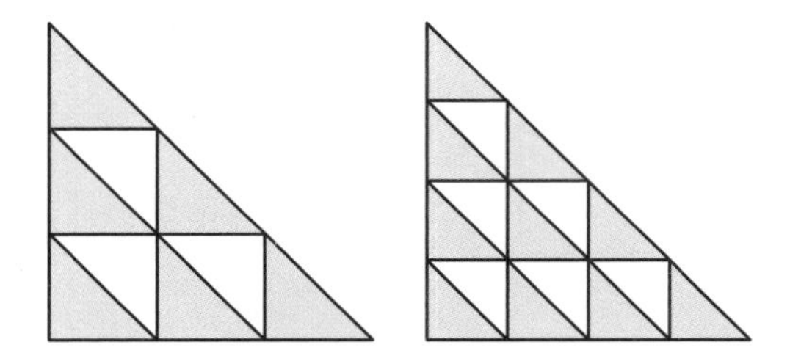

문제 12 다음 그림에서 색칠된 부분의 넓이를 구하세요.

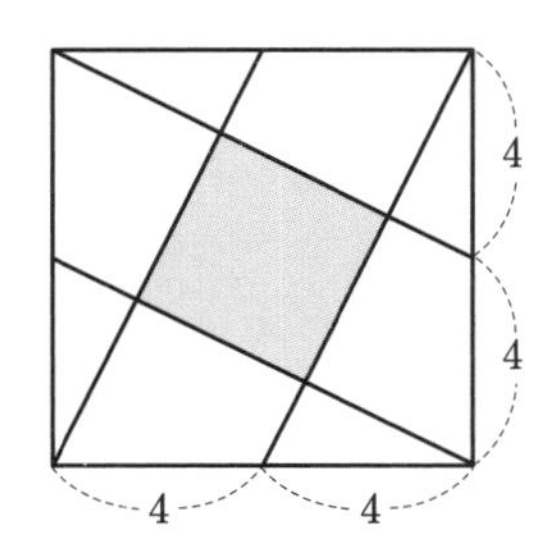

먼저 [문제 11]을 살펴봅시다. 이 문제는 도형이 나오지만, 사실 기하학 문제가 아닙니다. 각각의 삼각형에서 색칠된 부분이 전체에서 차지하는 비율이 얼마인지 따져보세요. 왼쪽 그림에서 색칠된 부분은 전체를 9개로 나눈 것 중에 6개를 차지하므로 전체의 $\frac{6}{9}=\frac{2}{3}$입니다. 오른쪽 그림에서 색칠된 부분은 전체를 16개로 나눈 것 가운데 10개를 차지하므로 전체의 $\frac{10}{16}=\frac{5}{8}$입니다. 이제 $\frac{2}{3}$와 $\frac{5}{8}$를 비교하면 어느 쪽의 넓이가 더 큰지 알 수 있습니다.

$$\frac{2}{3}=\frac{16}{24}>\frac{5}{8}=\frac{15}{24}$$

결론적으로 색칠된 부분의 넓이는 왼쪽 그림이 더 크다고 할 수 있습니다.

[문제 12]도 퍼즐에 속하는 문제인데요, 이 문제는 도형의 센스가 어느 정도 필요합니다. 주어진 도형을 다음과 같이 가위로 잘라 붙인다고 생각해볼까요?

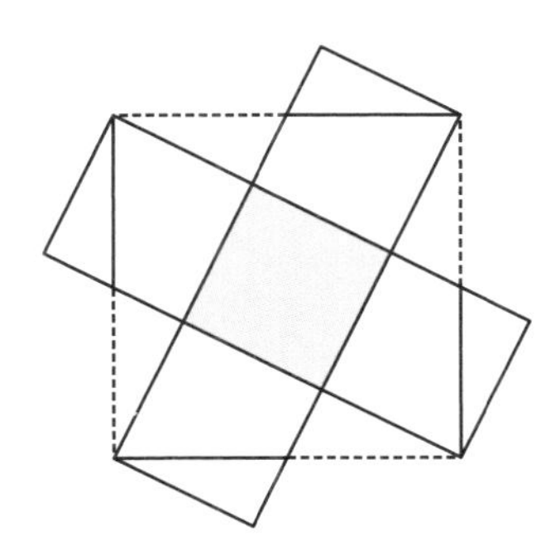

이렇게 잘라 붙이면, 정사각형이 작은 정사각형 5개로 나눠지고 색칠된 부분은 5개 중 하나입니다. 여기에서 자르기 전 큰 정사각형의 넓이는 $8 \times 8 = 64$입니다. 따라서 작은 정사각형의 크기는 $\frac{64}{5}$가 됩니다.

2장

위대하고 절대적인 유클리드기하학의 증명

유클리드가 확립한 수학의 전통, 증명

고대 그리스 수학은 기원전 600년경 탈레스, 기원전 500년경 피타고라스, 기원전 400년경 플라톤을 거치며 발전했습니다. 그리고 기원전 300년경 유클리드는 당시까지의 수학을 집대성하여 《원론》이라는 책을 썼습니다.

유클리드의 《원론》은 성경 다음으로 많이 읽힌 책으로 알려져 있으며, 인류 문명에 지대한 영향을 준 책 중 하나입니다. 이 책이 중요한 이유는 고대 그리스 수학을 집대성했을 뿐만 아니라, 수학의 방법론을 제시했다는 점에 있습니다. 유클리드가 확립한 수학의 전통은 증명입니다. 유클리드는 어떤 명제 A가 참이라는 것을 증명하기 위해 이미 참으로 인정된 B라는 명제에서 A를 연역적으로 추론하는 방법을 채택했습니다.

예를 들어 모든 사각형의 내각의 합은 360° 입니다. 이 명제는 간단히 증명할 수 있습니다. 모든 사각형은 두 개의 삼각형으로 나눠지는데, 삼각형 하나의 내각의 합은 180° 입니다. 따라서 모든 사각형의 내각의 합은 360° 입니다.

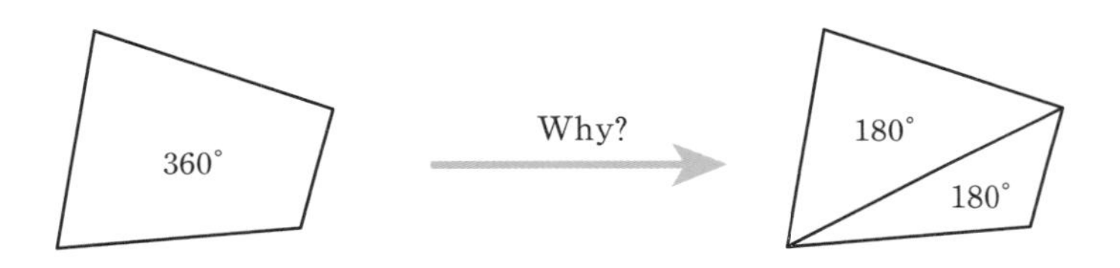

여기에서 또 이런 질문이 나올 수 있습니다. "왜 삼각형의 내각의 합은 180° 일까?" 이런 질문이 나오면 또 이미 알려진 명제를 기반으로 증명을 해야 합니다. 반대로 이런 과정을 파악한 사람은 이 명제를 기반으로 다음 단계로 나아갈 수 있습니다. 바로 오각형을 삼각형 세 개로 나눠보는 것이죠.

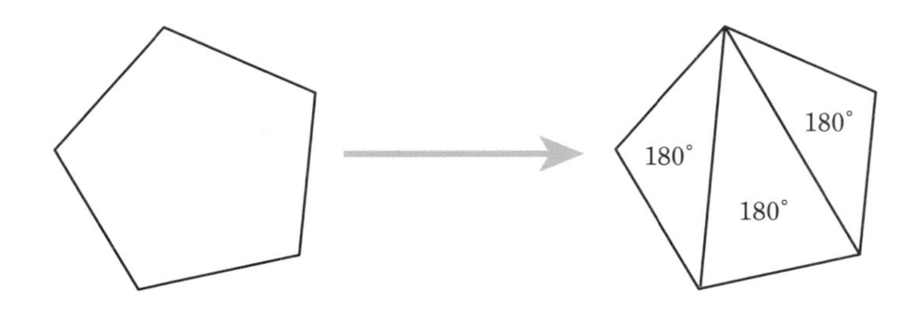

즉 오각형의 내각의 합은 $180° \times 3 = 540°$ 라는 사실을 파악하는

것입니다. 육각형은 삼각형 네 개로 나눌 수 있고, 칠각형은 삼각형 다섯 개로 나눌 수 있습니다. 이것을 일반화하면 도형 n각형의 내각의 합은 $180° \times (n-2)$라는 사실을 알 수 있습니다.

유클리드의 공리

너무나 당연하지만 증명할 수 없는 것도 있습니다. 유클리드는 이것을 공리라 이름했고, 그 공리에서 출발하여 오류가 없는 연역적인 논리로 수학의 정리를 만들어가며 수학 연구의 방법론을 확립했습니다. 유클리드가 너무나 당연한 진리이지만 증명할 수 없기 때문에 그냥 받아들이자고 제시한 공리 중에 우리가 기억해야 할 것은 '동위각이 같다'입니다. 사실 유클리드가 '동위각이 같다'를 공리라고 직접 언급한 것은 아니지만, '동위각이 같다'를 제외한 유클리드기하학의 모든 내용은 증명이 가능하기 때문에 편의상 공리라고 표현하겠습니다.

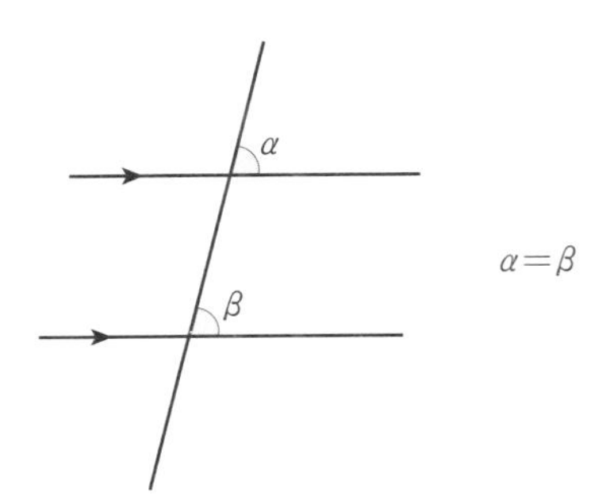

평행한 두 선에 그림과 같이 직선이 교차하면

각 α와 각 β를 동위각이라고 한다.

각 α와 각 β의 크기는 같다.

다음과 같이 서로 마주 보는 두 각을 맞꼭지각이라고 합니다. 맞꼭지각은 크기가 같습니다.

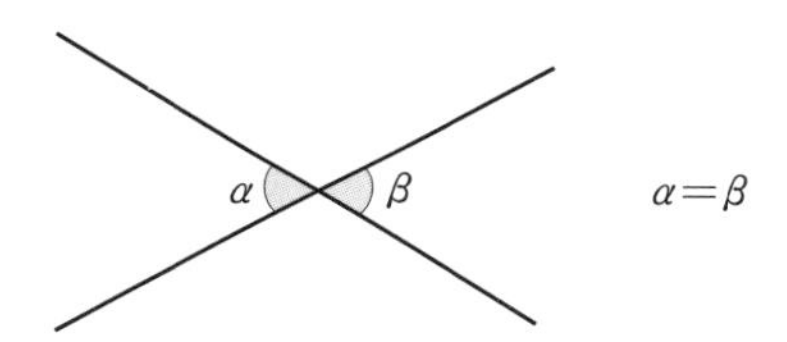

각 α와 각 β를 맞꼭지각이라고 한다.

각 α와 각 β의 크기는 같다.

이것은 다음과 같이 증명할 수 있습니다.

빨간색 선을 기준으로 생각하면 점 찍은 부분의 각도는 $180^\circ - \beta$입니다. 또한 오른쪽 회색 선을 기준으로 생각하면 점 찍은 부분과 각 α의 합이 180°입니다. 따라서 $180^\circ - \beta + \alpha = 180^\circ$이고, $\alpha = \beta$입니다.

각 α의 맞꼭지각 α'와 각 β를 엇각이라고 합니다. 각 α와 각 β가 동위각으로 크기가 같고, 각 α와 각 α'가 맞꼭지각으로 크기가 같으므로, 엇각인 각 α'와 각 β의 크기 역시 같다는 것을 알 수 있습니다.

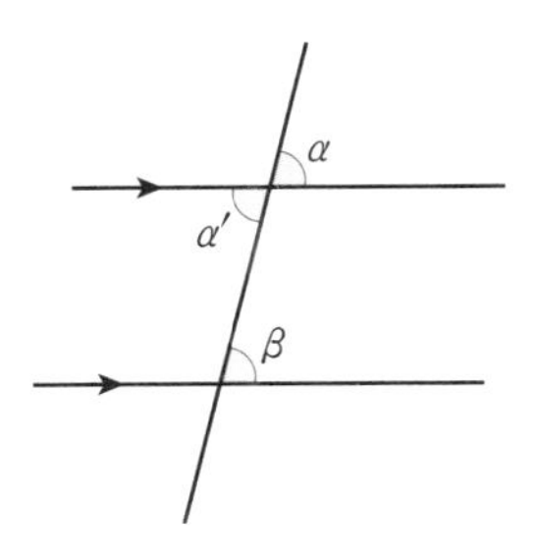

유클리드기하학은 지금 보고 있는 동위각, 맞꼭지각, 엇각이 같다는 전제에서 시작합니다. 이 명제를 다양한 상황에 적용하여 문제를 해결해나가는 것이 바로 유클리드기하학입니다. 앞에서 "왜 삼각형의 내각의 합은 180° 일까?"라는 질문에 대한 답을 하지 않았는데, 이는 다음과 같이 증명할 수 있습니다. 삼각형 ABC에 다음과 같이 밑변 BC에 평행하고 점 A를 지나는 직선 L을 그어보면 삼각형 내부의 각들이 다음의 엇각과 같다는 것을 알 수 있습니다.

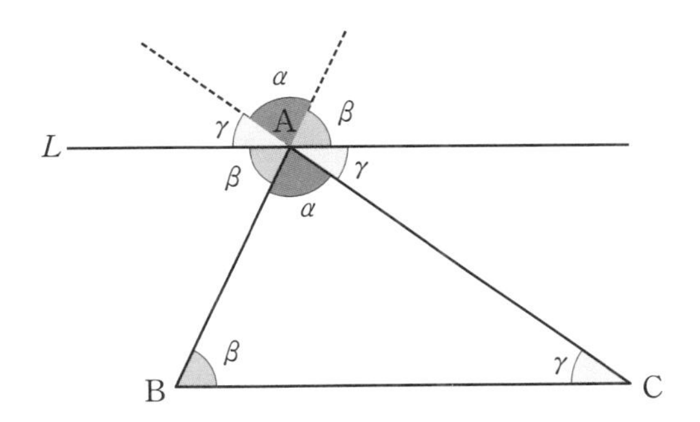

이렇게 나타내면 각 α, β, γ가 일직선 위에 놓입니다. 따라서 $\alpha+\beta+\gamma=180°$ 입니다.

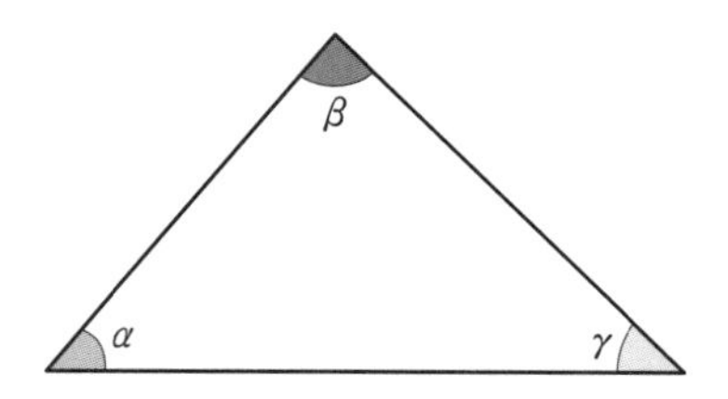

$$\alpha+\beta+\gamma=180°$$

삼각형의 내각의 크기는 180° 이다.

삼각형의 내각의 합이 180° 라는 사실에서 자연스럽게 다음과 같은 관계를 생각할 수 있습니다. 이 관계는 문제 풀이 과정에서 자주 나오기 때문에 '외각정리'라고 불리기도 합니다. 외각정리를 기억하고 문제 풀이 과정에 적용해보세요.

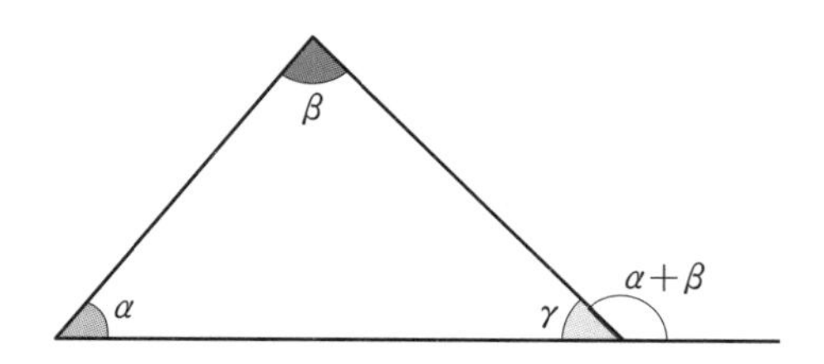

한 꼭짓점의 외각의 크기는

나머지 두 꼭짓점의 내각의 합과 같다.

문제 13 두 직선이 평행을 이루고 있습니다. 다음 그림에서 각 x의 크기는 얼마일까요?

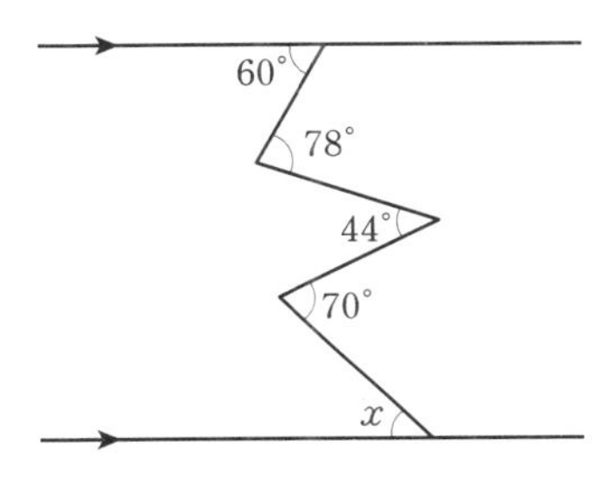

평행선에서 동위각과 엇각의 크기가 같다는 사실만으로 직선과 각의 기본 관계를 파악해서 문제를 해결할 수 있습니다. 다음과 같이 평행선을 긋고 주어진 각의 크기를 나눠서 생각해봅시다.

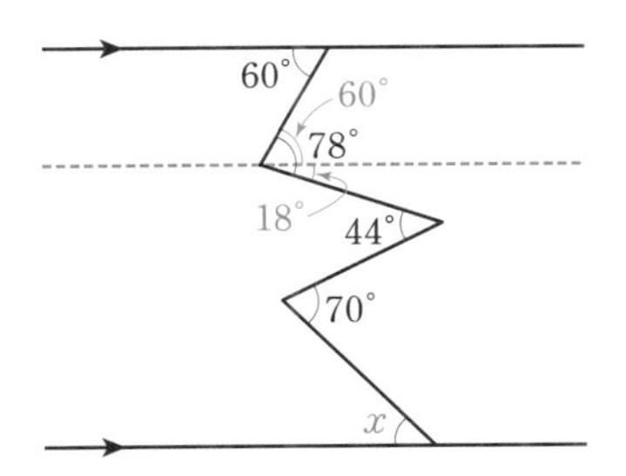

나머지 각도 다음과 같이 평행선으로 각의 크기를 나눠서 생각할 수 있습니다. 나뉜 각의 크기를 차근차근 계산하다 보면 최종적으로 각 x의 크기를 구할 수 있습니다.

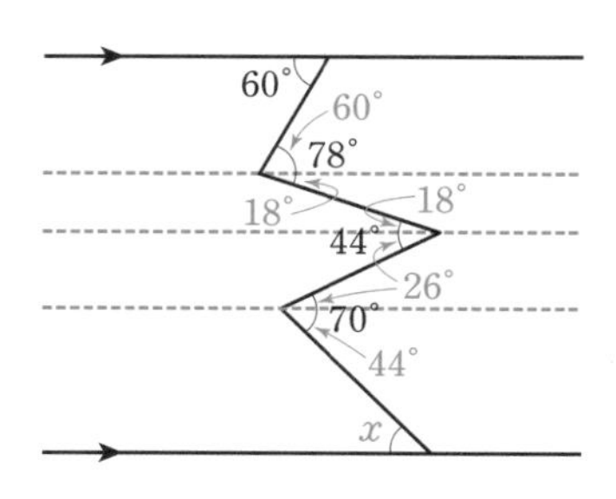

따라서 각 x의 크기는 44°입니다.

문제 14 **다음 그림에서 색칠된 다섯 각을 모두 더하면 얼마일까요?**

삼각형의 내각의 합은 180°입니다. 그리고 한 꼭짓점의 외각의 크기는 나머지 두 꼭짓점의 내각의 합과 같다고 했습니다. 이것을 외각정리라고 하는데, 삼각형의 각에 대한 가장 기본적인 성질입니다. 주어진 도형은 몇 개의 삼각형으로 나눠서 생각할 수 있습니다. 다음과 같이 두 개의 삼각형에 외각정리를 적용할 수 있습니다.

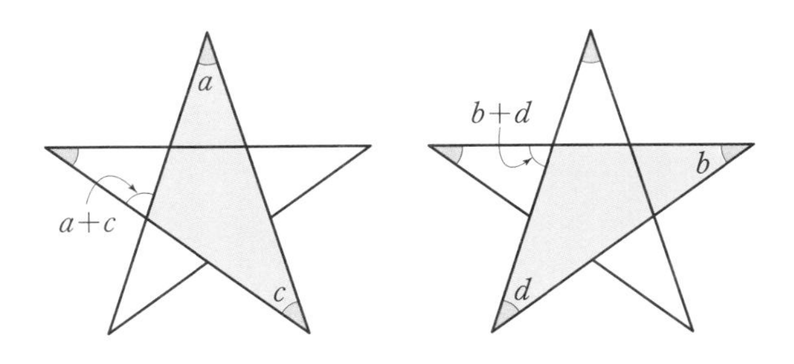

다섯 각의 크기는 다음과 같이 한 삼각형의 내각의 크기와 같습니다. 삼각형의 내각의 합이 180°이기 때문에 다섯 각의 크기 $a+b+c+d+e$를 더한 합도 180° 입니다.

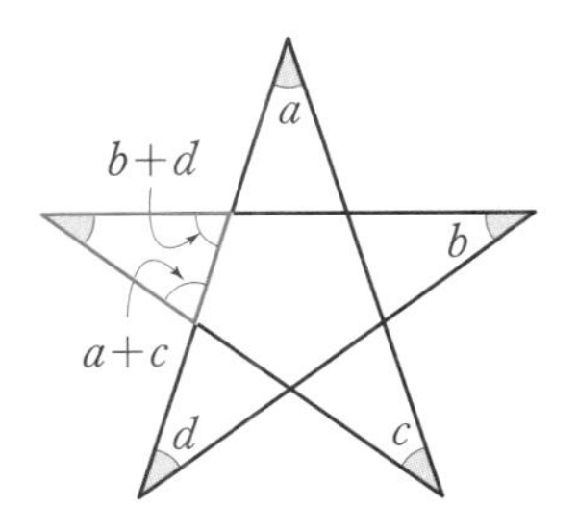

문제 15 **다음 그림에서 각 x의 크기는 얼마일까요?**

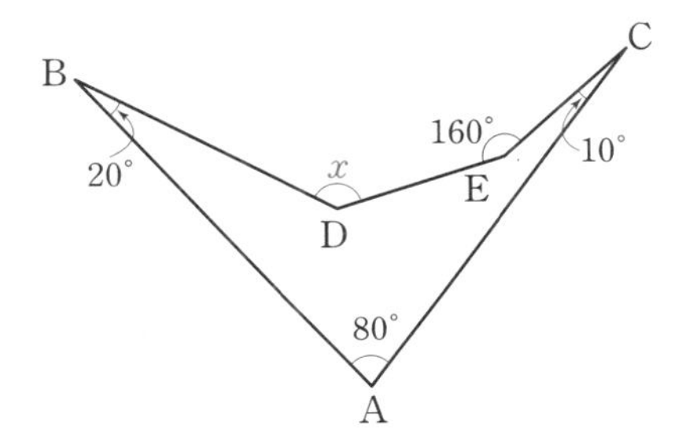

문제의 도형은 다음과 같이 삼각형 세 개로 나눌 수 있습니다. 따라서 주어진 도형의 내각의 합은 $540°$ 입니다.

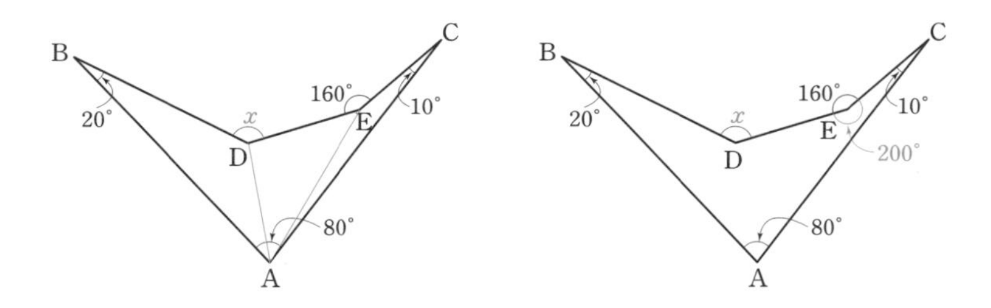

$\angle$E의 내각은 $200°$ 입니다. $\angle A+\angle B+\angle C+\angle E=80°+20°+10°+200°=310°$ 입니다. 따라서 $\angle$D는 $540°-310°=230°$ 이고, 우리가 구하는 x는 $360°-230°$로 $130°$ 입니다.

문제 16 **다음 그림에서 $\angle A+\angle B+\angle C+\angle D+\angle E+\angle F+\angle G+\angle H$의 크기를 구하세요.**

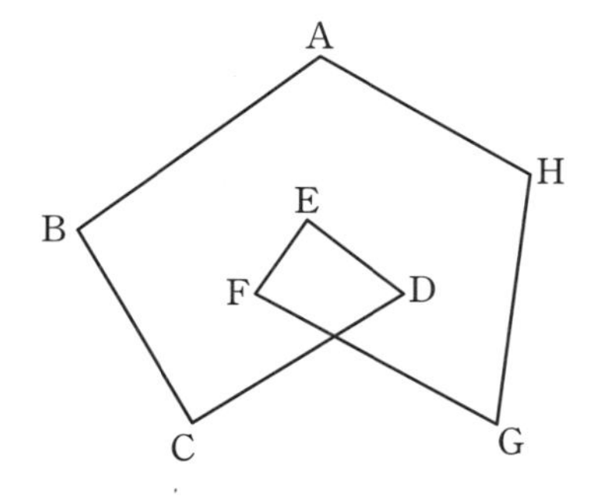

문제를 해결하기 위해 다음과 같이 $\overline{CG}$와 $\overline{FD}$를 그어봅시다. 이렇게 선분을 그어보면 삼각형 DFJ와 삼각형 CGJ가 나타나는데요,

∠FJD와 ∠CJG는 맞꼭지각으로 같습니다. 여기에서 맞꼭지각을 제외한 삼각형 DFJ와 삼각형 CGJ의 두 각의 합은 같습니다. 따라서 우리가 구하는 각의 합은 오각형 ABCGH의 내각의 합과 삼각형 EFD의 내각의 합과 같게 됩니다. 오각형의 내각의 합은 540° 이고, 삼각형의 내각의 합은 180° 이므로 답은 720° 입니다.

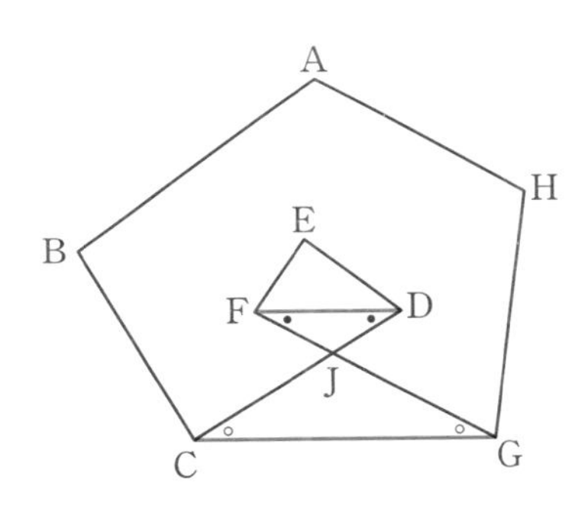

문제 17 다음 그림에서 각 α의 크기는 얼마일까요?

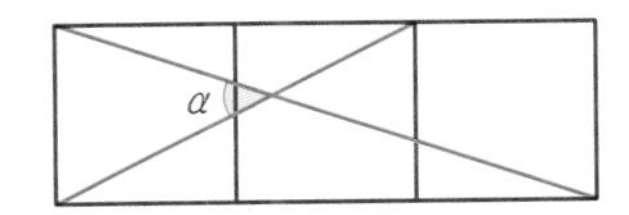

이런 문제를 풀려면 뭐라도 해야 합니다. 그냥 바라만 보면서 어떤 아이디어가 떠오르기만을 기다리는 것은 너무 수동적이고 안이한 접근이죠. 이 문제를 풀기 위해 다음과 같이 칸을 아래로 더 그려봅시다.

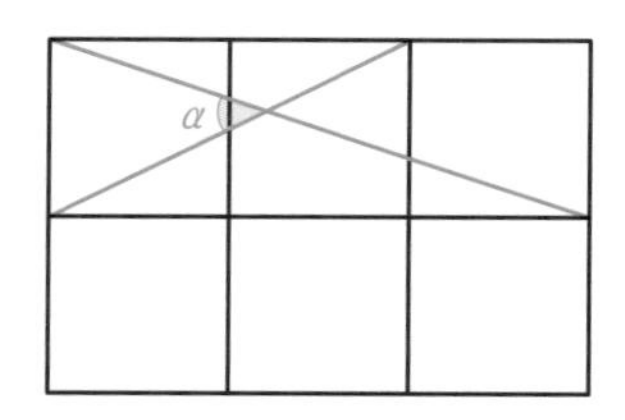

이렇게 칸이 더 생기면 문제의 선과 평행인 선을 그릴 수 있고, 두 변의 길이가 같은 직각삼각형도 생각할 수 있습니다.

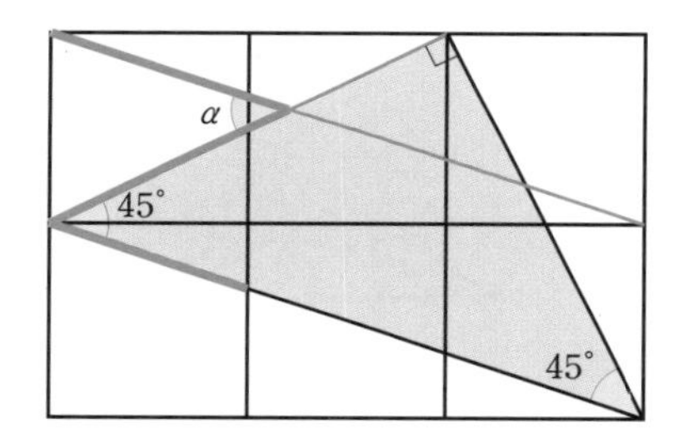

우리가 문제의 조건에서 새롭게 만든 직각삼각형은 이등변삼각형이므로 두 밑각의 크기가 45°로 같습니다. 평행선에서 엇각의 크기는 같기 때문에 우리가 찾는 α의 크기는 45°입니다.

문제 18 **각 C=각 A+각 B입니다. 이것을 증명해보세요.**

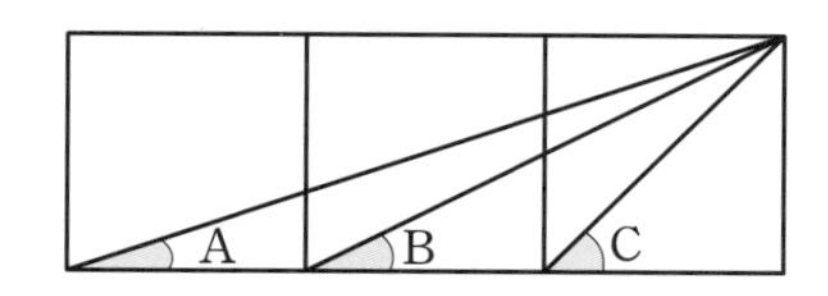

칸을 위로 더 그려서 두 변의 길이가 같은 이등변삼각형을 만들어보세요. 이 이등변삼각형은 직각이등변삼각형입니다. 또한 각 각의 크기는 다음과 같이 파악할 수 있습니다. 각 C는 45° 이고, $A+B+C=90^\circ$ 입니다. 따라서 $A+B=C$라는 것을 증명할 수 있습니다.

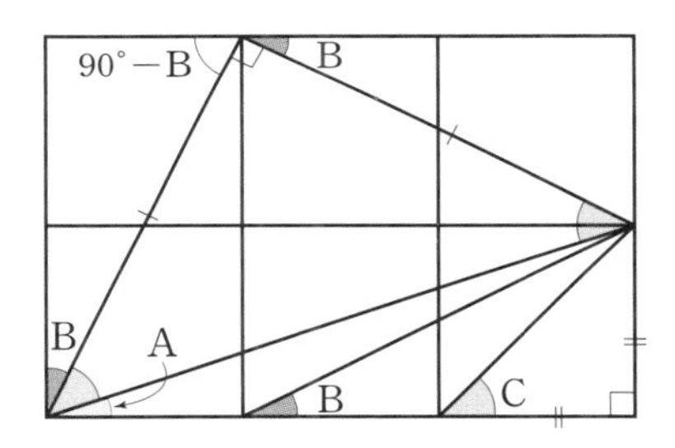

모든 기하학정리는 평행한 두 직선을 공통으로 지나는 직선이 만들어내는 동위각이 같다는 전제에서 출발하여 체계적으로 증명됩니다. 그것이 유클리드기하학의 위대함입니다.

3장

기하학의 시작, 닮음과 합동

인류 최초의 수학자 탈레스

인류 역사상 최초의 수학자는 탈레스로 알려져 있습니다. 탈레스는 기원전 6세기경에 활약한 인물인데요, 탈레스 이전에도 수학이 존재했고 어느 정도 수준 높은 수학을 아는 사람들도 있었습니다. 그런데도 탈레스를 최초의 수학자로 꼽는 이유는 그가 흩어져 있던 수학 지식을 정리하여 사람들에게 가르쳤기 때문입니다. 고대 이집트나 바빌로니아 사람들은 자신들의 실용적인 목적에 필요한 수학 지식을 많이 알고 있었는데, 그것을 정리하여 학문으로 만든 사람이 고대 그리스인들입니다. 탈레스는 바로 그 출발점에 있었던 인물이죠. 그래서 탈레스를 최초의 수학자, 최초의 철학자 등으로 부른답니다.

탈레스(Thales) BC 625? ~ BC 547?

고대 그리스의 철학자로 밀레토스 학파의 창시자

고대 그리스의 철학자 아리스토텔레스는 탈레스를 "철학의 아버지"라고 칭했다.
탈레스는 최초의 철학자, 최초의 수학자, 고대 그리스 7대 현인이라고 불린다.

수학에 적용된 탈레스의 아이디어는 "닮은 것들끼리는 비례가 일정하게 유지된다"입니다. 작은 삼각형을 같은 비율로 늘려 큰 삼각형을 만들면 크기가 달라도 각도와 변의 길이가 일정하게 유지됩니다. 이 단순한 아이디어로 매우 많은 문제를 해결할 수 있다는 것이 바로 탈레스의 아이디어입니다. 예를 들어 다음 그림에서처럼 직사각형을 같은 비율로 늘린다면, 가로 6, 세로 2였던 직사각형은 가로 12, 세로 4가 됩니다. 일정한 비율을 유지하는 거죠.

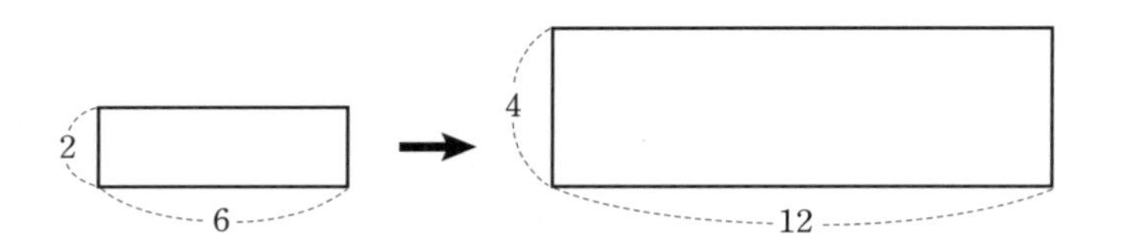

이 명제는 모든 도형에 해당하는데, 가장 단순한 도형인 삼각형에도 그대로 적용됩니다. 닮은 삼각형 두 개의 길이 사이에는 일정한 비율이 유지되는 거죠.

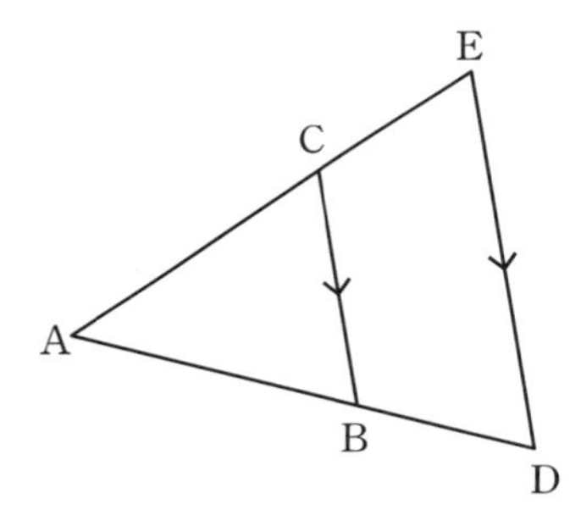

삼각형 ABC와 삼각형 ADE는 닮음

$$\overline{AB}:\overline{AD}=\overline{AC}:\overline{AE}=\overline{BC}:\overline{DE}$$

$$\frac{\overline{AD}}{\overline{AB}}=\frac{\overline{AE}}{\overline{AC}}=\frac{\overline{DE}}{\overline{BC}}$$

어쩌면 너무나 당연해 보이는 '닮은 삼각형들 사이의 비율이 일정하게 유지된다'는 탈레스의 아이디어는 유클리드기하학 문제를 해결하는 데 핵심이 됩니다. 탈레스의 아이디어가 얼마나 유용한지 문제를 풀면서 살펴봅시다.

문제 19 다음 그림에서 색칠된 직사각형의 넓이를 구하세요.

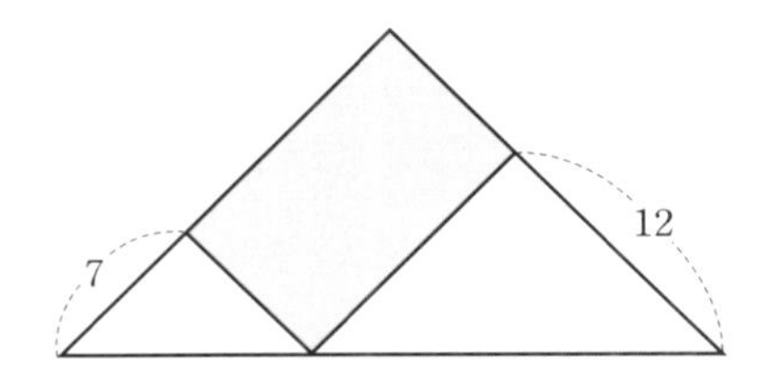

처음 이 문제를 보면 '필요한 정보는 없고 필요 없는 정보만 몇 가지 있는데, 이 문제를 어떻게 풀지?'라는 생각이 들지도 모릅니다. 하지만 기원전 600년경에 태어난 사람들은 탈레스에게 수학을 배우고 "이 정도는 쉽네"라고 말하며 이 문제를 풀었을 겁니다. 여러분도 한번 도전해보시죠.

다음과 같이 A, B 두 삼각형을 생각하면 동위각이기 때문에 두 삼각형의 세 개의 각의 크기는 모두 같다는 점을 알 수 있습니다. 이때 세 개의 각의 크기가 모두 같은 삼각형 A와 B는 닮았다고 표현합니다.

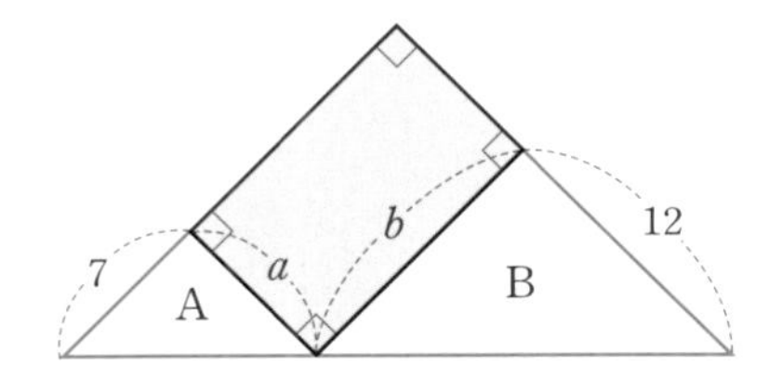

삼각형 A와 B가 닮았다는 점을 토대로, 다음과 같은 닮은비를 생각할 수 있습니다.

$$7:a=b:12$$

닮은비를 정리하면 $ab=7\times12=84$입니다. 여기에서 우리가 구하는 직사각형의 넓이가 ab이므로 답은 84입니다.

중간에 A:B=C:D를 BC=AD로 계산한 풀이에 대한 설명을 조금 덧붙이면, 다음과 같은 비례관계에서는 안쪽의 곱과 바깥쪽의 곱이 같다고 계산합니다.

$$\mathrm{A:B=C:D}\ (\text{안쪽: } \mathrm{B\times C},\ \text{바깥쪽: } \mathrm{A\times D}) \Rightarrow \mathrm{B\times C=A\times D}$$

이런 계산은 비례를 나타내는 다음 분수식을 계산한 것입니다.

$$\frac{B}{A}=\frac{D}{C}$$

$$\mathrm{B\times C=A\times D}$$

문제 20 다음 그림에서 삼각형 안에 있는 색칠된 정사각형의 넓이는 얼마일까요?

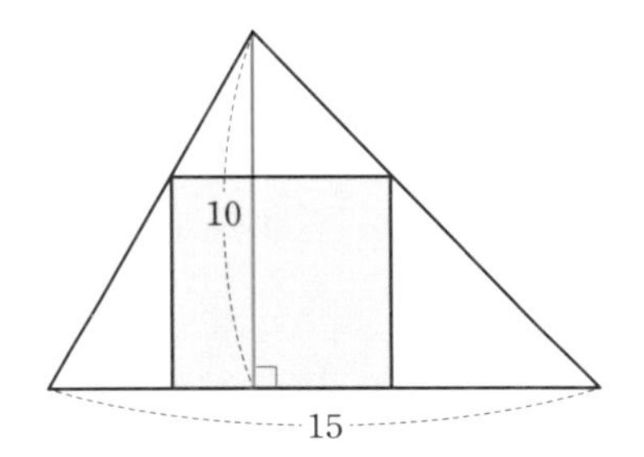

이 문제에서도 활용할 수 있는 닮은 삼각형이 있는지 먼저 찾아봐야 합니다. 문제의 상황에서 큰 삼각형 ABC와 작은 삼각형 DEC가 닮았다는 것을 알 수 있습니다.

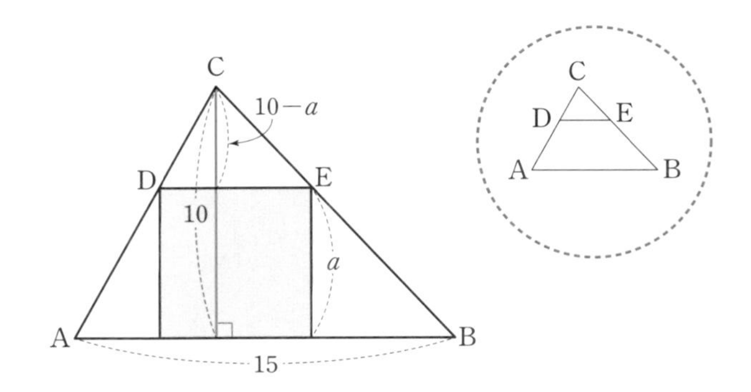

우리가 구하려고 하는 정사각형 한 변의 길이를 a라고 하면, 삼각형 DEC의 높이는 $10-a$, 밑변의 길이는 a입니다. 삼각형 ABC와 DEC가 닮았기 때문에 다음과 같은 비례식을 세울 수 있습니다.

$$10:15=10-a:a$$

이 식은 다음과 같이 풀 수 있습니다.

$$10a=150-15a$$

$$25a=150$$

$$a=6$$

여기에서 한 변의 길이는 6입니다. 따라서 구하는 정사각형의 넓이는 한 변 길이의 제곱인 36입니다.

문제 21 **사다리꼴 ABCD가 있습니다. 네 부분 중 두 부분의 넓이가 다음과 같을 때, 전체 사다리꼴 ABCD의 넓이는 얼마일까요?**

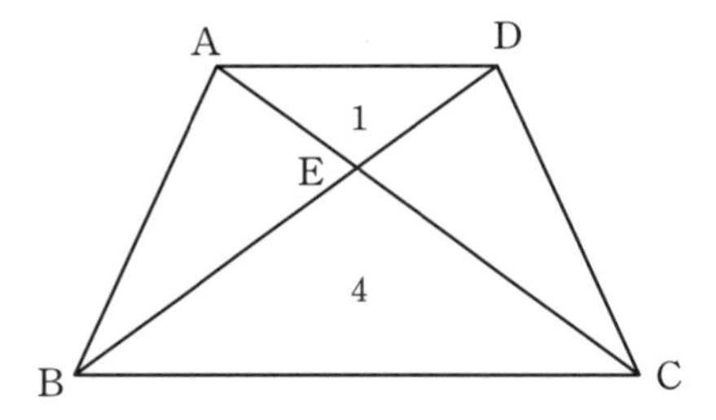

삼각형 AED와 삼각형 BEC는 닮음입니다. 닮은 두 삼각형의 넓이의 비가 1:4라면 두 삼각형의 밑변과 높이의 비는 모두 1:2입니다. 이것을 표시해보면 다음과 같습니다.

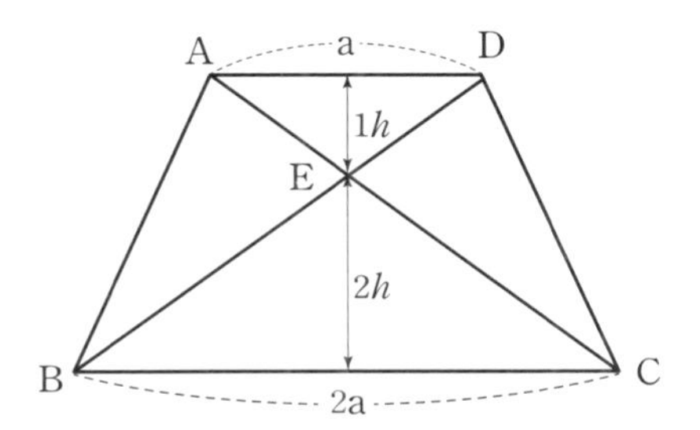

삼각형 AED의 넓이가 1이므로 $ah=2$이고, 사다리꼴 ABCD의 넓이는 다음과 같이 계산할 수 있습니다.

$$\frac{1}{2}\times 3a\times 3h=9ah=9$$

문제 22 다음 그림에서 $\overline{AF}$와 $\overline{BE}$ 그리고 $\overline{CD}$는 평행입니다. $\overline{AF}=5$, $\overline{AB}=6$, $\overline{BC}=2$, $\overline{CD}=9$ 일 때, $\overline{BE}$의 길이를 구하세요.

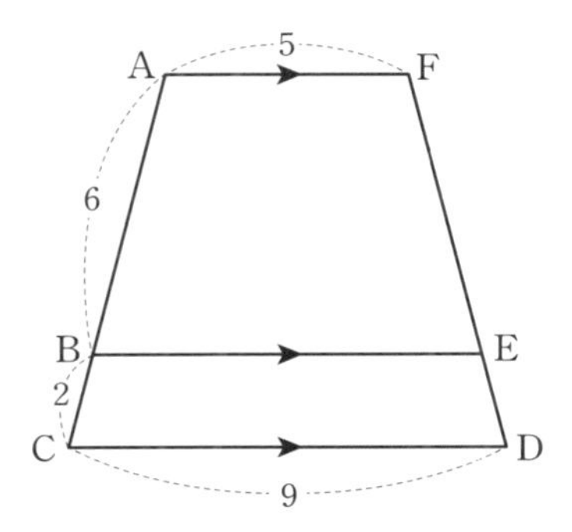

문제를 풀기 위해 $\overline{AC}$와 평행한 $\overline{FG}$를 그어봅니다.

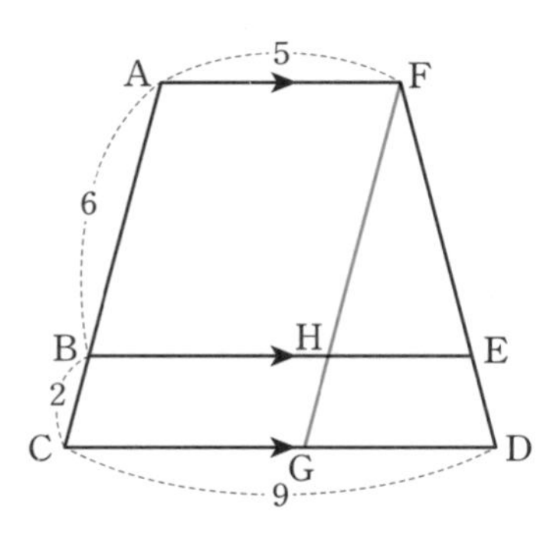

이렇게 $\overline{AC}$와 평행한 $\overline{FG}$를 그어보면 $\overline{AF}=\overline{BH}=\overline{CG}=5$이고, 삼각형 FHE와 삼각형 FGD는 닮음입니다. 따라서 $\overline{FH}:\overline{HE}=\overline{FG}:\overline{GD}$는 $6:\overline{HE}=8:4$가 되어 $\overline{HE}=3$입니다. 따라서 우리가 구하는 $\overline{BE}=\overline{BH}+\overline{HE}=5+3=8$입니다.

문제 23 다음 그림에서 x의 길이는 얼마일까요?

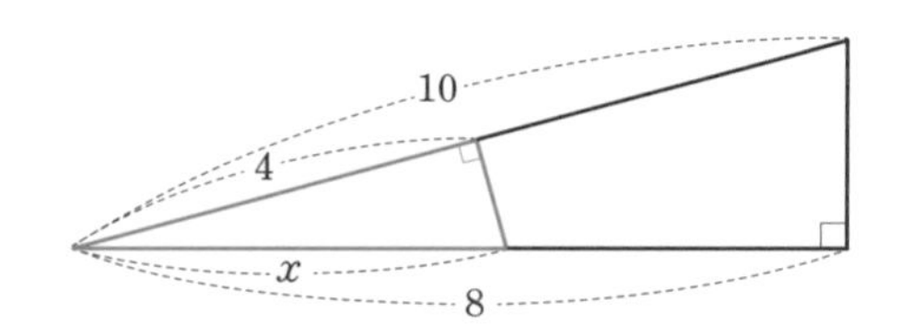

문제에 있는 두 직각삼각형의 각을 표시해보면 삼각형 ABC와 삼각형 ADE가 닮았다는 것을 알 수 있습니다.

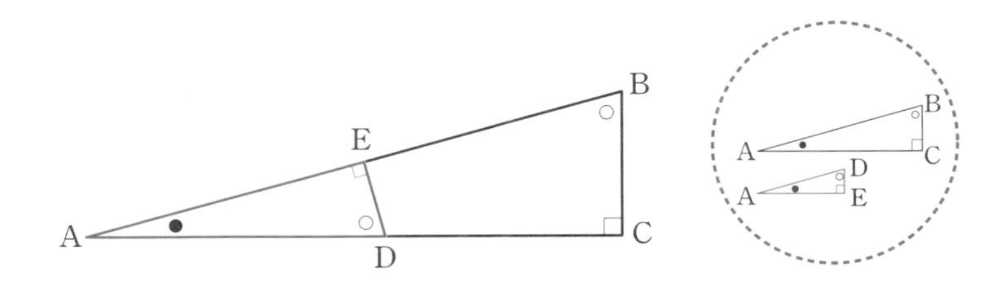

$\overline{AC}$와 $\overline{AB}$의 비는 $\overline{AE}$와 $\overline{AD}$의 비와 같습니다. 이것을 식으로 나타내서 계산하면 다음과 같습니다.

$$8:10=4:x$$

$$8x=40$$

$$x=5$$

탈레스는 삼각형의 닮음을 파악하는 방법으로 닮음의 조건을 세 가지로 정리했습니다. 삼각형의 닮음 여부를 판단할 때 활용하기 바랍니다.

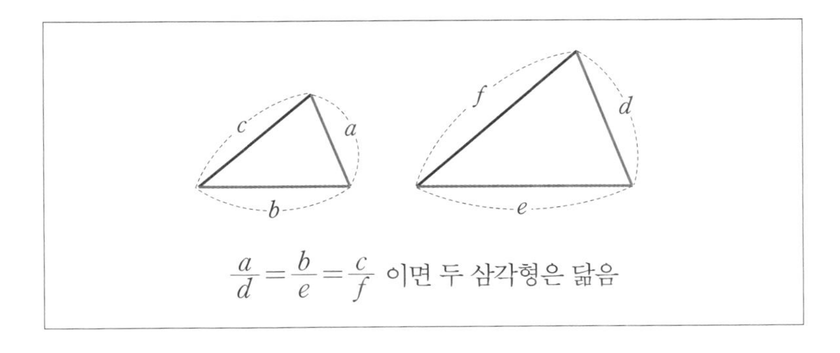

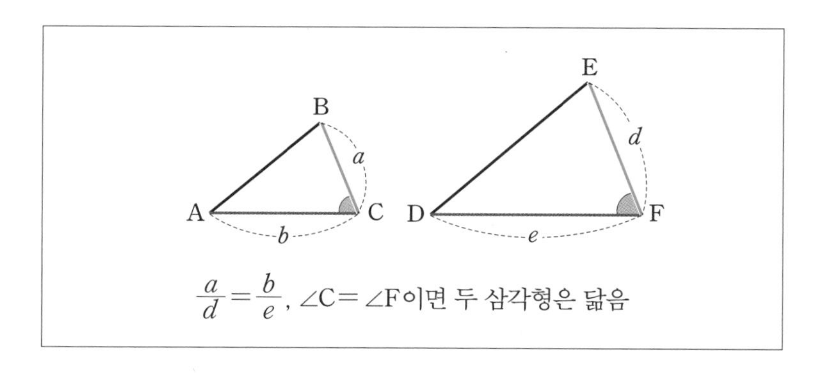

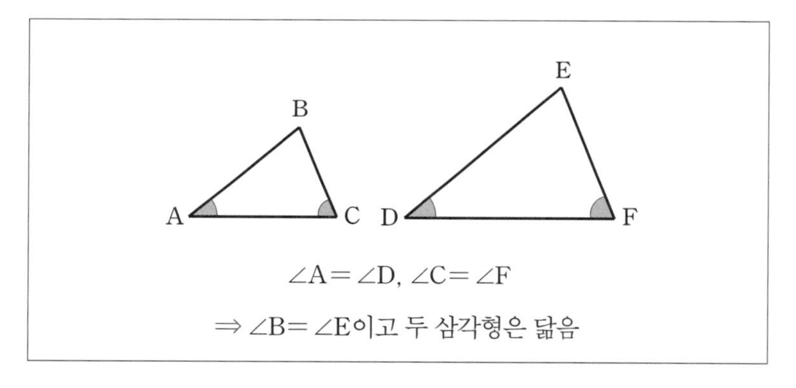

탈레스의 닮음의 조건을 공식처럼 외울 필요는 없습니다. 여러 번 보면서 '이런 상황이면 닮음이구나' 하고 합리적으로 생각하는 것이 중요하죠.

닮음과 합동을 활용하는 법

A와 B가 닮았다는 생각은 추상적인 사고입니다. 기원전 6세기경

에 살았던 사람들도 마찬가지로 추상적인 사고를 하고 이를 활용해 구체적인 문제를 풀었죠. 우리가 만나는 많은 문제에는 닮음이 있고, 똑같은 크기로 닮아서 옮겨 붙이면 딱 맞게 포개지는 경우도 있습니다. 이런 것을 합동이라고 합니다. 닮음과 합동의 관계는 문제를 해결할 때 매우 유용하게 활용됩니다.

문제 24 다음 그림에서 한 칸이 1일 때 색칠된 부분의 넓이를 구하세요.

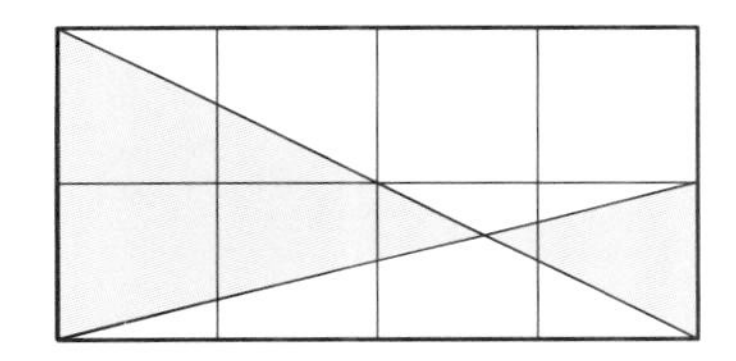

이 문제의 핵심 포인트는 마주 보는 두 삼각형이 닮음이라는 것입니다. 그 닮음비는 밑변을 기준으로 2 : 1입니다. 따라서 높이도 2 : 1인데, 가로가 4칸이므로 $2:1=4\times\frac{2}{3}:4\times\frac{1}{3}$입니다. 따라서 각각의 길이를 구체적으로 표시하면 다음과 같습니다.

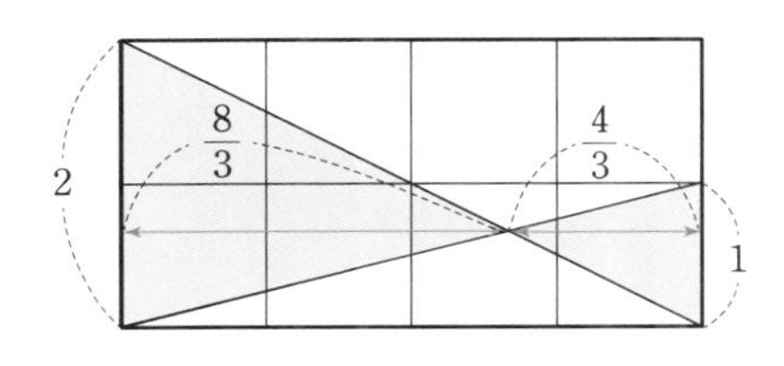

따라서 색칠된 부분의 넓이는 다음과 같습니다.

$$\frac{1}{2}\times2\times\frac{8}{3}+\frac{1}{2}\times1\times\frac{4}{3}=\frac{20}{6}=\frac{10}{3}$$

문제 25 다음 그림에서 숫자는 도형의 넓이를 나타냅니다. 색칠된 부분의 넓이는 얼마일까요?

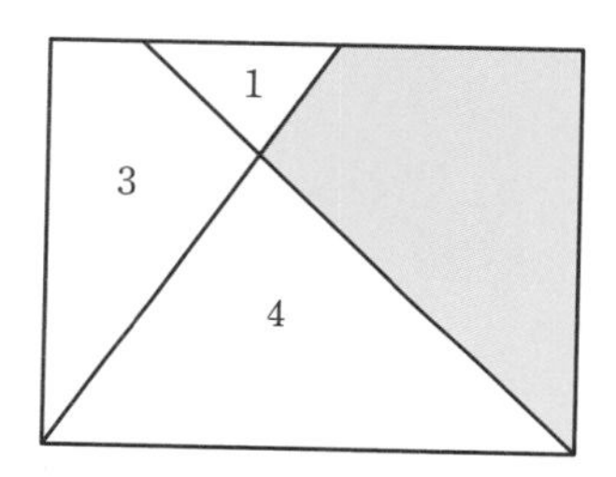

이 그림에서도 닮은 두 개의 삼각형을 볼 수 있습니다. 크기가 1인 삼각형과 크기가 4인 삼각형이 닮음입니다. 삼각형의 넓이는 $\frac{1}{2}$에 높이와 밑변을 곱하는 것이기 때문에 닮음인 작은 삼각형과 큰 삼각형의 밑변과 높이의 비율은 각각 1:2입니다. 작은 삼각형의 밑변을 a, 높이를 h라고 하면 큰 삼각형의 밑변과 높이는 $2a$, $2h$입니다. 따라서 다음과 같이 나타낼 수 있습니다.

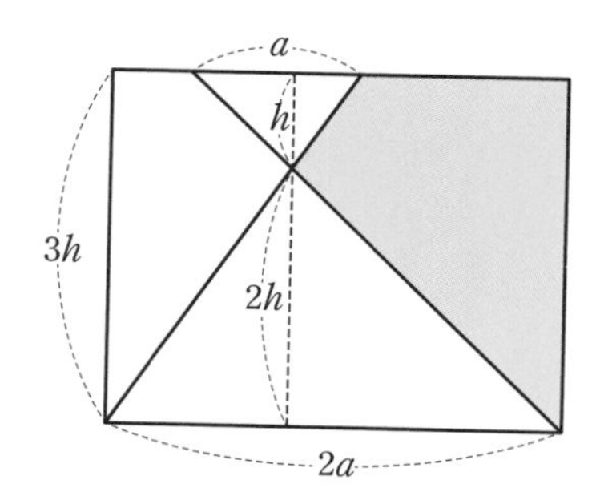

색칠된 부분의 넓이는 전체 직사각형의 넓이에서 숫자가 표시된 넓이의 합($1+3+4=8$)을 빼면 구할 수 있습니다. 넓이가 1인 삼각형의 밑변을 a, 높이를 h라고 하면, 넓이는 $\frac{1}{2}\times a\times h=1$이므로 $ah=2$입니다. 한편 전체 직사각형의 가로와 세로는 $2a$, $3h$입니다. 여기에서 전체 직사각형의 넓이는 $2a\times 3h=6ah=6\times 2=12$이죠. 따라서 색칠된 부분의 넓이는 $12-8=4$입니다.

문제 26 정사각형 ABCD와 직사각형 EFGH가 다음 그림과 같습니다. $\overline{\mathrm{AE}}=\overline{\mathrm{EB}}$이고 $\overline{\mathrm{EF}}=7$일 때, 직사각형 EFGH의 넓이는 얼마일까요?

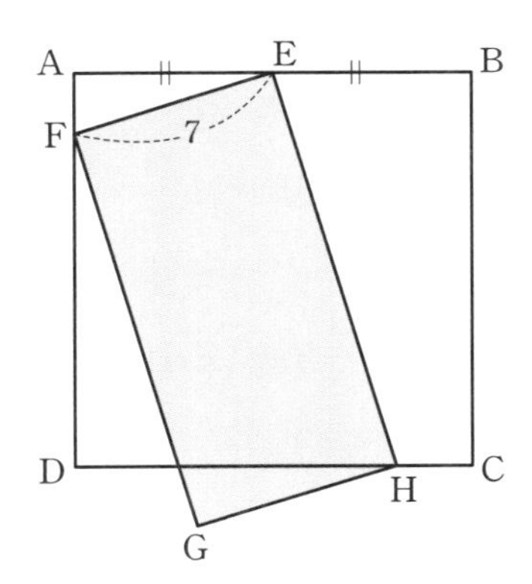

$\overline{\mathrm{AE}}=a$라고 하면 정사각형 ABCD의 한 변의 길이는 $2a$입니다. 다음 그림에서 보듯이 점 H에서 $\overline{\mathrm{AB}}$에 수직인 선을 그으면 생기는 직각삼각형 PHE와 직각삼각형 AEF는 닮음입니다.

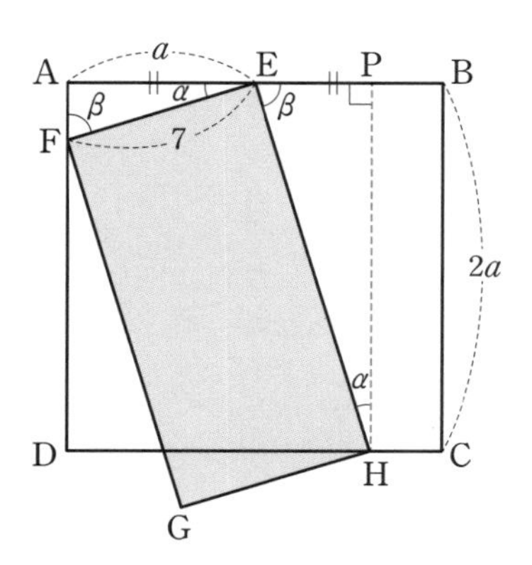

$$\triangle AEF \sim \triangle PHE$$

$$\overline{AE} : \overline{EF} = \overline{PH} : \overline{HE}$$

$$a : 7 = 2a : \overline{HE}$$

$$\overline{HE} = 14$$

직사각형 EFGH의 넓이는 $\overline{EF} \times \overline{EH} = 7 \times 14 = 98$입니다.

닮음을 이용하여 몇 개의 문제를 풀어봤는데요, 유클리드기하학 문제를 풀기 위한 핵심 포인트 중 하나는 바로 '닮은 삼각형 찾기'라고 정리할 수 있습니다.

탈레스는 피라미드의 높이를 어떻게 구했나

고대 그리스 수학인 유클리드기하학은 닮음과 합동을 이해하고 활용하는 것에서 출발했습니다. 최초의 수학자로 알려진 탈레스는 젊은 시절 장사를 하며 이집트를 오가는 동안 실용적인 수학 지식을 많이 배웠습니다.

이집트에는 웅장하고 거대한 피라미드가 있는데, 당시 사람들에게 피라미드는 위대한 건축물을 넘어 경배의 대상이기도 했던 것 같습니다. 피라미드는 높이가 150m 정도이고 아랫면의 한쪽 길이가 200m를 넘는다고 합니다. 탈레스가 살았던 2,600년 전 사람들의 눈에 피라미드는 정말 거대하고 위대한 건축물로 보였을 것 같은데요, 당시 이집트인들도 피라미드의 높이를 정확하게 계산하지 못했다고 합니다. 줄자로 아랫면의 길이를 잴 수는 있어도 높이를 잴 방법은 없었던 거죠.

그런데 탈레스가 이집트에서 닮음과 비례를 이용하여 피라미드의 높이를 정확하게 계산했다고 합니다. 유클리드기하학으로 문제를 해결했던 대표적인 일화네요.

4장

가장 단순한 도형, 삼각형

삼각형의 넓이를 구하라

삼각형에 관한 기본적인 내용 중 하나는 넓이에 관한 것인데요, 삼각형의 넓이를 구하는 공식은 다음과 같습니다.

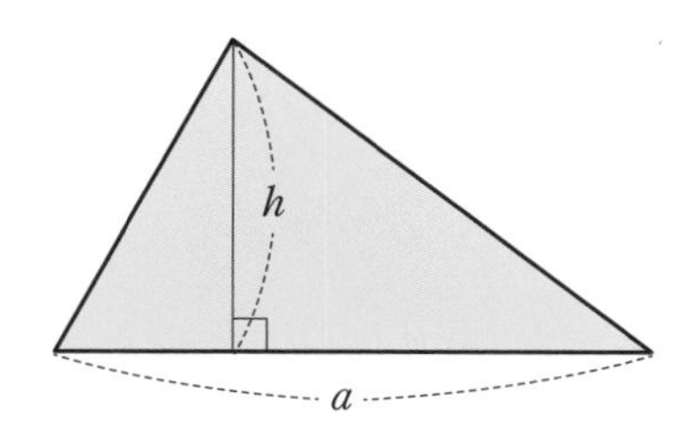

$$S=\frac{1}{2}\times a\times h$$

삼각형의 넓이에 관한 공식은 공식을 무작정 외우기보다는 다음과 같은 그림을 머릿속에 떠올리면 자연스럽게 기억할 수 있습니다. 삼각형을 둘러싼 사각형이 삼각형을 반으로 나누는 그림입니다. 이 관계는 많은 문제의 풀이 과정에 등장합니다.

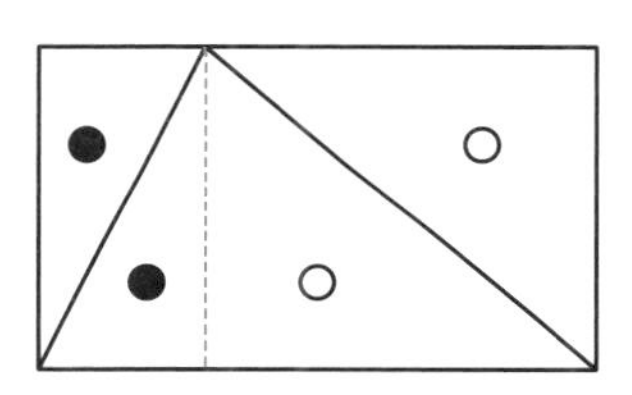

이 관계를 통해 다음 경우에도 색칠된 삼각형의 넓이가 사각형 넓이의 $\frac{1}{2}$임을 바로 알 수 있습니다.

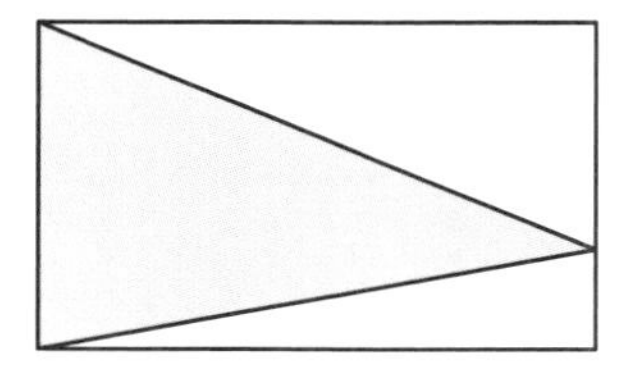

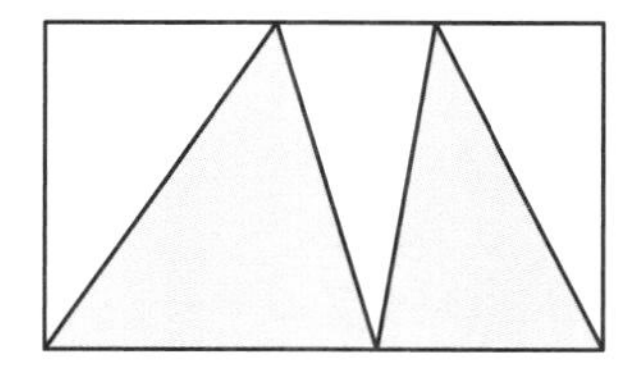

삼각형의 넓이에 관해 한 가지 더 살펴볼 점이 있습니다. 다음과 같이 각이 90°보다 큰 삼각형(둔각삼각형)의 넓이 역시 $\frac{1}{2}\times$(밑변)$\times$(높이)라는 사실입니다. 이것은 다음과 같이 증명할 수 있습니다.

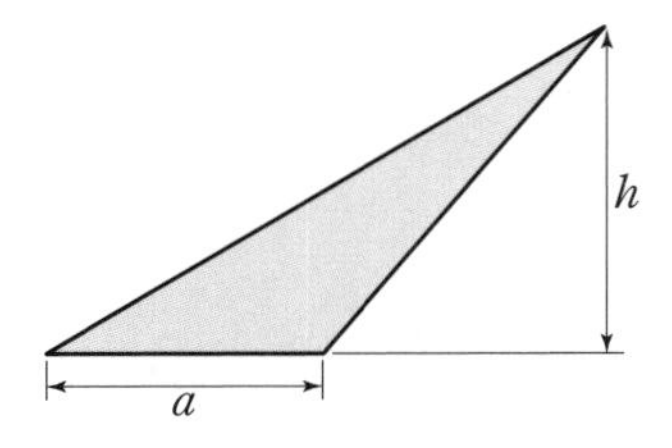

$$S=\frac{1}{2}\times a\times h$$

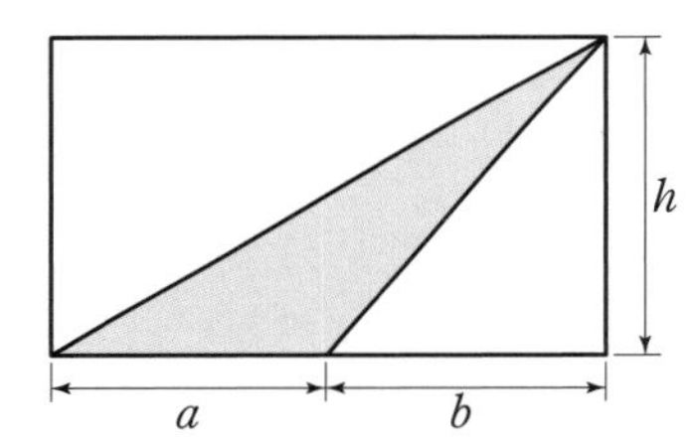

$$(a+b)\times h=\frac{1}{2}\times(a+b)\times h+S+\frac{1}{2}\times b\times h$$
$$S=\frac{1}{2}\times a\times h$$

결론적으로 삼각형의 넓이는 밑변에 높이를 곱한 값에서 2를 나누어서 계산합니다. 여기에서 주의해야 할 것은 높이입니다. 가령 다음과 같은 삼각형 두 개를 한번 볼까요? 이때 두 삼각형의 넓이는 같습니다. 밑변이 같고 높이가 같기 때문이죠. 두 삼각형의 넓이가 같다는 사실을 직관적으로 한눈에 파악할 수 없지만, 논리적으로 알 수 있습니다.

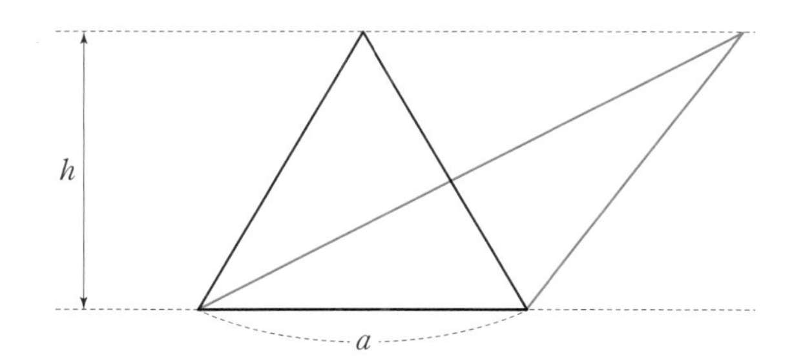

이 두 삼각형의 넓이가 같다는 사실도 기억해두는 것이 좋습니다. 문제를 푸는 과정에서 이 명제를 떠올려야 하는 상황이 자주 발생하기 때문이죠. 문제를 통해 좀 더 살펴봅시다.

문제 27 다음 그림에서 x 영역의 넓이를 구하세요.

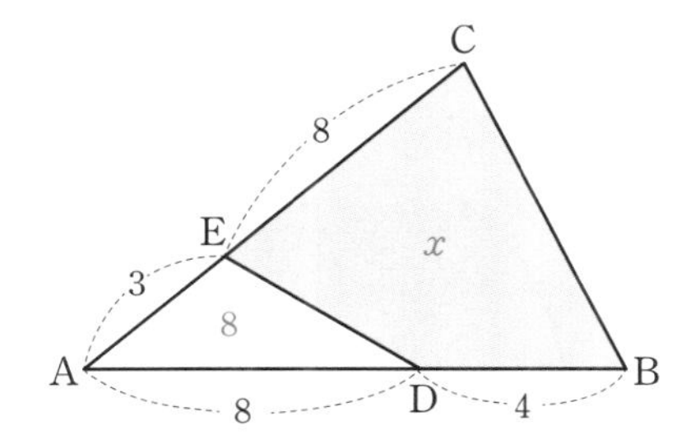

문제에서 우리는 닮은 두 개의 삼각형을 생각할 수 있습니다. 점 E에서 $\overline{AD}$로 수선을 내리고 맞닿는 점을 H라고 하면 삼각형 ADE의 넓이는 $\frac{1}{2} \times \overline{EH} \times 8 = 8$이므로 $\overline{EH}$의 길이는 2입니다. 그리고 C에서 $\overline{AB}$로 수선을 내리고 맞닿는 점을 J라고 하면 삼각형 AEH와 삼각형 ACJ는 닮음입니다. 따라서 $3:2=11:\overline{CJ}$입니다.

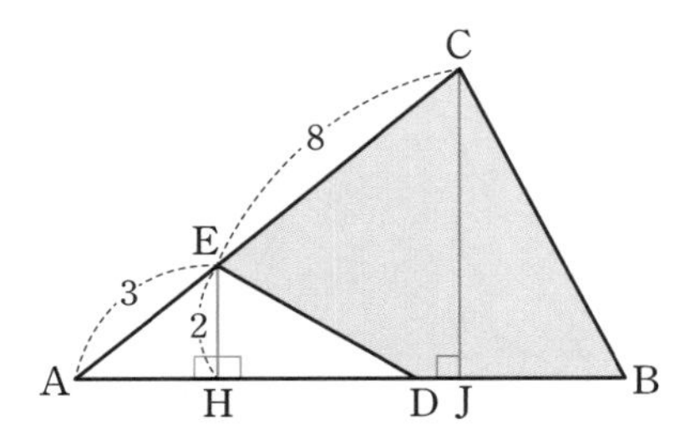

$$3:2=11:\overline{CJ}$$
$$\overline{CJ}=\frac{22}{3}$$

여기에서 삼각형 ABC의 넓이는 $\frac{1}{2}\times 12\times\frac{22}{3}=44$입니다. 따라서 $x=44-8=36$입니다.

문제 28 **다음 그림에서 원의 반지름이 6일 때, 색칠된 부분의 넓이를 구하세요.**

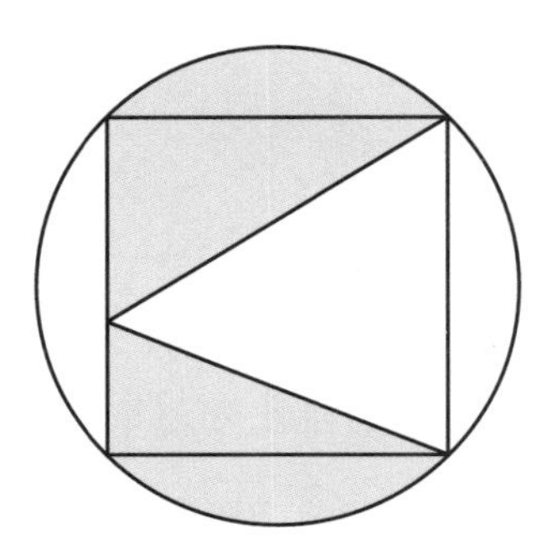

원과 정사각형이 주어졌는데요, 먼저 원 안의 정사각형을 살펴봅시다. 정사각형에서 색칠된 부분은 정사각형을 정확하게 이등분합니다.

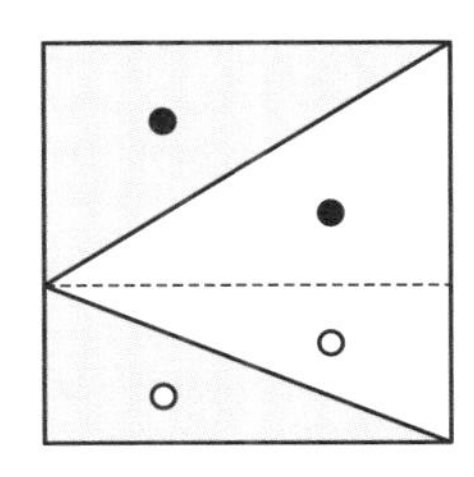

여기에서 색칠된 부분을 다음과 같이 재구성할 수 있습니다.

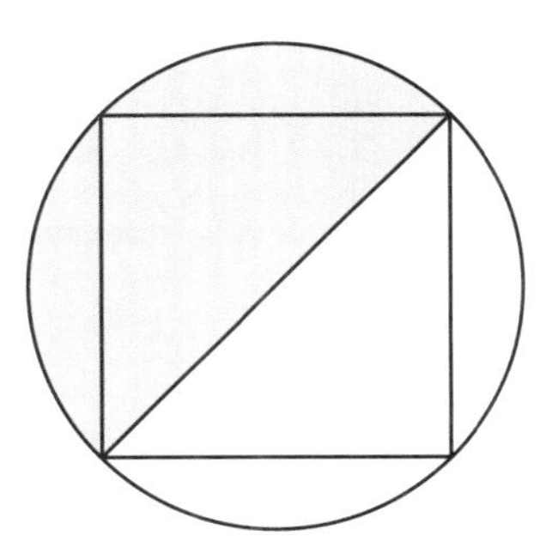

이렇게 재구성하면 색칠된 부분은 주어진 원의 $\frac{1}{2}$입니다. 따라서 넓이는 $\frac{1}{2}\times 6^2\times\pi = 18\pi$입니다.

문제 29 **다음 그림에서 네 삼각형의 넓이가 각각 9, 12, 23, x일 때, x의 값을 구하세요.**

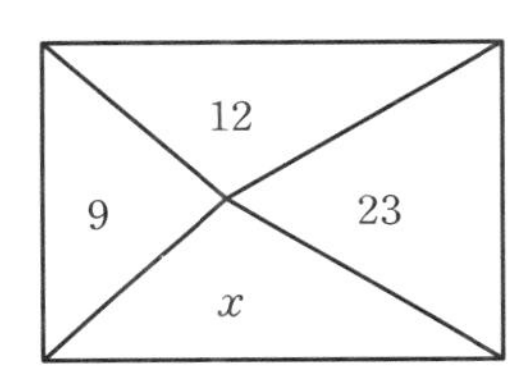

이 문제는 관계식을 세우고 계산해서 풀어야 할 것 같은데요, 일단 이렇게 생각해볼까요? 먼저 다음과 같이 선을 그어서 살펴보면 넓이가 9와 23인 두 삼각형의 넓이의 합은 전체 사각형의 넓이의 정확하게 반을 차지합니다. 마찬가지로 넓이가 12와 x인 두 삼각형의 넓이의 합은 전체 사각형의 넓이의 $\frac{1}{2}$입니다.

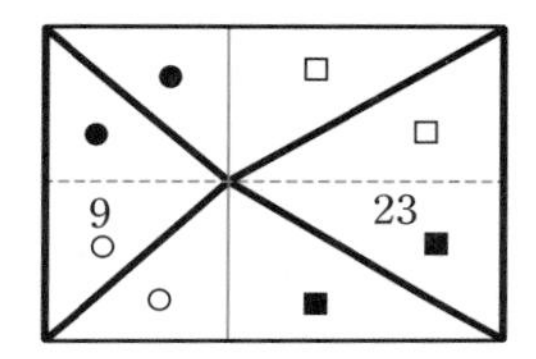

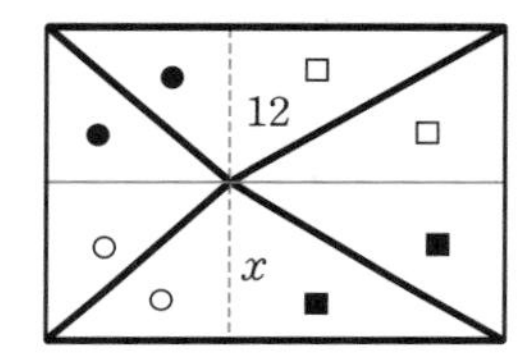

따라서 $9+23=12+x$, $x=20$입니다.

이 문제를 통해 우리는 다음과 같은 결론을 내릴 수 있습니다. 사각형의 내부를 네 개의 삼각형으로 나눌 때, 삼각형 A, B, C, D의 넓이는 다음과 같은 관계를 갖습니다.

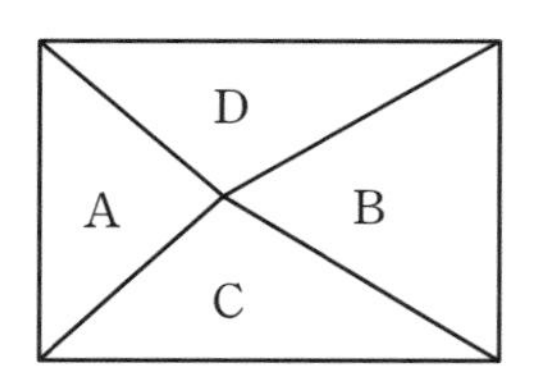

$$\mathrm{A}+\mathrm{B}=\mathrm{C}+\mathrm{D}$$
$$=\frac{1}{2}\times(\text{사각형의 넓이})$$

이런 관계를 공식화하여 단순하게 암기하는 것은 올바른 방법이 아닙니다. 관련 내용을 충분히 이해하면 이런 상황이 문제로 나왔을 때 바로 적용하여 문제를 풀 수 있죠. 사소한 것까지 공식으로 모두 외우려고 하다 보면 외울 것이 너무 많아 머리가 폭발할지도 모릅니다. 암기보다는 원리를 이해한 뒤 적용해야 문제를 더 효과적으로 해결할 수 있습니다.

문제 30 **다음 그림에서 색칠된 부분의 넓이를 구하세요.**

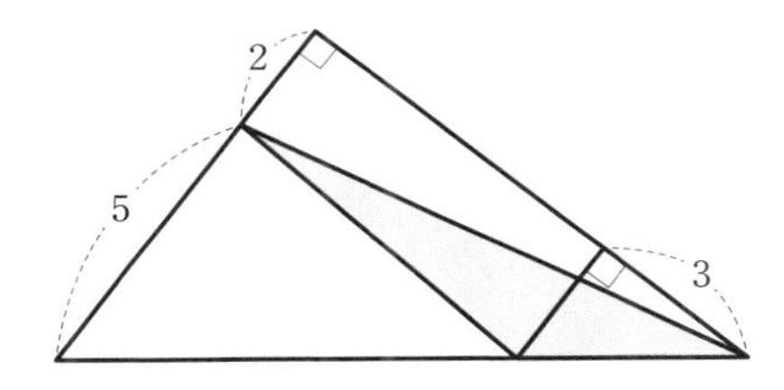

유클리드기하학 문제를 해결하는 핵심 포인트는 보조선을 긋는 것입니다. 이 문제에서도 다음과 같은 보조선을 그어보면, 색칠된 삼각형과 넓이가 같은 삼각형을 만들 수 있습니다.

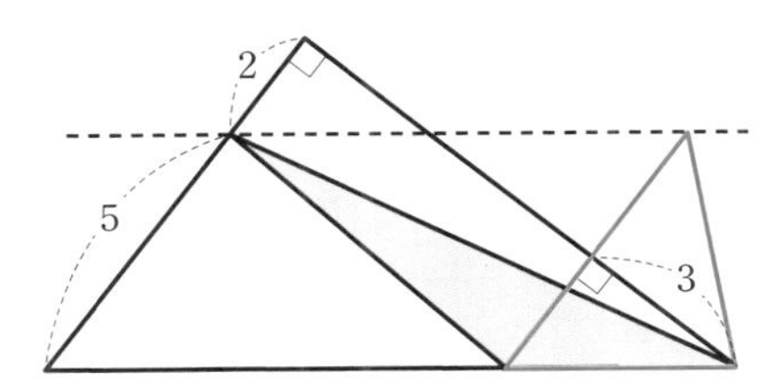

이렇게 만든 삼각형의 밑변은 5이고, 높이는 3입니다. 따라서 삼각형의 넓이는 $\frac{1}{2}\times3\times5=\frac{15}{2}$입니다.

문제 31 다음 그림에서 삼각형 ABC의 넓이를 구하세요.

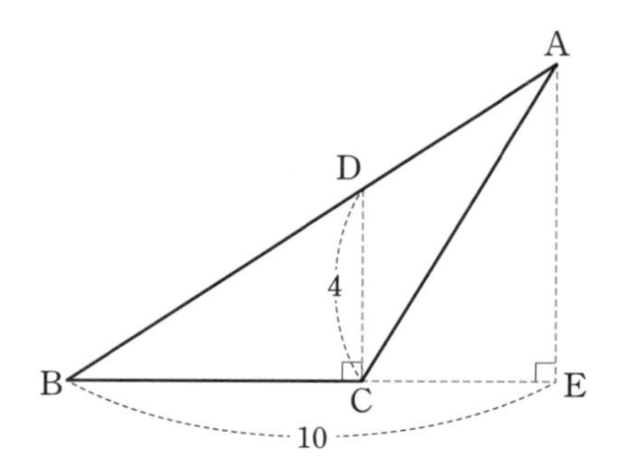

이 문제를 모범생처럼 푸는 방법은 삼각형의 닮음으로 닮음비를 계산하는 것인데요, 다음과 같이 삼각형 CDE를 생각해볼까요?

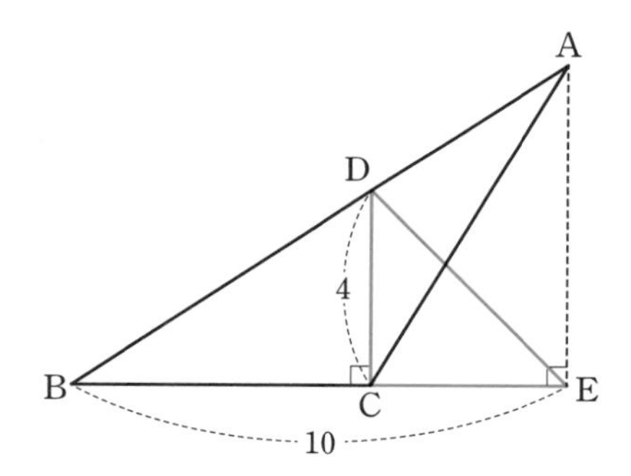

이때 삼각형 CDE는 삼각형 ACD와 넓이가 같습니다. 밑변이 같고 높이가 같기 때문이죠.

이렇게 삼각형 CDE를 그리고 보면, 우리가 찾는 삼각형 ABC의 넓이는 삼각형 BDE의 넓이와 같습니다. 여기에서 $\overline{BE}=10$이고 $\overline{CD}=4$ 이므로 삼각형 BDE의 넓이는 $\frac{1}{2}\times 10\times 4=20$입니다.

따라서 우리가 찾는 삼각형 ABC의 넓이도 20입니다.

[문제 30]과 [문제 31]은 매우 멋진 문제입니다. 아이디어가 있고, 유클리드기하학에 어떻게 접근해야 하는지 잘 보여줍니다. 이 문제보다는 이 문제를 해결한 방법을 기억해야 합니다. [문제 30]에서는 밑변과 평행인 보조선을 그어서 넓이가 같은 삼각형을 찾았고, [문제 31]에서는 삼각형의 일부분을 오려내고 적당한 위치에 다시 붙여서 계산하기 쉬운 삼각형을 만들었습니다.

이 아이디어는 '보조선을 긋기', '문제를 적극적으로 조작해서 다루기 쉬운 형태로 만들어보기'로 정리할 수 있는데요, 이것이 바로 유클리드기하학 문제를 해결하는 핵심 포인트 중 하나입니다. 이 책을 통해 우리가 경험하고 배워가는 것이 바로 이렇게 아이디어를 만드는 문제해결의 기술이겠지요.

계산보다 이해가 먼저

수학은 생각하는 것이라고 말하면서도 우리는 정작 수학 문제를 풀 때에는 별생각 없이 계산을 빠르게 하려고만 합니다. 계산만 빠르게 하는 것보다 생각을 깊게 하고, 상황을 이해하는 것이 더 중요합니다. 계산은 남이 대신해줄 수도 있고, 컴퓨터가 나보다 더 빠르고 정확합니다. 하지만 사고 과정을 거치며 문제해결의 방향을 찾는 것은 인간만이 할 수 있는 고유한 힘입니다. 다양한 방법으로 문제에 접근하며 생각의 폭을 넓히는 경험을 많이 해보길 바랍니다. 이제 문제를 통해 살펴봅시다.

문제 32 **직각삼각형 ABC와 이를 회전시킨 직각삼각형 A′B′C′을 포개서 아래 그림과 같은 도형을 만들었습니다. 세 변 $\overline{AD}$, $\overline{BD}$, $\overline{CD}$의 길이가 모두 같을 때, 색칠된 삼각형 BCD과 전체 도형 BADB′A′B의 넓이의 비를 구하세요.**

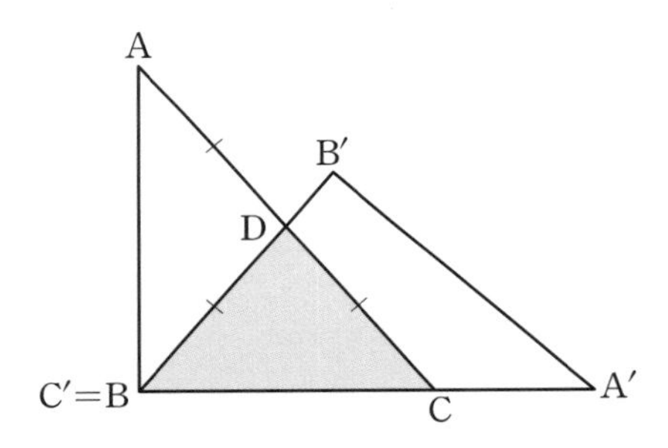

먼저 문제에서 다음 두 영역의 크기가 같다는 것을 알 수 있습니다. 하나의 직각삼각형을 회전시켜 옮긴 것이기 때문에 겹치는 부분을 제외한 나머지 부분의 넓이는 같습니다.

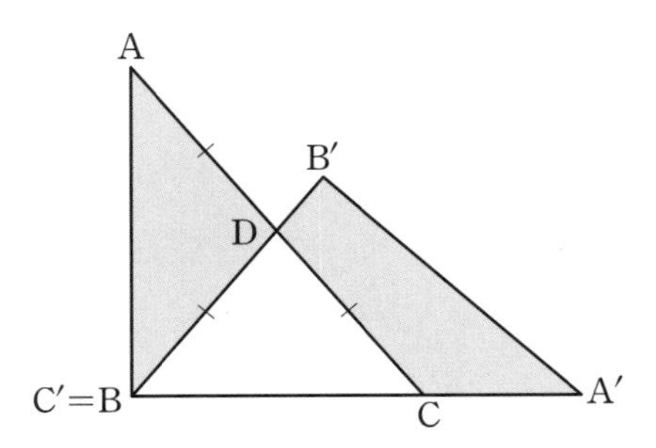

$\overline{AD}=\overline{DC}$이므로 삼각형 ABD와 삼각형 BCD의 넓이는 같습니다. 밑변과 높이가 같은 삼각형의 넓이는 같기 때문이죠. 여기에서 삼각형 BCD의 넓이는 삼각형 ABC 넓이의 $\frac{1}{2}$인 동시에 삼각형 A′B′C′ 넓이의 $\frac{1}{2}$입니다. 따라서 색칠된 삼각형 BCD의 넓이는 전체 도형 BADB′A′B 넓이의 $\frac{1}{3}$이고, 넓이의 비는 1∶3입니다.

수학 문제를 풀 때 어려운 공식을 적용하기보다 아이디어가 있는 센스를 발휘하여 문제를 해결하면 더 큰 쾌감을 느낄 수 있는데요, 이 문제도 우리에게 그런 인지적인 쾌감을 주는 문제입니다. 무턱대고 계산만 하기보다는 이렇게 센스를 발휘해서 좋은 아이디어를 찾아보기 바랍니다. 센스를 발휘해야 하는 문제를 하나 더 소개합니다.

문제 33 색칠된 부분과 색칠되지 않은 부분 중 어느 쪽이 더 넓을까요?

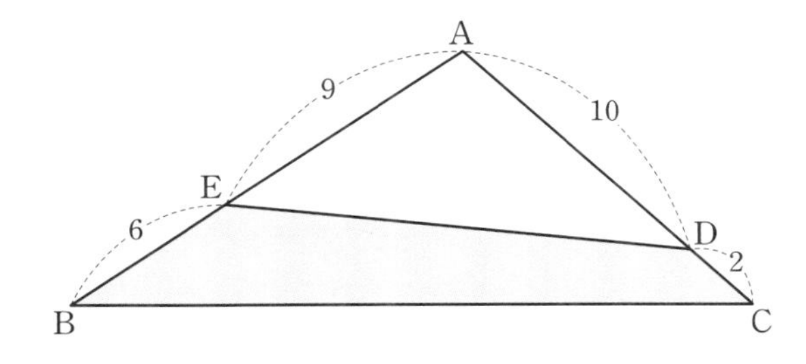

위 문제에서 다음과 같이 점 E와 점 C를 연결하는 선을 그어봅시다. 이렇게 선을 그어보면 삼각형 ACE가 두 개의 삼각형으로 나뉩니다. 높이는 같은데 밑변의 비가 10∶2이기 때문에 넓이의 비도 10:2라고 생각할 수 있습니다.

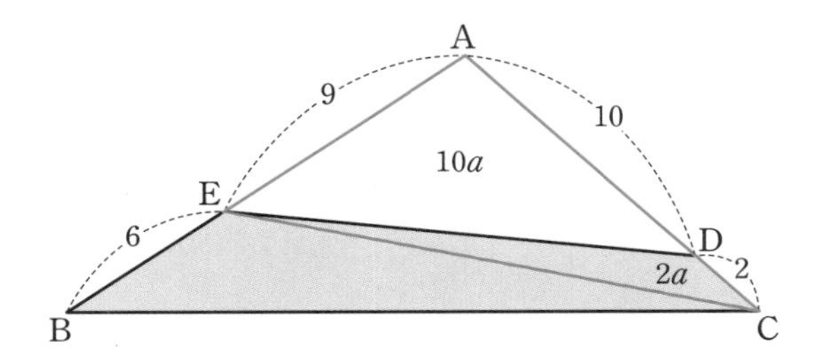

삼각형 ABC 역시 두 개의 삼각형 ACE와 BCE로 나눠서 생각할 수 있는데, 이 두 삼각형은 높이가 같고 밑변의 비가 9:6이기 때문에 넓이의 비도 9:6, 즉 3:2입니다.

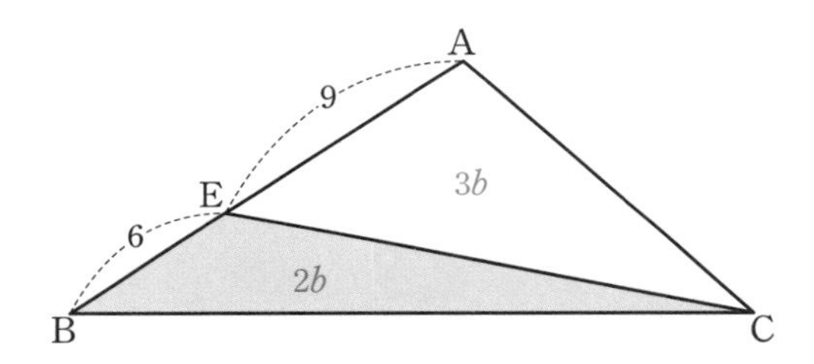

앞에서 삼각형 ACE를 넓이의 비가 10:2인 두 개의 삼각형으로 나눴습니다. 여기에서 3:2=12:8이라고 하면 다음과 같은 넓이의 비를 생각할 수 있습니다.

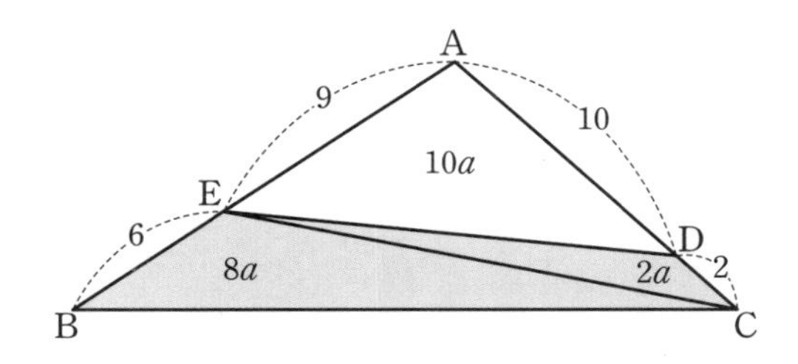

결론적으로 색칠된 부분과 색칠되지 않은 부분의 넓이의 비율은 10 : 10이므로 같습니다.

4장에서는 기본 도형인 삼각형을 다루었지만, 문제는 모두 쉽지 않았습니다. 단순하고 쉽게 계산할 수 있는 문제를 푸는 것보다 이렇게 아이디어가 있고, 문제해결의 기술을 경험할 수 있는 문제가 좋은 문제입니다. 같은 문제를 몇 번씩 반복해서 풀면서 문제에 접근하는 기술과 문제를 해결하는 아이디어를 익혀보기 바랍니다.

한 가지 말해둘 것이 있는데요, 이 책의 문제를 풀지 못했다고 실망할 필요는 없습니다. 문제 풀이 과정을 재미있게 받아들이고 즐기는 것, 문제해결의 경험을 쌓으며 다른 문제해결에 자신의 경험을 적용하는 것, 이것이 바로 우리가 바라는 것입니다. 눈에 보이는 지식보다 눈에 보이지 않는 문제해결의 아이디어와 경험을 마음껏 즐기는 여정이 되기 바랍니다.

5장

문제해결의 열쇠, 이등변삼각형

두 변의 길이와 두 밑각의 크기가 같은 삼각형

유클리드기하학 문제를 해결할 때 의외로 중요하게 활용되는 것이 이등변삼각형입니다. 두 변의 길이가 같은 삼각형을 이등변삼각형이라고 부릅니다. 이렇게 두 변의 길이가 같은 삼각형은 두 밑각의 크기도 같습니다. 또한 두 밑각의 크기가 같은 삼각형은 두 변의 길이가 같은 이등변삼각형입니다.

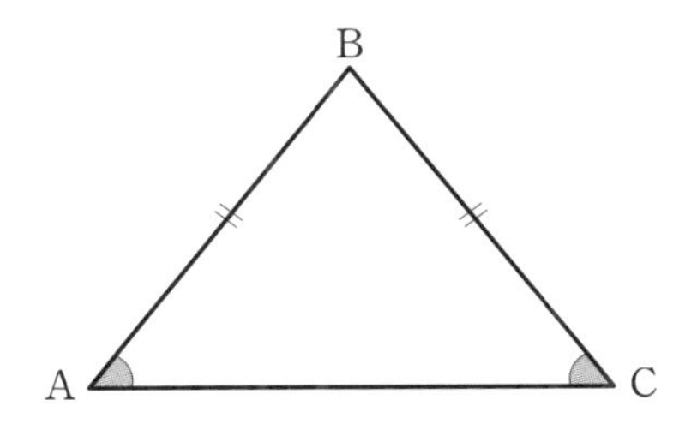

$\overline{AB}=\overline{BC} \Leftrightarrow \angle BAC=\angle BCA$

문제를 몇 개 풀어보면서 이등변삼각형을 어떻게 활용할지 알아봅시다.

문제 34 다음 그림에서 각 x의 크기를 구하세요.

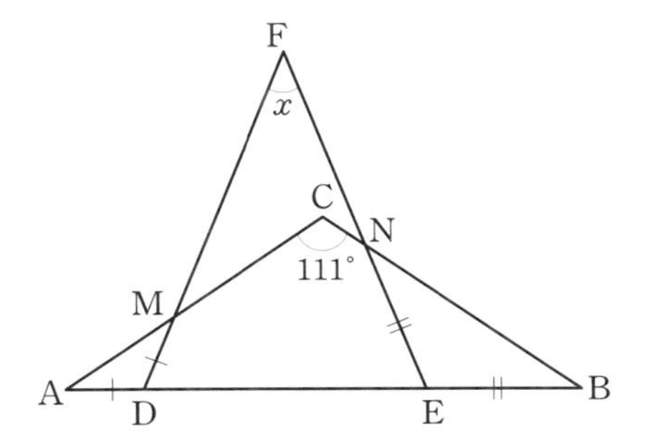

$\angle A$와 $\angle B$를 α, β라고 하면 $\alpha+\beta=180°-111°=69°$입니다. 삼각형 ADM과 삼각형 EBN이 이등변삼각형이기 때문에 외각정리를 적용하면 $\angle FDE$는 2α, $\angle FED$는 2β입니다. 삼각형 FDE의 내각의 합은 $x+2\alpha+2\beta=180°$입니다. 여기에서 $\alpha+\beta=69°$이므

로 $2\alpha+2\beta=138°$ 입니다. 따라서 $x=180°-138°=42°$ 입니다.

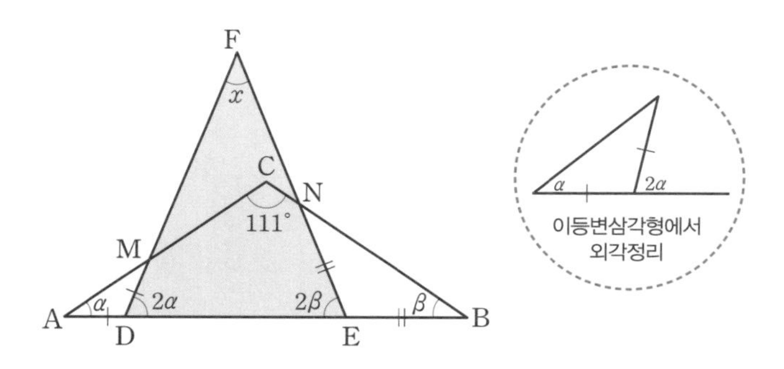

이 문제는 각 x의 크기를 구하는 데 필요한 정보가 충분히 주어지지 않은 것처럼 보이지만, 이등변삼각형이라는 사실을 파악하면 문제를 해결하는 데 꼭 필요한 정보를 끌어낼 수 있습니다.

문제 35 **다음 그림에서 $\overline{AB}=\overline{BC}$일 때, $\angle B$의 크기 x는 얼마일까요?**

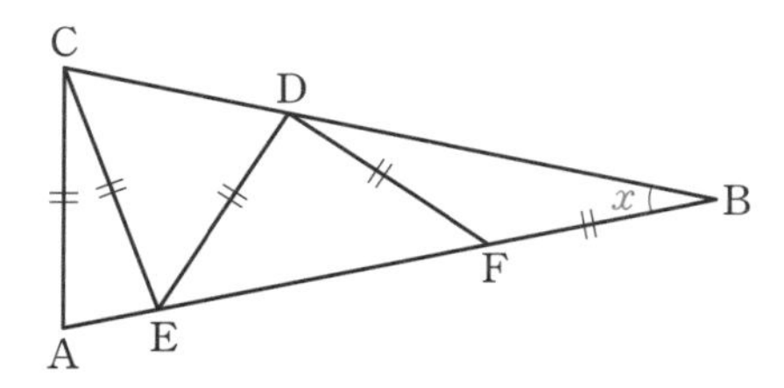

이등변삼각형은 두 밑각의 크기가 같다는 성질과 한 외각의 크기는 접하지 않는 두 내각의 합과 같다는 외각정리를 통해 다음과 같이 각의 크기를 구할 수 있습니다.

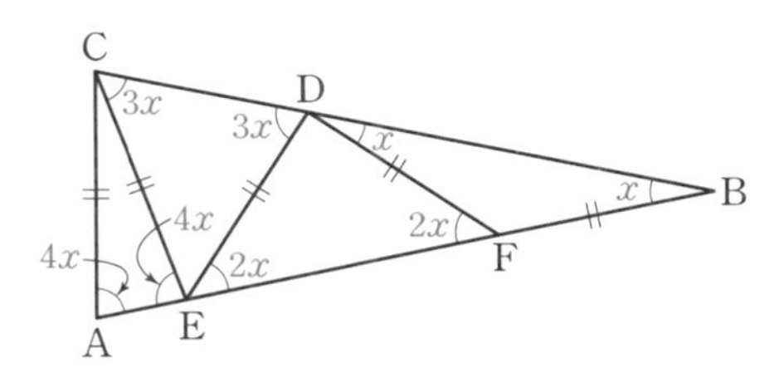

$\overline{AB}=\overline{BC}$이므로 삼각형 ABC는 이등변삼각형이고, ∠A와 ∠C의 크기가 같습니다. ∠ACE의 크기는 $180°-8x$이므로 ∠C의 크기는 $(180°-8x)+3x$이고, 이것은 ∠A의 크기 $4x$와 같습니다. 따라서 다음과 같이 관계식을 세울 수 있습니다.

$$(180°-8x)+3x=4x$$
$$180°-5x=4x$$
$$9x=180°$$
$$x=20°$$

문제 36 다음 그림에서 반원 안에 오각형이 내접할 때, ∠D의 크기 x는 얼마일까요?

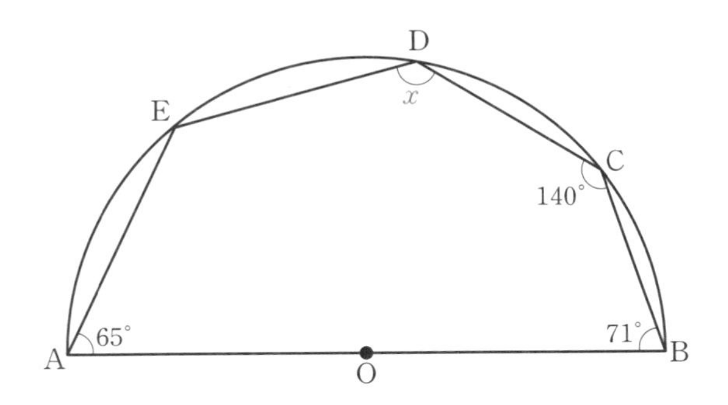

복잡한 문제를 잘 해결하는 사람은 복잡한 것을 단순하게 잘 바꾸는 사람입니다. 기하학 문제에서도 복잡한 도형을 다룰 때에는 단순한 도형으로 나눠서 생각하는 것이 효과적입니다. 도형 중에서는 삼각형이 가장 중요한데요, 가장 단순한 도형이기 때문이죠. 지금 주어진 오각형도 삼각형으로 나눠서 문제를 풀어봅시다.

반원 안에 오각형이 주어진 문제인데, 원의 중심을 기준으로 오각형을 삼각형 네 개로 나눠보겠습니다. 원의 반지름을 두 변으로 갖는 네 개의 삼각형은 모두 이등변삼각형이고, 두 밑각의 크기가 같다는 성질을 이용하여 각각의 크기를 표시할 수 있습니다.

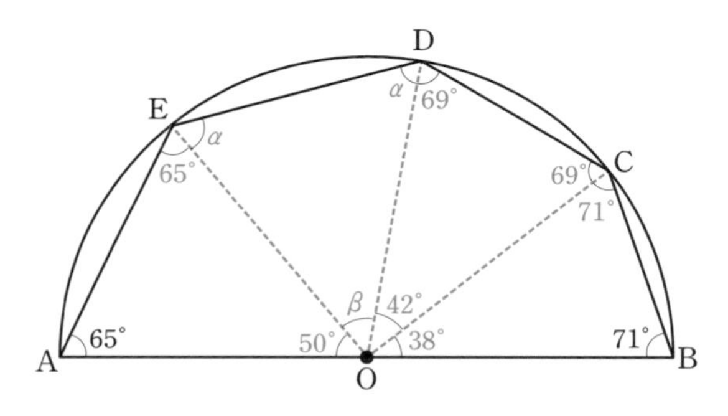

이렇게 각각의 크기를 표시하면 우리는 다음과 같은 두 개의 식을 얻을 수 있습니다.

$$\begin{cases} \beta+130^\circ=180^\circ \\ 2\alpha+\beta=180^\circ \end{cases}$$

여기에서 $\alpha=65^\circ$, $\beta=50^\circ$ 입니다. 따라서 우리가 구하는 x는 $\alpha+69^\circ$로 $65^\circ+69^\circ=134^\circ$ 입니다.

문제 37 다음은 직사각형 종이를 접은 모양입니다. 종이가 겹치는 부분의 넓이를 구하세요.

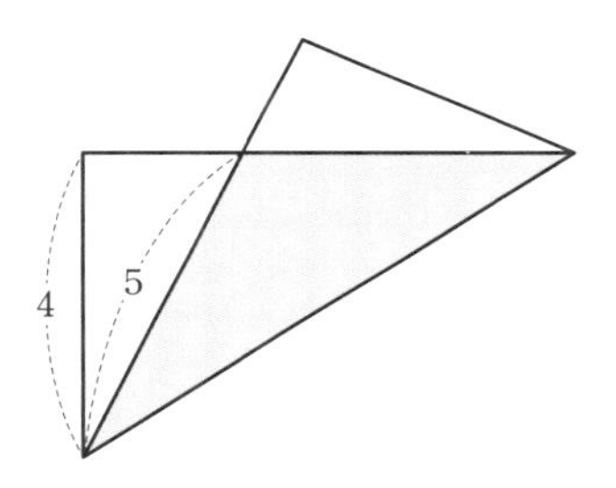

'종이 접기'는 유클리드기하학 문제에 자주 나오는데요, '겹치는 부분은 각도나 길이가 같다'는 성질이 문제를 푸는 데 핵심 포인트입니다. 이 문제에서 겹치는 부분도 다음과 같이 점으로 표시한 부분의 각이 모두 같습니다. 왼쪽 아랫부분은 겹치기 때문에 각이 같고, 오른쪽 윗부분은 동위각과 엇각의 관계이기 때문에 각의 크기가 같습니다.

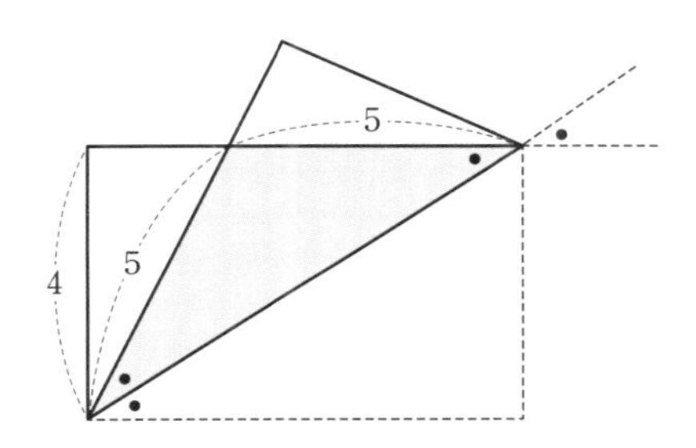

이렇게 상황을 파악하고 보면 종이가 겹치는 부분, 즉 색칠된 삼각형은 이등변삼각형이라는 사실을 알 수 있습니다. 여기에서 색칠된 이등변삼각형은 밑변이 5이고 높이가 4입니다. 따라서 색칠된 부분의 넓이는 $\frac{1}{2}\times5\times4=10$입니다.

꼭 기억해야 할 이등변삼각형의 성질

우리가 꼭 기억해야 할 이등변삼각형의 성질은 이등변삼각형의 꼭지각의 이등분선이 밑변을 수직으로 이등분한다는 것입니다. 다음과 같이 이등변삼각형이 있을 때, 꼭지각을 이등분하는 선을 그으면 그 선이 밑변과 수직으로 만나고, 밑변을 이등분합니다. 수학에서는 대칭이 중요한 역할을 할 때가 많은데, 특히 이등변삼각형은 중심을 기준으로 좌우가 대칭을 이룬다는 점을 기억해두면 유용합니다.

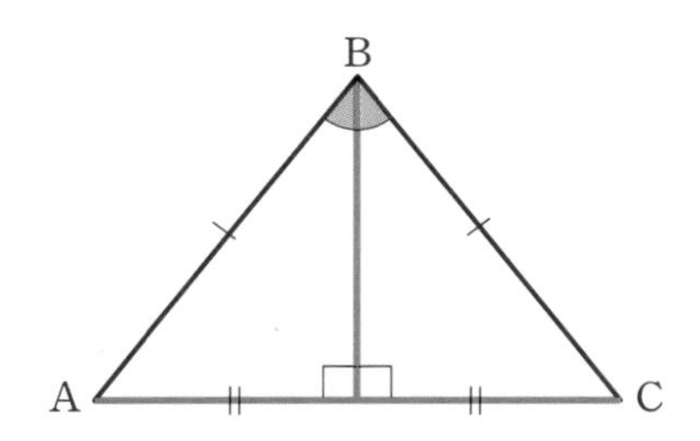

문제 38 다음 두 삼각형 가운데 어느 쪽의 넓이가 더 클까요?

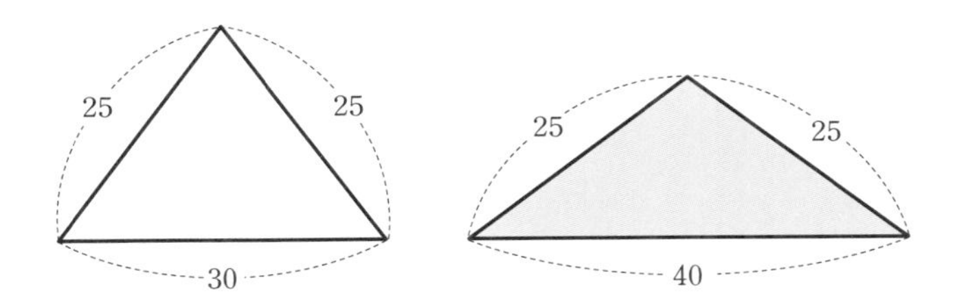

학교 시험에 출제하고 싶은 좋은 문제입니다. 이론적인 내용도 알아야 하고, 그 내용을 어떻게 적용할지 아이디어도 필요한 문제이지요. 먼저 두 삼각형의 꼭지각을 이등분하는 선을 그어봅시다. 각의 이등분선을 그어보면 두 삼각형 모두 이등변삼각형이기 때문에 이 이등분선은 밑변과 수직으로 만나고, 밑변을 이등분하는 수직이등분선이 됩니다. 두 삼각형은 다음과 같이 각각 두 개의 삼각형으로 나눠집니다.

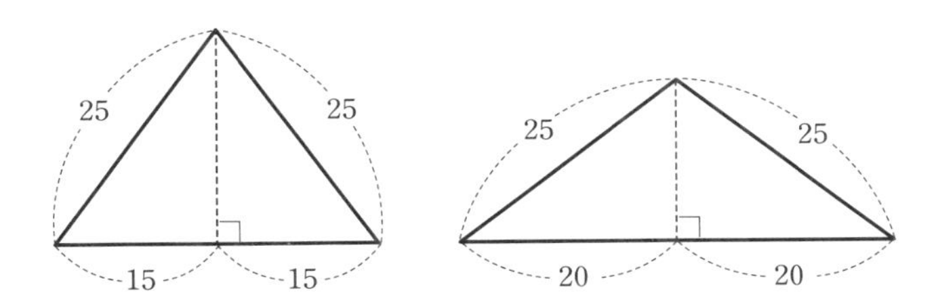

문제의 두 이등변삼각형이 각각 우리가 알고 있는 직각삼각형으로 나눠지는 것을 볼 수 있습니다. 이 책의 10장에서 다룰 피타고라스의 정리에 따르면 가장 단순한 형태의 직각삼각형은 세 변의 길이가 (3, 4, 5)인 직각삼각형입니다. 세 변의 길이의 비가 3:4:5

인 경우에도 직각삼각형이 유지되기 때문에 (3, 4, 5)의 배수로 만들어지는 삼각형도 직각삼각형입니다. 다음과 같은 숫자들이죠.

$$(3, 4, 5)$$

$$(3, 4, 5)\times 2 \rightarrow (6, 8, 10)$$

$$(3, 4, 5)\times 3 \rightarrow (9, 12, 15)$$

$$(3, 4, 5)\times 4 \rightarrow (12, 16, 20)$$

$$(3, 4, 5)\times 5 \rightarrow (15, 20, 25)$$

여기에서 나눠진 직각삼각형의 세 변의 길이는 다음과 같습니다.

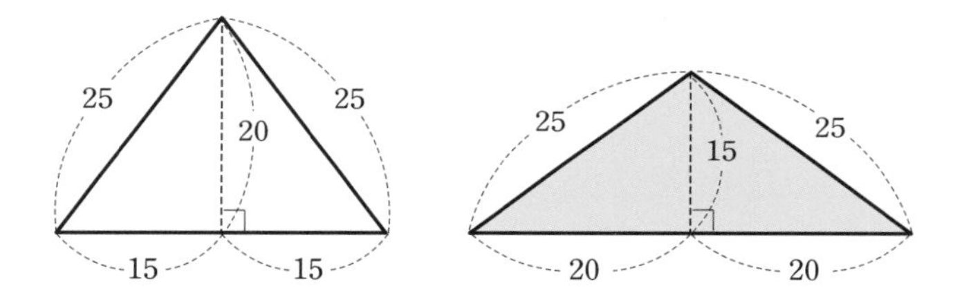

이렇게 놓고 보면 오른쪽과 왼쪽의 삼각형들이 모두 같은 삼각형임을 알 수 있습니다. 왼쪽의 두 삼각형을 돌려서 붙이면 오른쪽의 두 삼각형이 되는 것이죠. 따라서 두 삼각형의 크기는 같습니다.

임의로 이등변삼각형 만들기

이등변삼각형이 문제에서 제시되는 경우도 있지만, 때로는 기하학 문제를 풀기 위해 이등변삼각형을 임의로 만들어서 문제를 해결하는 경우도 있습니다. 가령 다음 경우를 볼까요?

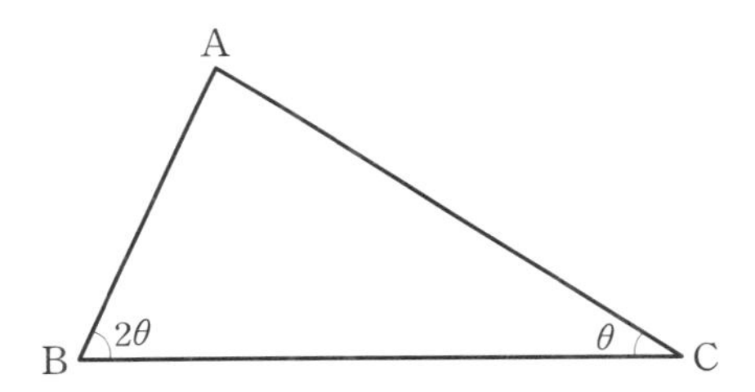

이렇게 제시된 삼각형에 우선 다음과 같은 이등변삼각형을 그려 봅시다.

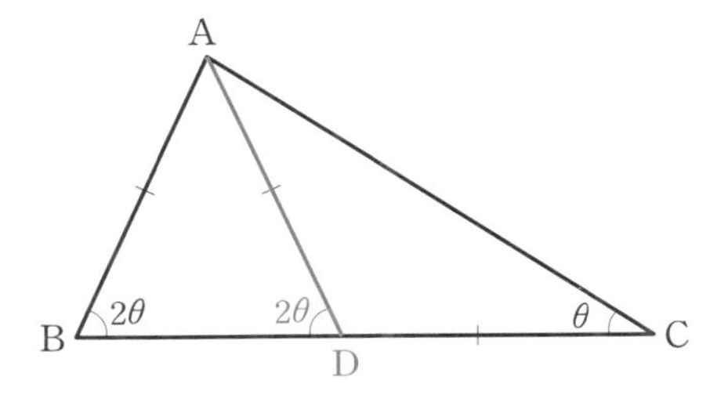

A에서 각도가 2θ인 D까지 선을 그으면 생기는 삼각형 ABD는 이등변삼각형입니다. 외각정리에 따라 $\angle DAC$의 크기는 θ이고, 삼각형 ADC 역시 이등변삼각형입니다. 다음과 같이 서로 다른 두 개의 이등변삼각형이 존재하는 것이죠.

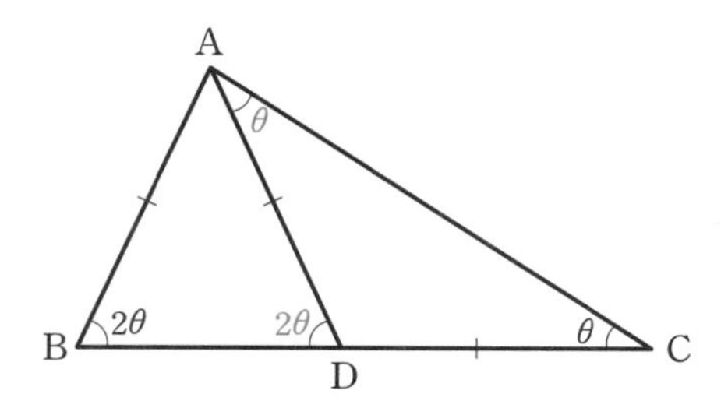

문제 39 다음 그림에서 $\overline{AB}=\overline{CD}$일 때, x의 크기는 얼마일까요?

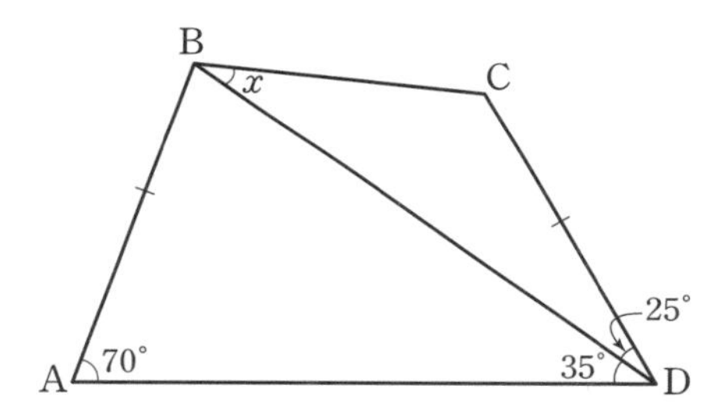

일단 상황을 파악하기 위해 앞에서 봤던 것처럼 $\overline{BE}$를 그어봅시다. 이렇게 $\overline{BE}$를 그어서 이등변삼각형 BAE를 만들면 외각정리에 따라 ∠EBD가 35° 임을 알 수 있습니다. 따라서 삼각형 EBD 역시 이등변삼각형입니다.

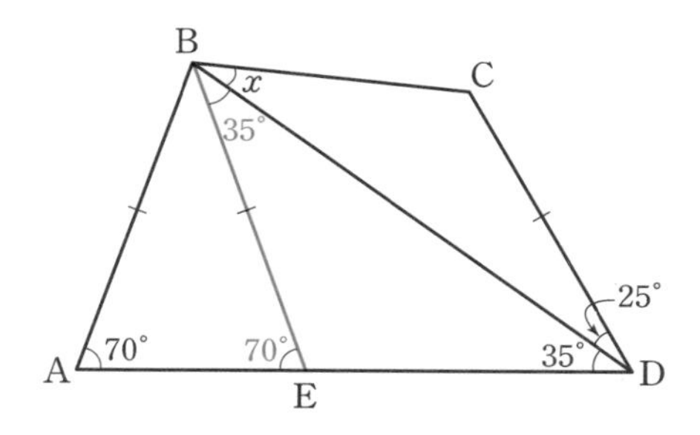

삼각형 EBD가 이등변삼각형이므로 $\overline{BE}=\overline{ED}$입니다. 따라서 $\overline{CE}$를 그어서 만든 삼각형 CDE는 정삼각형이 됩니다.

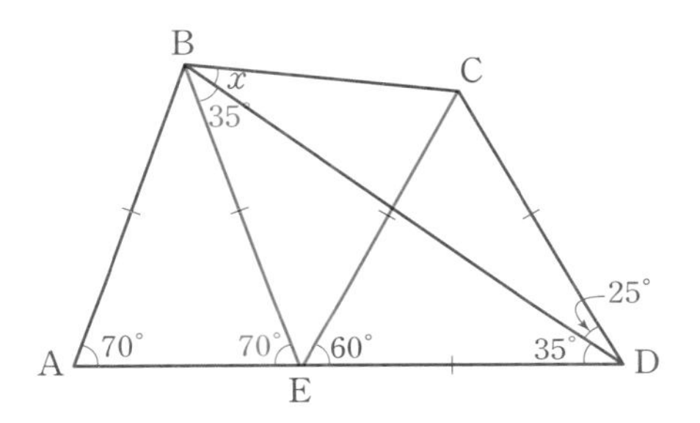

이렇게 선을 몇 개 그어놓고 보면 삼각형 EBC는 이등변삼각형이라는 것을 알 수 있습니다. 여기에서 ∠BEC의 크기는 $180° - (70° + 60°) = 50°$입니다. 따라서 ∠EBC$=65°$이고, 우리가 구하는 $x=30°$입니다.

문제 40 다음 그림에서 각 x의 크기를 구하세요.

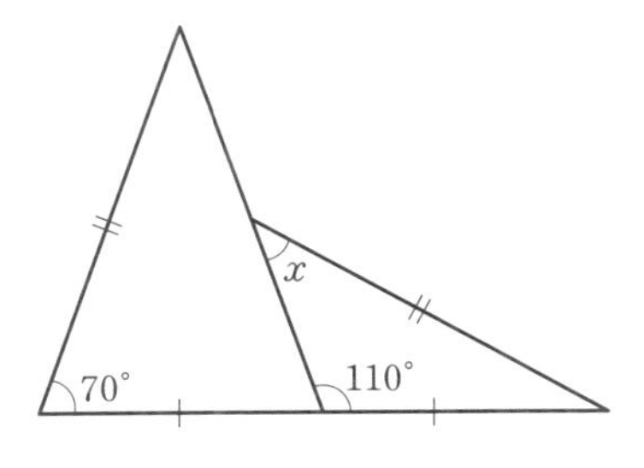

문제를 해결하기 위해 임의의 선을 그어서 문제 안에 숨어 있는 이등변삼각형이나 정삼각형을 찾아보는 등의 적극적인 태도가 유클리드기하학 문제를 풀 때 중요합니다. 수동적으로 아이디어가

떠오르기만을 기다리는 대신 적극적으로 다양한 방법을 찾으며 문제를 풀어보세요. 자유롭게 도형을 옮겨보기도 하고 때로는 회전시키고 오려서 붙여보기도 하는 등 다양한 시도를 해봐야 합니다. 이런저런 시도를 하다 문제를 해결할 수 있는 단서를 잡으면 아주 기분 좋은 쾌감을 느끼게 됩니다.

이 문제는 $\overline{BC}=\overline{CD}$이기 때문에 다음과 같이 점 D가 점 B 위치에 오도록 삼각형 CDE를 잘라서 붙여봅시다.

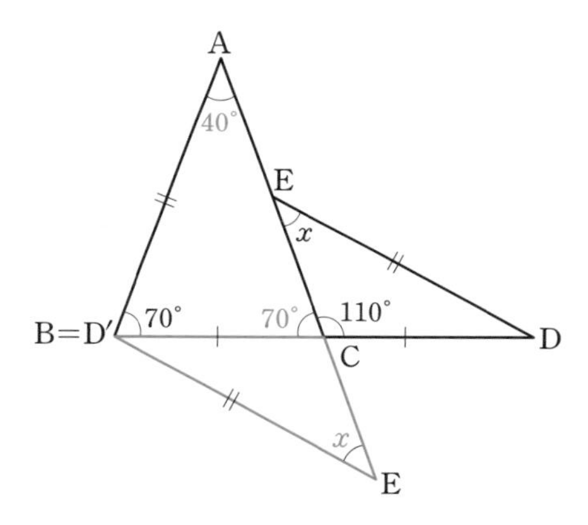

이렇게 붙여서 만들어진 삼각형 AD′E′은 이등변삼각형입니다. 따라서 우리가 찾는 $x=40°$ 입니다.

6장

넓이 문제의 핵심, 사각형

도형의 넓이란?

무언가를 이해하려고 할 때 가장 좋은 방법은 단위를 생각하는 것입니다. 넓이는 $1m^2$와 같이 표시하는데요, $1m^2$는 가로세로가 1m인 정사각형의 넓이입니다. $6m^2$는 $1m^2$인 정사각형이 여섯 개 있다는 것이고, $0.5m^2$는 $1m^2$인 정사각형이 0.5개 있다는 것으로 이해하면 됩니다.

도형의 넓이는 사각형과 관련이 있는데, 문제를 풀어보면서 좀 더 알아봅시다. 매우 어려운 문제를 하나 소개합니다. 특별한 지식은 필요 없지만, 아이디어가 필요한 문제입니다.

문제 41 다음 그림에서 색칠된 부분의 넓이를 구하세요. 여기에서 사각형 안의 숫자는 넓이를 의미합니다.

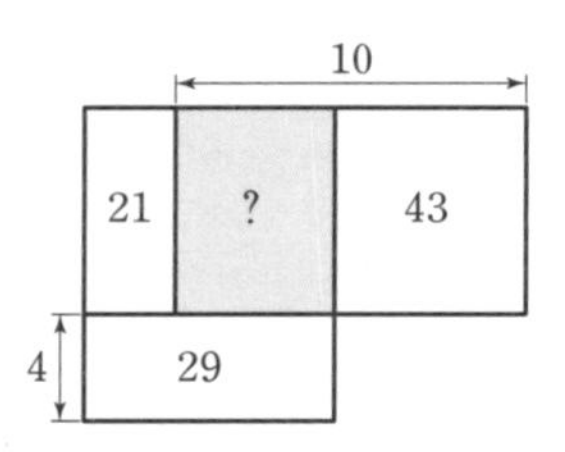

먼저 넓이가 43인 사각형을 넓이가 21인 사각형과 22인 사각형으로 나눠봅시다. 가장 왼쪽에도 넓이가 21인 사각형이 있으므로 다음과 같은 길이를 생각할 수 있습니다.

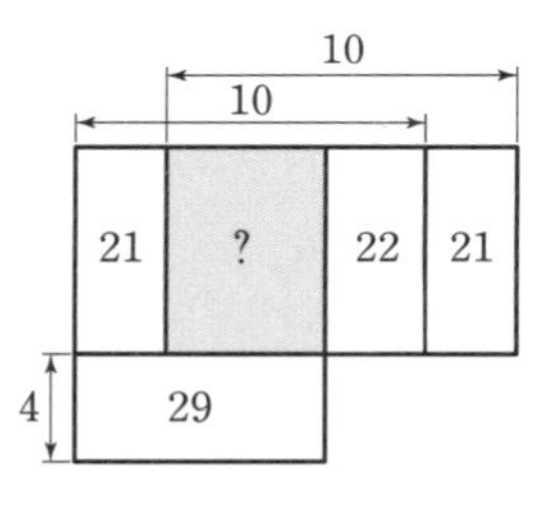

이제 아래쪽의 사각형을 보면 넓이가 $4 \times 10 = 40$인 사각형을 생각할 수 있고, 그 사각형의 오른쪽 사각형의 넓이는 $40 - 29 = 11$입니다.

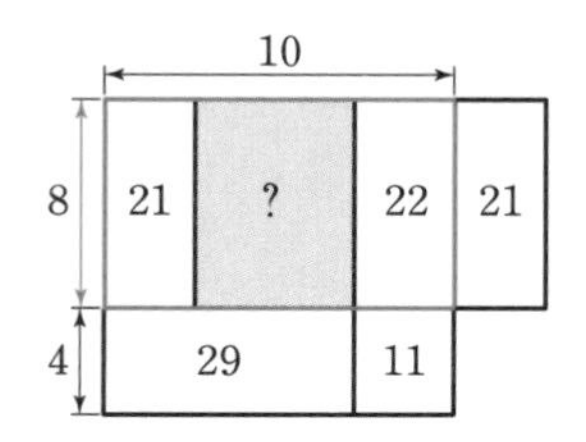

넓이가 11인 사각형과 22인 사각형을 비교하면 왼쪽 사각형의 한 변의 길이가 8임을 알 수 있습니다. 따라서 위쪽에 있는 사각형의 넓이는 80이고, 색칠된 부분의 넓이는 80－(21＋22)＝37입니다.

이 문제는 매우 어렵기 때문에 쉽게 푸는 사람이 별로 없을 겁니다. 이 문제가 어려운 이유는 난해한 개념이나 지식이 필요해서가 아니라 문제를 파악하는 데 독특한 아이디어가 필요하기 때문입니다. 이런 문제를 해결하는 경험을 충분히 쌓아 아이디어가 풍부한 사람이 되기 바랍니다.

문제 42 **다음과 같이 직사각형 ABCD와 ACEF가 있을 때, 직사각형 ACEF의 넓이는 얼마일까요?**

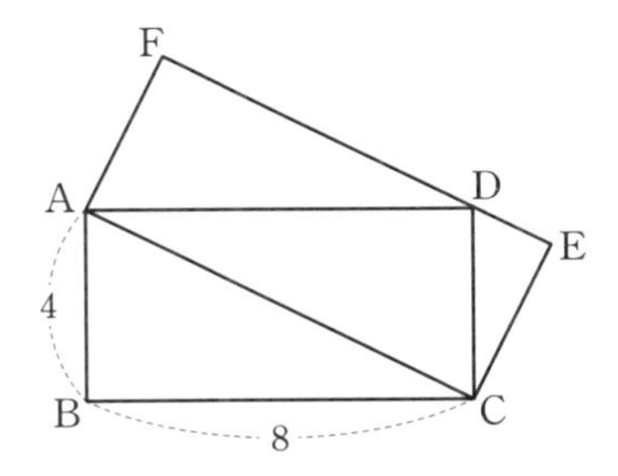

사각형 ABCD와 사각형 ACEF의 넓이를 비교해봅시다. 삼각형 ACD를 중심으로 두 사각형의 넓이를 비교해보면, 먼저 사각형 ABCD는 삼각형 ACD의 두 배입니다. 마찬가지로 사각형 ACEF의 넓이도 다음과 같이 두 부분으로 나눠서 생각하면 삼각형 ACD 넓이의 두 배라는 사실을 알 수 있습니다.

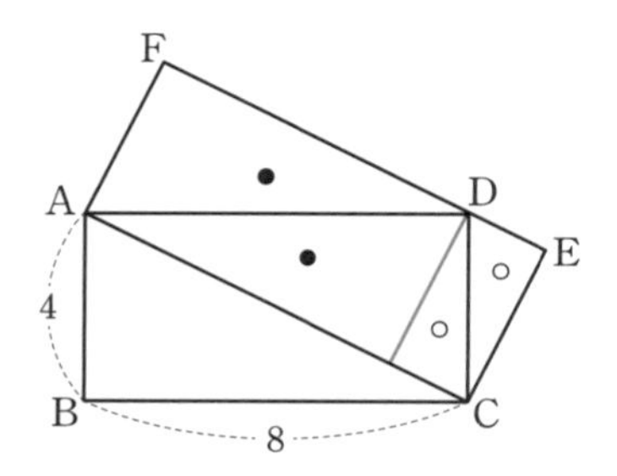

따라서 사각형 ACEF의 넓이는 사각형 ABCD의 넓이와 같고, 직사각형 ACEF의 넓이는 $4 \times 8 = 32$입니다.

[문제 42]는 겹치는 삼각형을 통해 두 사각형의 넓이의 비를 찾는 문제인데요, 이렇게 어떤 기준을 두고 생각해서 판단하는 방법이 문제를 해결하는 데 자주 활용되는 아이디어입니다. 비슷한 아이디어를 활용한 문제 중 약간 더 어렵고, 어려운 만큼 더 재미있는 문제를 하나 소개합니다.

문제 43 **다음 그림에서 사각형 ABCD의 넓이를 구하세요.**

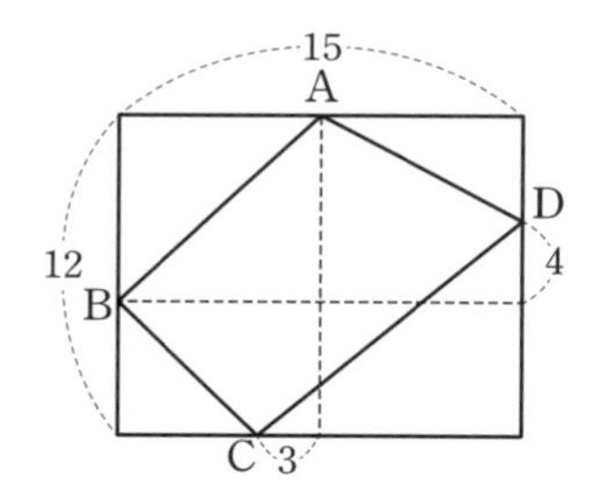

이 문제는 보는 순간 점선을 기준으로 a, b 변수를 잡고 식을 세

워 계산을 해야겠다는 생각이 드는데요, 그렇게 무턱대고 계산하기에 앞서 아이디어를 갖고 문제를 파악해야 합니다. 계산을 하더라도 문제해결의 아이디어가 필요합니다. 먼저 점선을 기준으로 다음과 같은 새로운 사각형 ABC′D를 생각해봅시다.

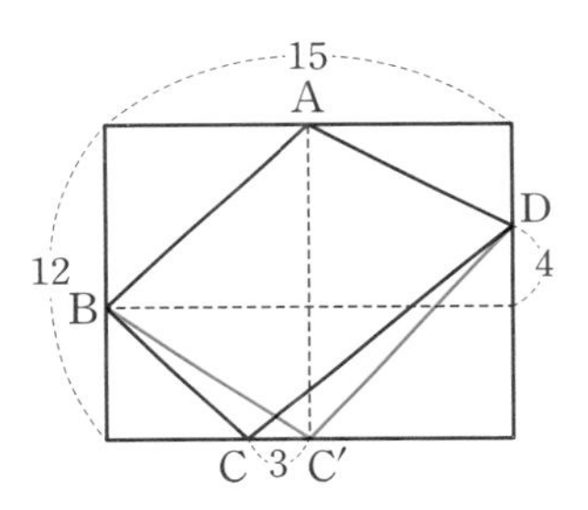

여기에서 삼각형 BCC′와 삼각형 DCC′를 비교하면 밑변은 3으로 같고 높이가 4만큼 차이가 납니다. 즉 넓이가 6만큼 차이가 나는 것이죠. 이것은 사각형 ABCD와 사각형 ABC′D의 넓이가 6만큼 차이 난다는 것을 의미합니다. 따라서 사각형 ABCD의 넓이는 사각형 ABC′D의 넓이에서 6을 빼는 것으로 구할 수 있습니다.

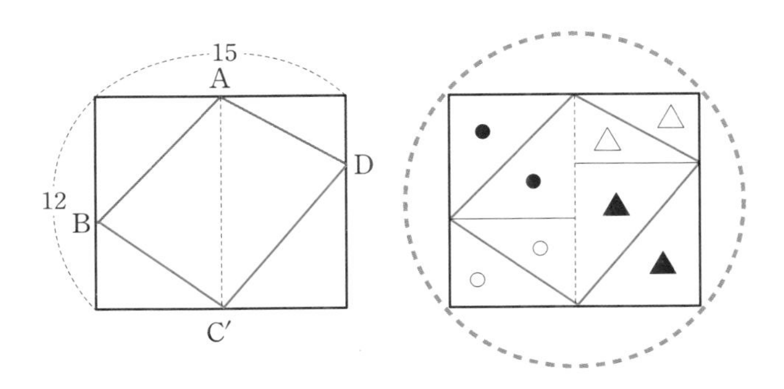

또한 사각형 ABC′D의 넓이가 전체 사각형의 $\frac{1}{2}$임을 알 수 있습

니다. 따라서 사각형 $ABC'D$의 넓이 $\frac{1}{2}\times15\times12=90$이고, 사각형 $ABCD$의 넓이는 $90-6=84$입니다.

문제 44 **다음 그림에서 사각형 $ABCD$의 넓이가 36이고, 삼각형 ABP의 넓이가 6, 삼각형 ADQ의 넓이가 9일 때, 삼각형 APQ의 넓이를 구하세요.**

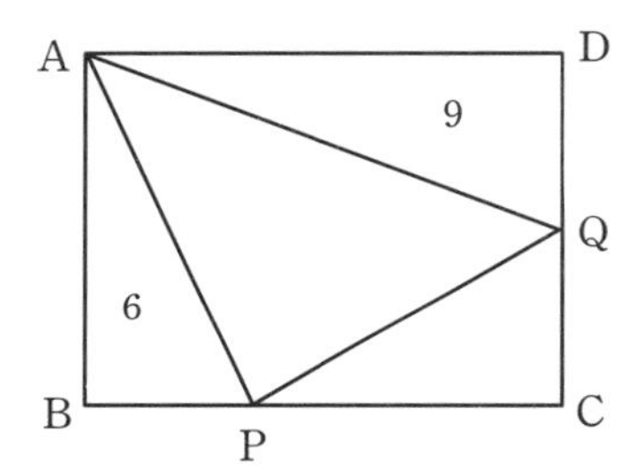

이런 문제를 풀 때에는 변수를 잡고 빠르게 관계식을 세우는 사람이 많은데, 무턱대고 식을 만들면 오히려 계산이 더 어렵고 복잡해질 수 있습니다. 계산이 어려우면 잘 풀리지 않는 경우가 많고, 복잡하면 실수할 확률도 높아지죠. 좀 더 많은 정보를 파악하려면 머리를 굴릴 필요가 있습니다. 일단 다음과 같이 대각선을 그어봅시다.

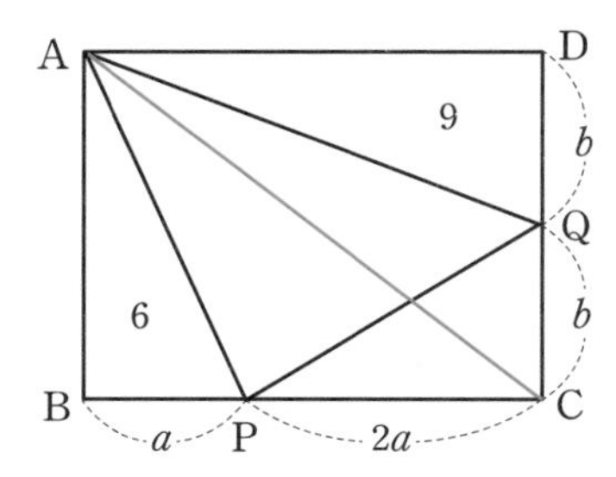

사각형 $ABCD$의 넓이가 36이기 때문에 사각형을 반으로 나눈

삼각형 ABC의 넓이는 18입니다. 삼각형 ABP의 넓이가 6이기 때문에 삼각형 APC의 넓이는 12이고, $\overline{BP}:\overline{PC}=6:12=1:2$입니다. 삼각형 ADQ의 넓이가 9이므로 삼각형 ACQ의 넓이는 9이고, $\overline{CQ}:\overline{DQ}=1:1$입니다.

사각형 ABCD의 넓이가 36이므로, $3a\times 2b=36$, $a\times b=6$입니다. 삼각형 CPQ의 넓이는 $\frac{1}{2}\times 2a\times b=a\times b=6$ 입니다. 여기에서 우리가 구하는 삼각형 APQ의 넓이는 전체에서 ABP, ADQ, CPQ 세 삼각형의 넓이를 뺀 값입니다. 따라서 $36-(6+9+6)=15$입니다.

문제해결에 필요한 네 가지 사각형

사각형에는 다양한 종류가 있지만, 문제해결에 필요한 사각형은 정사각형과 직사각형 그리고 평행사변형과 사다리꼴로 충분합니다. 평행사변형과 사다리꼴의 넓이는 다음과 같이 구합니다.

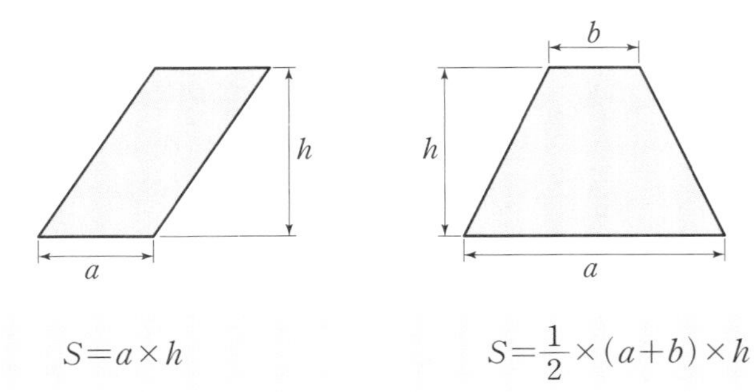

$S=a\times h$

$S=\frac{1}{2}\times(a+b)\times h$

평행사변형과 사다리꼴의 넓이는 해당 도형을 삼각형 두 개로 나눠서 증명할 수 있습니다. 예를 들어 다음과 같은 사각형의 넓이를 한번 살펴봅시다.

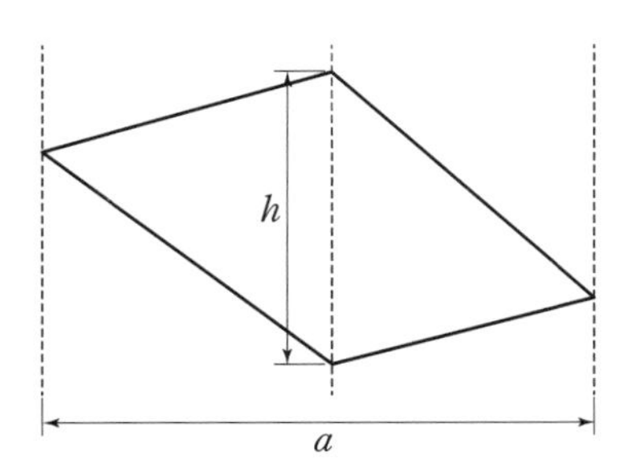

$$S=\frac{1}{2}\times a\times h$$

주어진 사각형은 두 개의 삼각형으로 나눌 수 있습니다. 이렇게 나누면 h 값이 두 삼각형의 밑변이고, 두 삼각형의 높이의 합은 a 값이 됩니다. 이 때문에 사각형의 넓이를 구하는 공식이 삼각형의 넓이를 구하는 공식과 유사해지는 것입니다. 정해진 공식을 떠올리기보다는 상황에 맞는 생각으로 유연하게 문제를 파악하는 것이 문제를 해결하는 방법입니다. 문제를 또 풀어봅시다.

문제 45 다음 그림에서 A의 넓이에서 B의 넓이를 뺀 값을 구하세요.

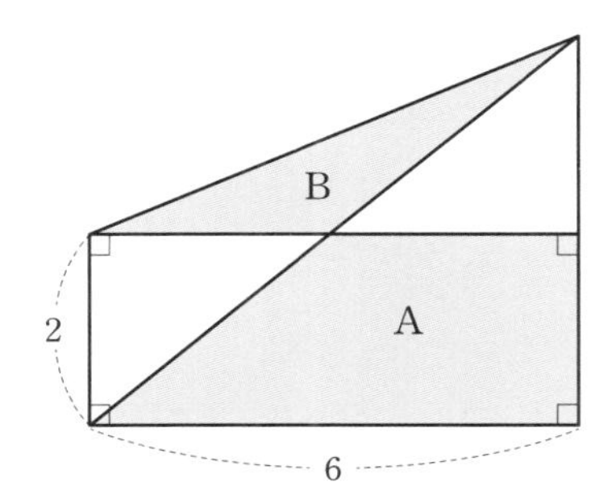

다음과 같이 선을 그으면 B와 A1의 넓이가 같다는 것을 알 수 있습니다. B와 A1은 밑변과 높이가 같은 두 삼각형에서 공통되는 직각삼각형을 뺀 부분이기 때문입니다. 따라서 넓이가 같습니다.

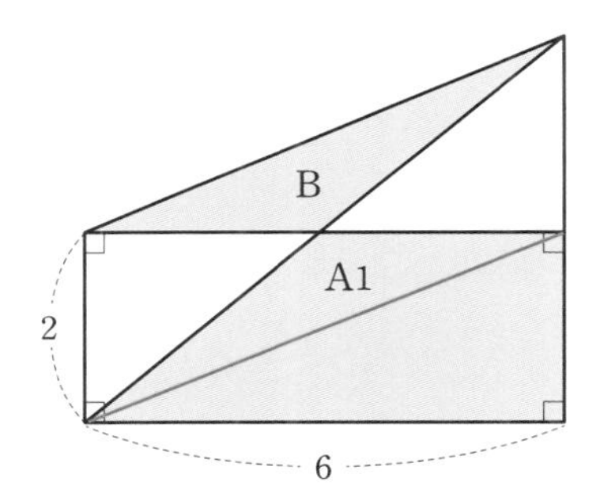

따라서 A의 넓이에서 B의 넓이를 뺀 값은 밑변이 6이고 높이가 2인 삼각형의 넓이와 같습니다. 즉, $\frac{1}{2}\times6\times2=6$입니다.

문제 46 사각형 ABCD가 다음과 같을 때, 색칠된 부분의 넓이를 구하세요.

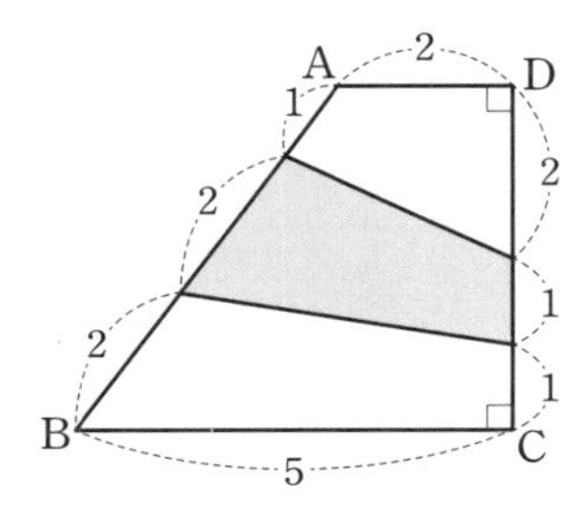

먼저 사각형 ABCD의 넓이는 다음과 같이 구할 수 있습니다.

$$\frac{1}{2}\times(2+5)\times 4=14$$

$\overline{AB}$를 중심으로 다음과 같은 삼각형 ABE를 만들어봅시다.

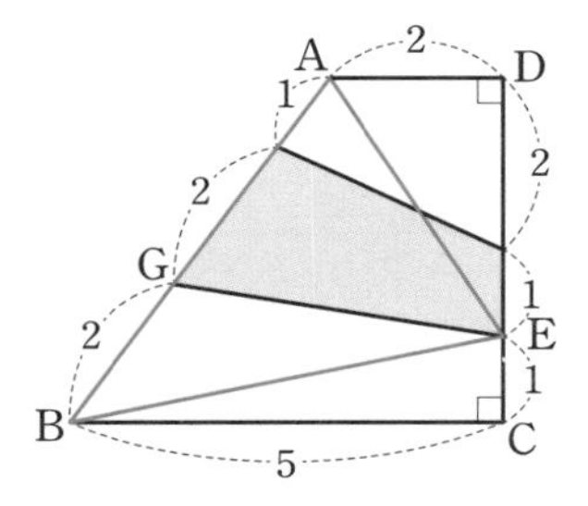

삼각형 ABE의 넓이는 전체 사각형 ABCD에서 삼각형 ADE와 삼각형 BCE의 넓이를 빼는 방법으로 구할 수 있습니다. 이때 삼각형 ABE의 넓이는 $14-\left(\frac{6}{2}+\frac{5}{2}\right)=\frac{17}{2}$입니다. 삼각형 BEG가 삼각형 ABE에서 차지하는 넓이의 비율은 $\frac{2}{5}$입니다. 따라서 삼각형

BEG의 넓이는 $\frac{17}{2}\times\frac{2}{5}=\frac{17}{5}$입니다.

이번에는 $\overline{AB}$를 중심으로 다음과 같은 삼각형 ABF를 생각해봅시다.

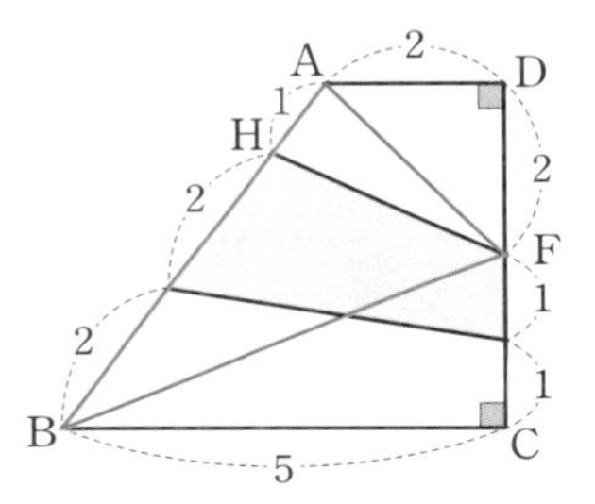

삼각형 ABF의 넓이는 전체 사각형 ABCD에서 삼각형 ADF와 삼각형 BCF의 넓이를 빼는 방법으로 구할 수 있습니다. 이때 삼각형 ABF의 넓이는 $14-(2+5)=7$입니다. 삼각형 AFH가 삼각형 ABF에서 차지하는 넓이의 비율은 $\frac{1}{5}$입니다. 이때 삼각형 AFH의 넓이는 $\frac{7}{5}$입니다.

우리가 알고 있는 넓이에 관한 정보를 주어진 도형에 적용해보면 다음과 같습니다.

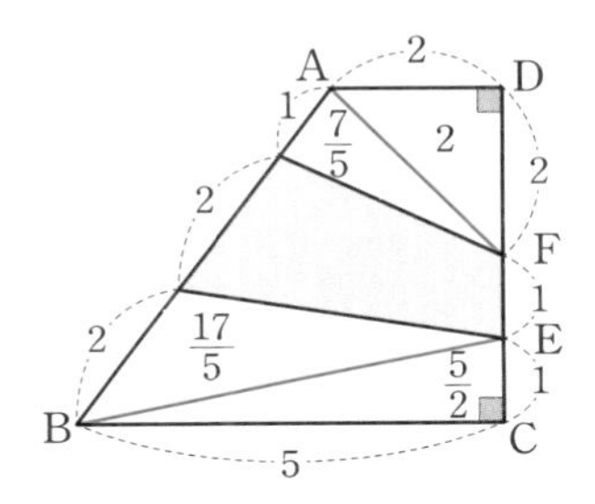

따라서 우리가 구하는 색칠된 부분의 넓이는 $14-\left(2+\frac{7}{5}+\frac{17}{5}+\frac{5}{2}\right)=\frac{47}{10}$입니다.

문제 47 **넓이가 30인 정팔각형 안의 한 점 P에 대해 다음과 같이 삼각형 ABP와 삼각형 EFP가 있을 때, 두 삼각형의 넓이의 합은 얼마일까요?**

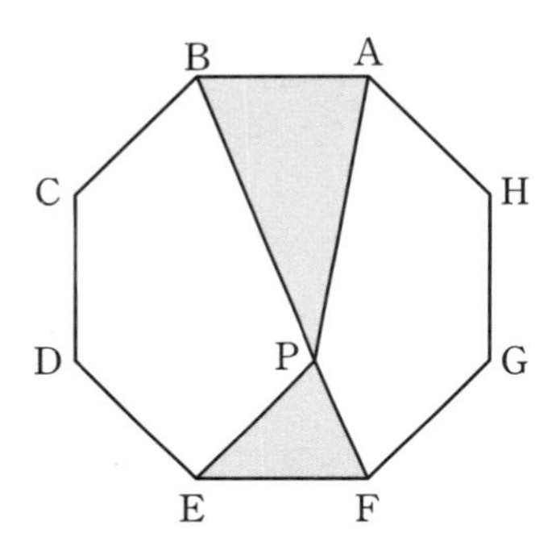

삼각형 ABP와 삼각형 EFP의 넓이를 구하기 위해 다음과 같은 보조선을 긋고 살펴보면, 두 삼각형의 넓이의 합은 직사각형 ABEF의 절반인 것을 알 수 있습니다.

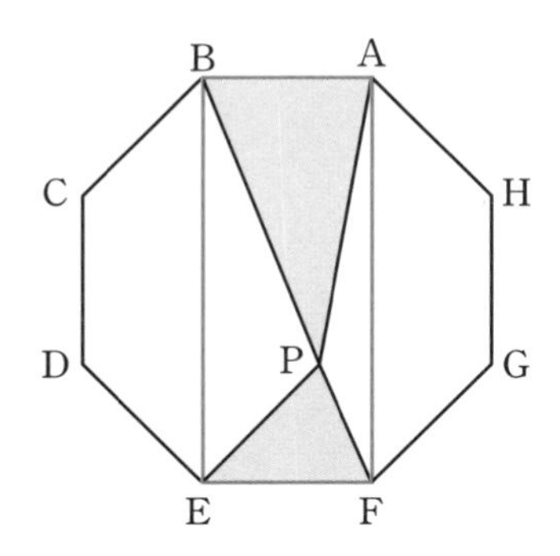

문제에서 주어진 정보는 정팔각형의 전체 넓이뿐이므로 직사각형 ABEF의 넓이가 전체 정팔각형에서 몇 퍼센트를 차지하는지 살펴봐야 합니다. 정팔각형에서 가장 기본적으로 알 수 있는 사실은 다음과 같이 정중앙의 점을 중심으로 한 여덟 개의 삼각형으로 이루어져 있다는 것입니다. 여기에 직사각형 ABEF를 그려봅시다.

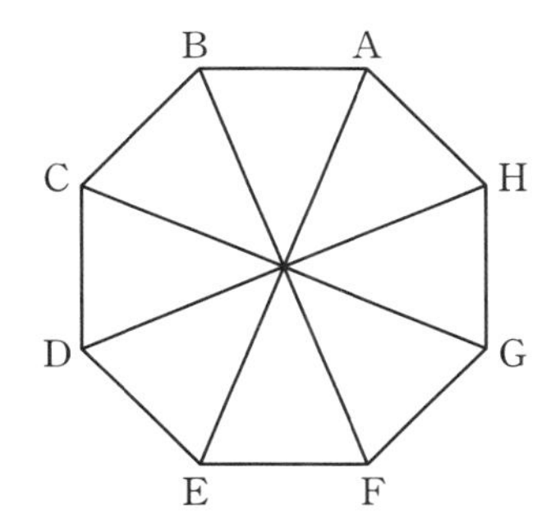

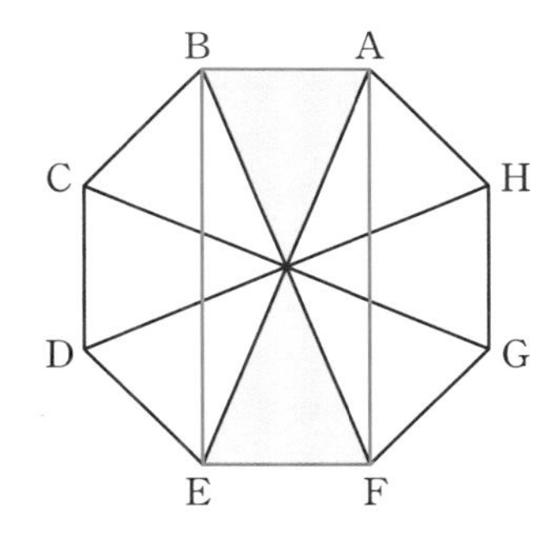

이렇게 정팔각형을 여덟 개의 삼각형으로 나누면 삼각형 두 개가 직사각형 ABEF를 이등분하는 것을 볼 수 있습니다. 즉 직사각형 ABEF의 $\frac{1}{2}$이 정팔각형을 8등분한 것 두 개, 즉 $\frac{1}{4}$인 것입니다. 여기에서 우리가 찾는 두 삼각형의 넓이가 바로 직사각형 ABEF의 $\frac{1}{2}$입니다. 따라서 ABCD의 넓이는 정팔각형 넓이의 $\frac{1}{4}$, 즉 $\frac{30}{4}=\frac{15}{2}$입니다.

문제 48 다음 그림에서 색칠된 부분의 넓이가 11일 때, 직사각형 ABCD의 넓이를 구하세요.

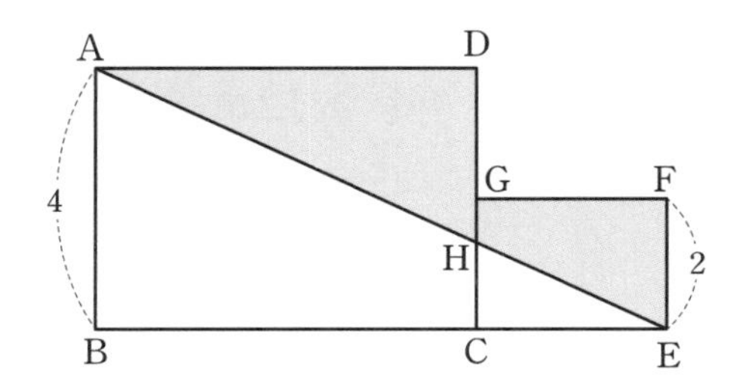

주어진 그림에 다음과 같이 선을 그어보면 삼각형 ACH와 삼각형 DEH의 넓이가 같다는 것을 알 수 있습니다. 우리의 전략은 삼각형 DGP와 삼각형 EFP의 넓이가 같다는 것을 보여주는 것입니다. 그러면 색칠된 부분의 넓이는 삼각형 ACD의 넓이와 같을 것이고, 이 넓이가 11이라면 사각형 ABCD의 넓이가 22로 정해지기 때문입니다.

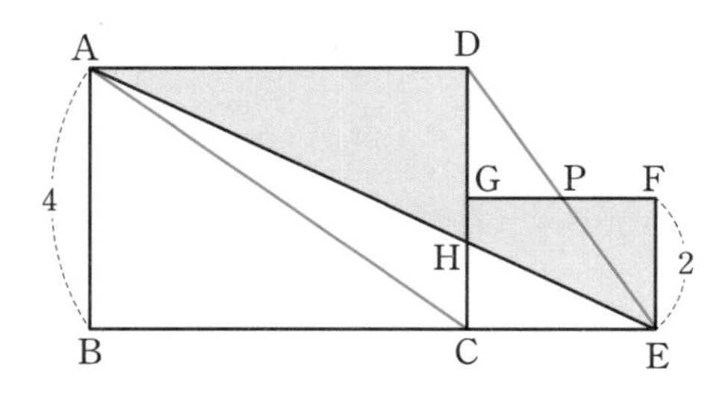

삼각형 DGP와 삼각형 EFP는 합동이라는 사실을 알 수 있습니다. $\overline{EF}=\overline{DG}=2$이고, $\angle DPG$와 $\angle EPF$가 맞꼭지각으로 같기 때문이죠. 따라서 사각형 EFGH의 넓이는 삼각형 ACH의 넓이와 같

고, 결국 색칠된 부분의 넓이는 삼각형 ACD의 넓이와 같습니다. 앞에서 살펴본 것 같이 사각형 ABCD의 넓이는 22입니다.

길이는 1차원, 넓이는 2차원, 부피는 3차원과 관련이 있습니다. 유클리드기하학은 평면기하학이기 때문에 넓이를 다루는 문제가 많습니다. 넓이는 '가로세로가 1인 정사각형이 몇 개 들어가는가?'로 볼 수 있다고 앞서 이야기했는데요, 그래서 처음 공부할 때에는 모눈종이를 활용하면 좋습니다.

모눈종이에 도형을 그리고 그 도형이 구체적으로 몇 개의 칸을 차지하는지 알아보는 것이 바로 넓이를 구하는 방법입니다. 이때 한 가지 주의해야 할 사항은 눈대중으로 넓이를 추측하는 것은 수학이 아니라는 것입니다. 논리적으로 확실한 값을 구하는 것이 바로 수학이죠.

7장

완벽한 도형, 원

기하학을 모르는 사람은 들어오지 마시오

유클리드가 쓴 책 《기하학 원론》에서는 점에 대해 이렇게 정의합니다.

"점은 부분이 없다."

수학책의 처음은 항상 정의definition로 시작합니다. 어떤 것에 대해 논할 때, 그것이 무엇인지 명확하게 정의하고 이야기를 시작하는 것이 바로 수학적 사고인데요, 유클리드는 점에 대해 부분이 없다고 말하는 것으로 기하학에 대한 이야기를 시작합니다. 부분이 없다는 것은 크기가 없다는 것이죠. '점은 위치가 존재하지만, 크기는 존재하지 않는다'는 의미입니다. 우리가 종이에 점을 찍으면 당연히 크기가 존재하죠. 돋보기로 확대하면 더 크게 보일 텐데요, 유클리드는 "점은 부분이 없다"라고 정의하면서 눈에 보이는 점이 아닌 추상적이고 이상적인 점에 대해 이야기합니다. 이것은 현실보다는 이상적인 세계를 꿈꾸었던 사람들에게 수학이 그들이 생각하는 이상적인 세상을 보여주고 설명하는 학문으로 기능했음을 알려줍니다.

수학의 역사는 기원전 600년경 탈레스가 당시 선진국이었던 이집트와 바빌로니아 등을 여행하며 배운 수학 지식을 정리하여 가르치면서 시작되었습니다. 피타고라스 역시 선진국에서 유학하며 배운 것을 고향으로 돌아온 이후 자신이 세운 학원에서 가르치고 마치 종교처럼 수학을 공부했습니다. 그런 전통을 그대로 이어받은 플라톤은 본인의 이상인 이데아의 세상을 수학을 통해 상상했습니다. 그는 이렇게 생각했습니다.

"우리는 아무리 정확하게 그리려고 해도 완벽한 원을 그릴 수 없다. 하지만 완벽한 원을 생각할 수는 있다. 이것은 현실에는 없는 이데아의 세상이 있다는 것을 의미한다."

플라톤은 '아카데메이아'라는 학원을 세워서 많은 사람을 교육했습니다. 아카데메이아는 기원전 387년경에 세워졌고 플라톤이 죽은 뒤에도 유지되었습니다. 중세 로마에서 신학 이외의 학문을 금지하고 철학과 토론을 허용하지 않던 529년에 강제로 문을 닫을 때까지 1,000년 가까이 운영된 학원입니다. 플라톤은 아카데메이아의 입구에 "기하학을 모르는 자는 이곳에 들어오지 말라"고 써

붙였다고 합니다. 고대 그리스의 수학은 기하학이 전부였습니다. 플라톤은 추상적인 수학을 알지 못하는 사람은 이데아의 세상을 이해하지 못할 것이라고 여겼던 것 같습니다. 그렇게 추상적이고 이상적인 수학에서 완벽하고 절대적인 것으로 간주된 도형이 바로 원입니다. 가장 흥미롭고 많은 기하학 문제를 해결하는 핵심이 되는 도형이죠.

원은 수학에서뿐만 아니라 우리의 삶 속에서도 가장 흥미롭고 유용하게 쓰이는 도형입니다. 원에 대해 여러분이 알고 있는 수학적인 사실을 한번 적어봐도 좋을 거 같은데요, 몇 가지가 있나요?

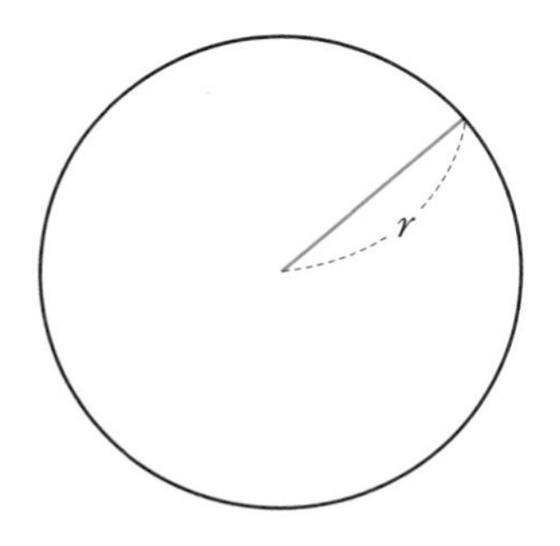

원의 둘레: $2r\pi$

원의 넓이: $r^2\pi$

$\pi = 3.14\cdots$

원에서는 가장 중요한 것이 원주율 π(파이)인데요, 원의 지름에 대한 둘레의 비율이 일정하다는 것입니다. 큰 원이고 작은 원이고 원의 둘레를 반지름으로 나누면 2π이고, 넓이를 반지름의 제곱으로 나누면 π입니다. 모든 원에 대해 이런 관계가 성립한다는 사실이 절대적인 진리를 추구하던 그리스 철학자들에게 강한 인상을 주었습니다.

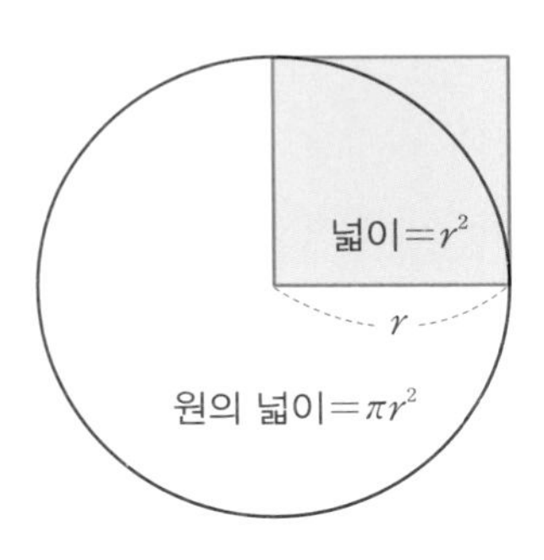

2,200년 전 원주율을 계산한 아르키메데스

인류 역사상 가장 뛰어난 세 명의 수학자를 꼽으라면, 누가 들어갈까요? 유명한 수학자이자 저술가인 E. T. 벨은 아르키메데스, 뉴턴, 가우스를 꼽았습니다. 그가 이렇게 세 명을 꼽은 이유는 순수 수학만이 아닌 응용 수학에서도 모두 뛰어난 업적을 남긴 인물이기 때문입니다. 특히 2,200년 전에 살았던 아르키메데스는 그의 업적을 기리기 위해 '수학의 노벨상'이라고 불리는 필즈상에 그의 초상이 새겨져 있을 정도입니다.

아르키메데스는 원의 넓이를 정확하게 계산하기 위해 원주율 π의 값을 계산했던 것으로 유명합니다. 플라톤은 원을 완벽한 도형이라고 여겼기 때문에 완벽한 원을 현실에서는 그릴 수 없다고 생각했습니다. 우리가 종이에 아주 정교하게 원을 그려도 그것은 완벽한 원을 흉내 내는 것이지 실제로 완벽한 원이 아니라는 거죠. 이상주의자 플라톤과 다르게 아르키메데스는 현실적이고 실용적으로 원을 바라봤습니다. 그는 원에 외접하는 다각형과 내접하는 다각형의 둘레를 계산하여 원주율 π의 값을 계산했습니다.

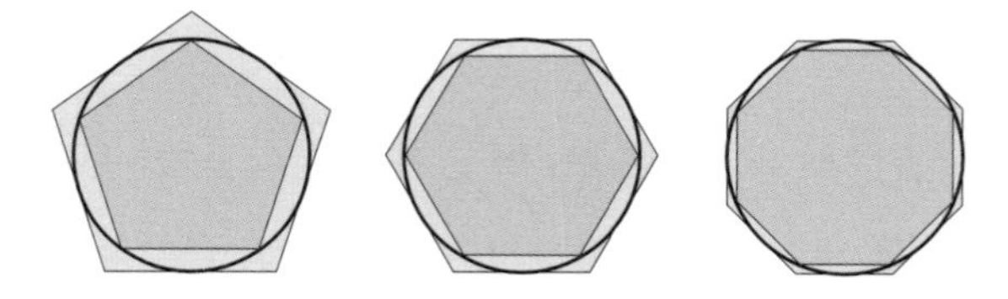

아르키메데스는 정96각형을 이용하여 원주율 π의 근삿값으로 $\frac{22}{7}$을 생각했고, π의 값으로 3.14를 사용했습니다.

$$\pi \fallingdotseq \frac{22}{7} \fallingdotseq 3.14$$

매우 정교한 계산이 필요한 상황이 아니라면 $\pi=3.14$를 적용하여 계산하면 됩니다. 2,200년 전에 아르키메데스가 사용했던 $\pi=3.14$를 지금도 유용하게 쓰고 있다는 사실이 놀라울 따름입니다.

완벽한 대칭을 이루는 원

원에 대해 우리가 알아둬야 할 수학적인 개념은 원은 완벽한 대칭을 이룬다는 사실입니다. 원의 중심에서 어떤 현으로 수선을 내리면 그 현은 이등분됩니다. 또한 어떤 현의 수직이등분선은 원의 중심을 지납니다. 이것은 도형의 닮음을 활용하여 증명할 수 있습니다. 다음 그림을 눈여겨보고 실제로 문제를 풀 때 활용하면 좋습니다.

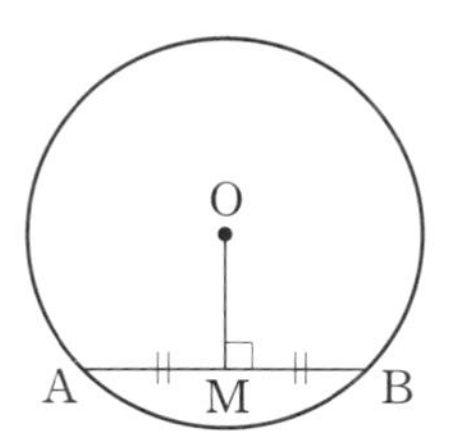

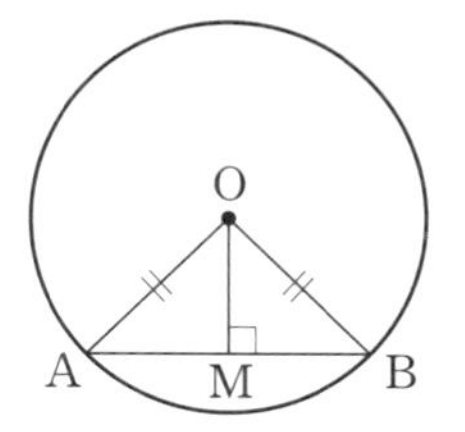

문제 49 큰 원 안에 작은 원 3개가 다음과 같이 내접할 때, 큰 원의 둘레와 작은 원의 둘레의 합 중 어떤 것이 더 클까요?

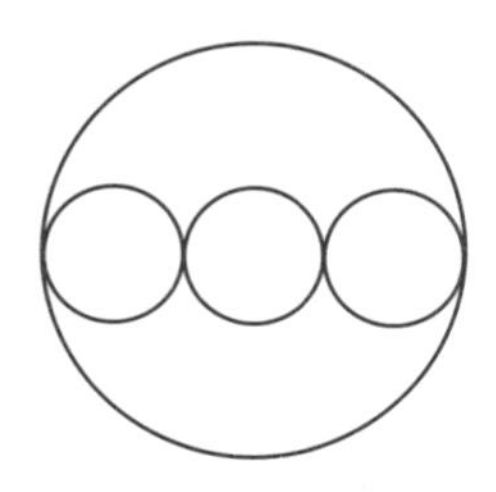

원의 둘레는 지름에 π를 곱한 값입니다. 작은 원의 지름을 r, 큰 원의 지름을 R이라고 하면, 작은 원 세 개의 둘레의 합은 $3 \times r\pi$입니다. 그리고 큰 원의 둘레는 $R\pi$입니다. 큰 원에 작은 원 세 개가 내접하기 때문에 $3r = R$입니다. 따라서 작은 원들의 둘레의 합은 큰 원의 둘레와 같습니다. 여기에서 우리는 작은 원 세 개가 내접하는 경우가 아니라, 네 개나 다섯 개 등 몇 개의 작은 원이 큰 원에 내접해도 작은 원들의 둘레의 합과 큰 원의 둘레의 길이는 같다는 결론을 내릴 수 있습니다.

문제 50 다음 그림에서 $\overline{\mathrm{CD}}$가 $\overline{\mathrm{AB}}$를 수직으로 이등분한다면, 원의 반지름은 얼마일까요?

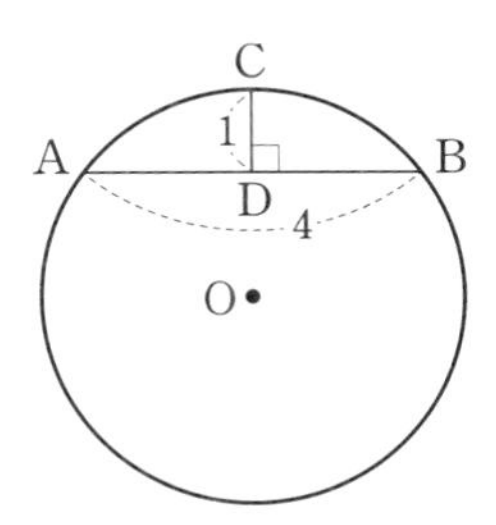

원은 완벽하게 대칭이기 때문에 원의 중심에서 현으로 수직이등분선을 그으면 그 현을 이등분하고, 반대로 현의 수직이등분선을 그으면 원의 중심을 지납니다. 이런 사실에 따라 다음과 같이 $\overline{\mathrm{CD}}$의 연장선을 그으면 이 선 역시 원의 중심을 지납니다. 따라서 우리는 다음과 같은 관계를 생각할 수 있습니다.

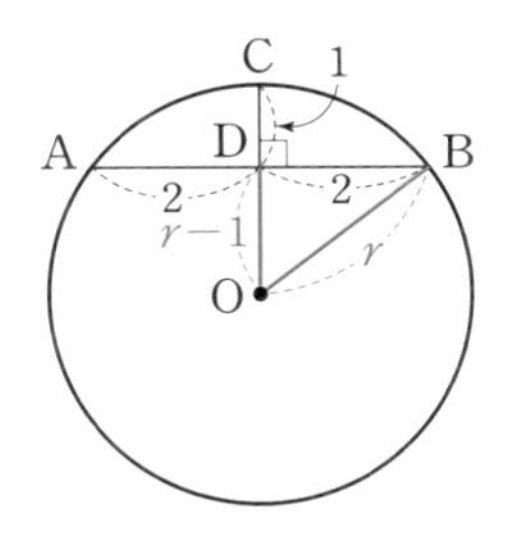

삼각형 OBD는 직각삼각형이고 세 변의 길이는 각각 $2, r-1, r$이므로 피타고라스의 정리를 적용하여 다음과 같은 식을 세워봅시다. (피타고라스의 정리에 대한 자세한 내용은 11장에서 다룹니다. 이번 장에서는 기본 공식만 활용해보겠습니다.)

$$r^2=2^2+(r-1)^2$$

$$r^2=4+r^2-2r+1$$

$$2r=5$$

$$r=\frac{5}{2}$$

문제 51 **원 모양의 동그란 종이를 현 $\overline{\mathrm{AB}}$를 기준으로 접은 다음 그림에서 현 $\overline{\mathrm{AB}}$의 길이가 12일 때, 원의 넓이는 얼마일까요?**

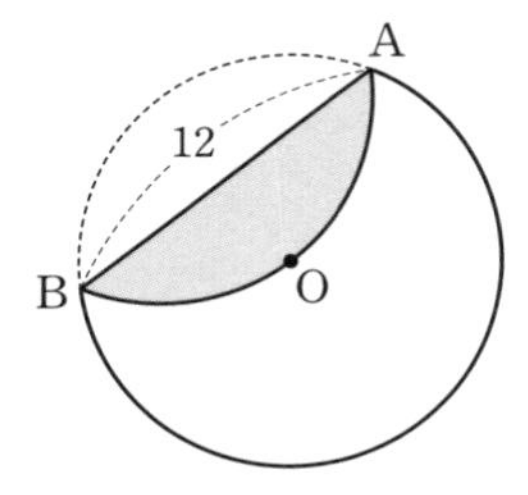

원은 완전한 대칭이기 때문에 원의 중심에서 $\overline{\mathrm{AB}}$에 수선의 발을 내리면 이 직선은 $\overline{\mathrm{AB}}$를 수직으로 이등분합니다. 그리고 종이를 접었다고 하는 것은 다음 그림에서 $\overline{\mathrm{OM}}$의 길이가 반지름의 $\frac{1}{2}$임을 의미합니다. 이것을 다음과 같이 표현할 수 있습니다.

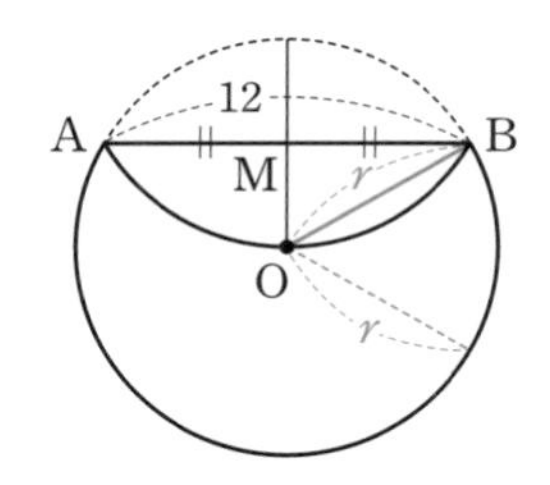

$$\overline{OM}=\frac{r}{2},\ \overline{BM}=6$$

$$\overline{OB}^2=\overline{OM}^2+\overline{BM}^2$$

$$r^2=\left(\frac{r}{2}\right)^2+6^2=\frac{r^2}{4}+36$$

$$\frac{3}{4}r^2=36$$

$$r^2=48$$

따라서 원의 넓이는 $r^2\pi=48\pi$입니다.

원과 직선이 만날 때

원과 직선은 다음과 같이 세 가지 경우를 생각할 수 있습니다. 만나지 않을 때, 한 점에서 만날 때, 두 점에서 만날 때입니다. 만나는 점이 0개, 1개, 2개라고 생각해도 좋습니다.

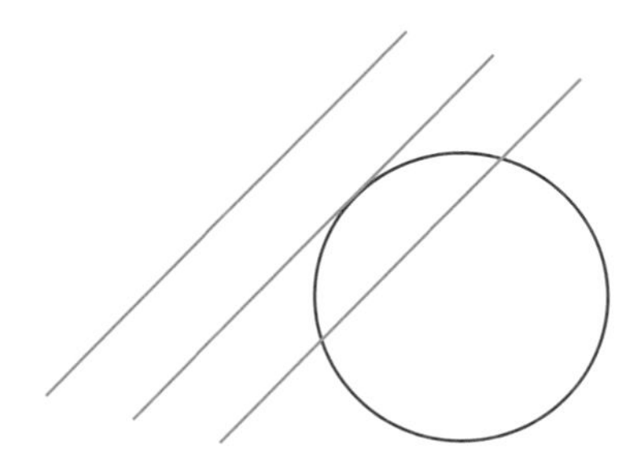

이 중 두 점에서 만나는 경우는 앞에서 언급한 것처럼 원이 완벽

하게 대칭이기 때문에 원의 중심에서 수직이 되는 직선을 그으면 현을 수직으로 이등분하는데요, 이 사실을 떠올리면 문제해결에 도움이 됩니다.

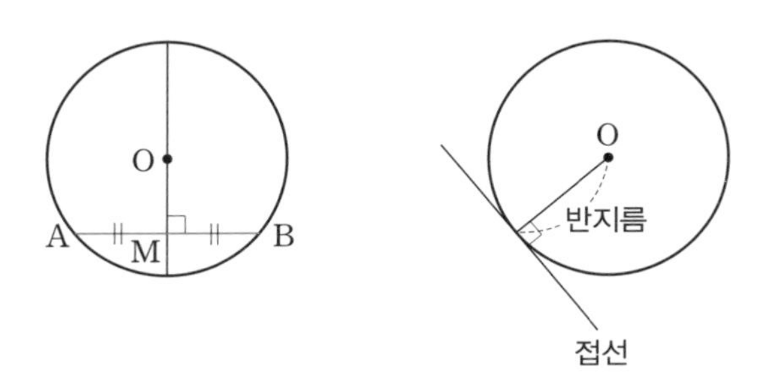

중요하게 살펴봐야 할 것은 원과 직선이 한 점에서 만날 때입니다. 이런 경우를 접한다고 하는데요, 접한다는 말은 90°로 만난다는 것을 의미합니다. 다음과 같이 만나는 점에서 원의 중심으로 선을 그으면 90°를 이룹니다.

문제 52 다음 그림에서 ∠DBA의 크기 x는 얼마일까요?

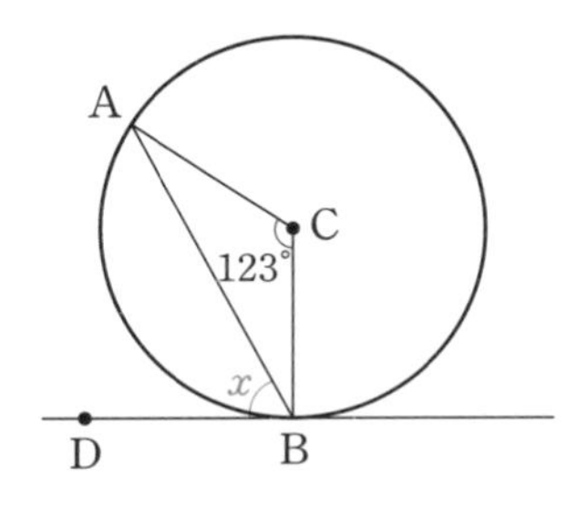

원과 직선이 접한다는 것은 원의 중심에서 접하는 직선 위의 점

과 연결하는 선을 그으면 그 선이 직선과 90°를 이룬다는 뜻입니다. 또한 원의 중심과 원 위의 두 점을 연결하여 삼각형을 만들면 이 삼각형은 두 변이 원의 반지름이므로 이등변삼각형이 됩니다. 따라서 주어진 삼각형에 대해 다음 정보를 파악할 수 있습니다.

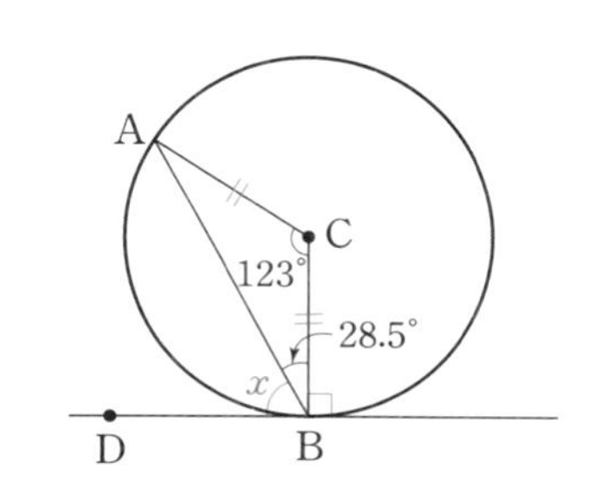

$$\angle CAB = \angle CBA \ (\because \overline{AC} = \overline{BC})$$

$$\angle CBA = \frac{(180° - 123°)}{2} = 28.5°$$

$$\angle DBC = 90°$$

$$x + 28.5° = 90°$$

$$x = 61.5°$$

점에서 원으로 선 긋기

원 밖의 한 점 A에서 원에 접하는 직선을 두 개 그을 수 있습니다. 다음 그림에서 점 B와 점 C가 원에 접하는데요, 이때 $\overline{AB}$와 $\overline{AC}$의 길이가 같습니다.

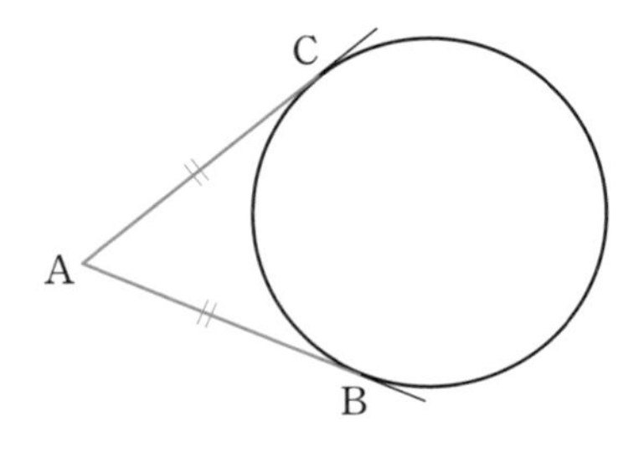

$$\overline{AB}=\overline{AC}$$

원의 중심을 연결하여 만들어지는 직각삼각형이 합동이라는 사실로 이를 증명할 수 있습니다. 다음 관계를 눈여겨볼 필요가 있는데요, 이 관계는 많은 문제를 해결하는 데 핵심적인 역할을 합니다.

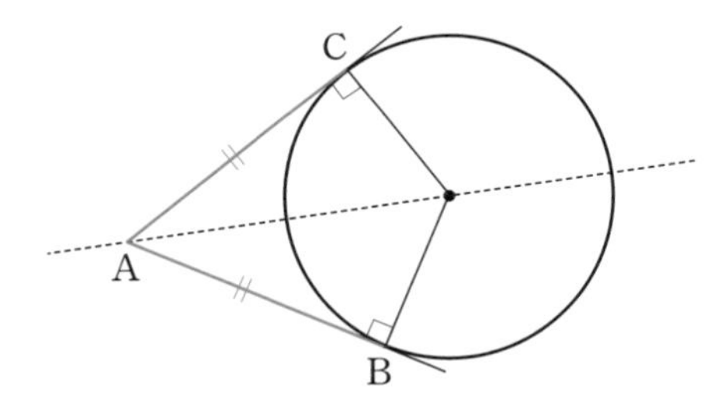

이 사실을 기억하면 많은 원 관련 문제가 해결됩니다. '이 사실을 어떻게 적용할 것인가?'를 고민하는 것만으로 문제가 해결되는 것인데요, 문제를 통해 좀 더 살펴봅시다.

문제 53 다음 그림에서 색칠된 삼각형의 넓이를 구하세요.

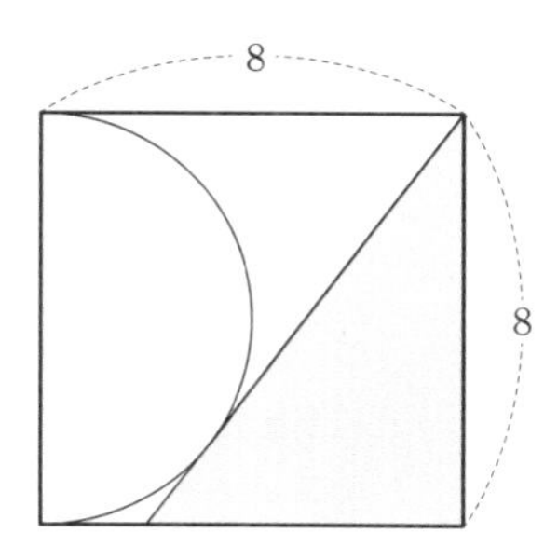

이 문제도 색칠된 삼각형의 두 꼭짓점에서 원으로 각각 두 개의 접선을 그었다고 생각하면 다음과 같은 길이의 관계를 파악할 수 있습니다.

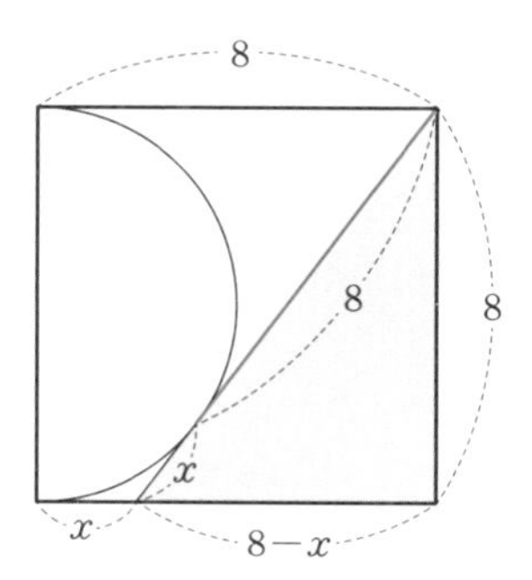

색칠된 삼각형은 직각삼각형이고 세 변의 길이는 각각 $8-x$, 8, $8+x$입니다. 피타고라스의 정리를 이용하면 다음과 같은 식이 나오고, 이를 정리하면 x의 값을 구할 수 있습니다.

$$(8+x)^2=(8-x)^2+8^2$$
$$8^2+16x+x^2=8^2-16x+x^2+8^2$$
$$32x=64$$
$$x=2$$

따라서 색칠된 직각삼각형의 세 변의 길이는 6, 8, 10이고 그 넓이는 $\frac{1}{2}\times 6\times 8=24$입니다.

문제 54 **다음 그림에서 한 변의 길이가 1인 정사각형 내에 반원이 있을 때, x의 길이를 구하세요.**

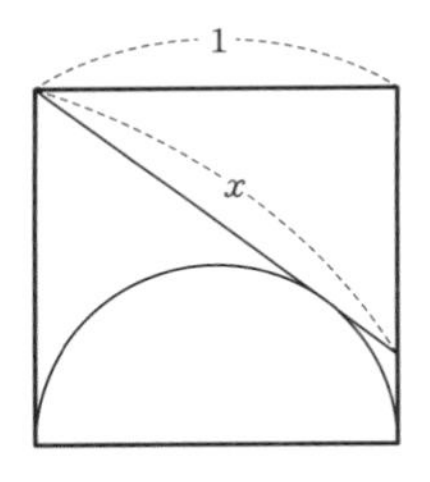

문제에서 주어진 선분 x를 다음 두 부분으로 나눠서 생각할 수 있습니다. 한 점에서 원에 접하는 두 개의 선을 그으면 그 길이가 같다고 했기 때문에 $x=1+y$로 생각할 수 있습니다.

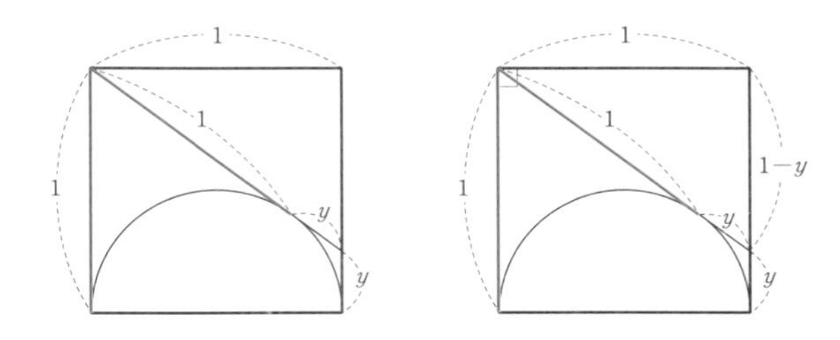

오른쪽 그림에서 각 변의 길이가 $1, 1-y, 1+y$인 직각삼각형을 볼 수 있습니다. 여기에 피타고라스의 정리를 대입하면 다음과 같이 계산할 수 있습니다.

$$(1+y)^2=(1-y)^2+1$$
$$2y=-2y+1$$
$$y=\frac{1}{4}$$

따라서 $x=\frac{5}{4}$입니다.

중심각과 원주각

원이 있는 기하학 문제에서 가장 핵심적으로 활용되는 것이 바로 '원주각은 같다'는 성질입니다. 원의 한 호에 대한 원주각은 모두 같고, 원주각은 중심각의 $\frac{1}{2}$입니다.

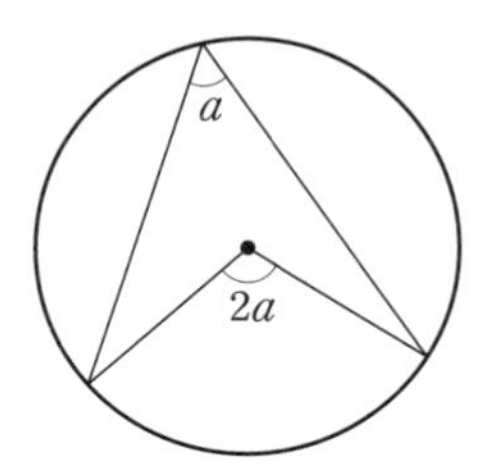

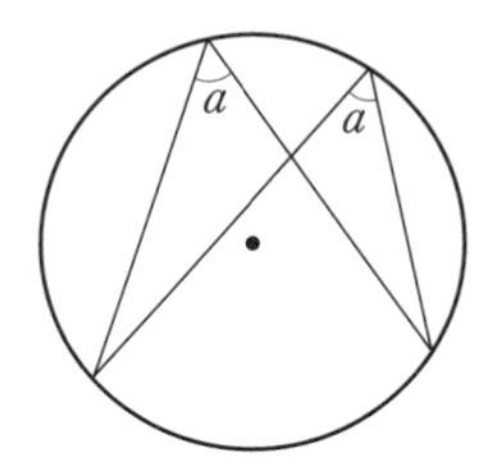

이것은 다음과 같이 증명할 수 있습니다. 먼저 원주각의 크기는 중심각의 $\frac{1}{2}$입니다. 다음 그림을 보시죠.

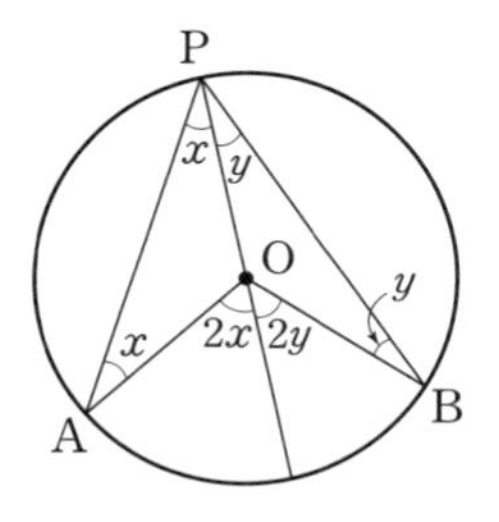

원의 중심 O에서 원 위의 점 P의 각을 이등분하는 선을 그으면 그림과 같이 두 개의 삼각형 AOP와 삼각형 BOP를 볼 수 있습니다. $\overline{OA}$, $\overline{OB}$, $\overline{OP}$가 모두 원의 반지름이므로 두 삼각형은 모두 이등변삼각형이고 그림과 같이 각을 표시할 수 있습니다. 결론적으로 $\angle APB$는 $\angle AOB$의 $\frac{1}{2}$입니다. 이것은 P가 원 위의 어떠한 점이든 항상 성립하는 것입니다. 따라서 호 AB에 대한 모든 원주각의 크기는 중심각의 $\frac{1}{2}$로 늘 같습니다.

원주각의 성질은 원에 관한 문제를 해결하는 데 핵심적으로 활용됩니다. 문제를 통해 좀 더 살펴봅시다.

문제 55 다음 그림에서 각 x의 크기는 얼마일까요?

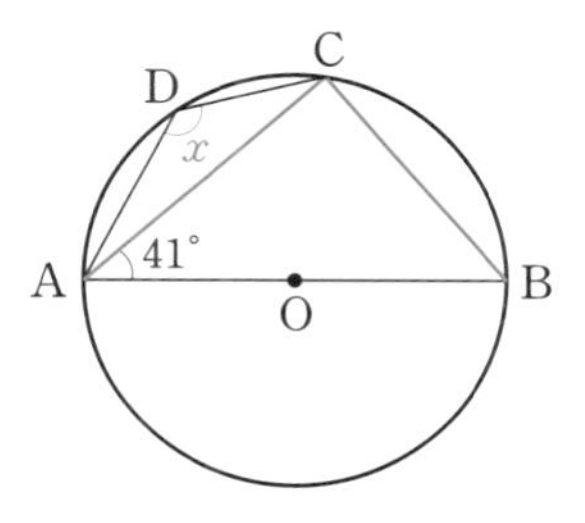

다음과 같이 점 B와 점 D를 이어볼까요?

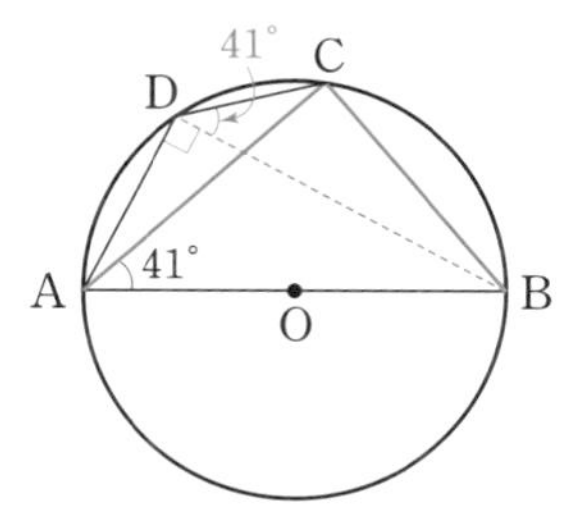

호 BC에 대한 원주각이 41°이므로 $\angle BDC$의 크기도 41°입니다. 또한 선분 $\overline{AB}$가 원의 지름이기 때문에 삼각형 ABD는 직각삼각형이고, $\angle ADB$는 90°입니다. 우리가 구하려는 각 x는 $\angle ADB$와 $\angle BDC$의 합이므로 $90^\circ + 41^\circ = 131^\circ$입니다.

문제 56 다음 그림에서 $\overline{AB}=\overline{AC}=\overline{AD}$일 때, $\angle BDC$의 크기를 구하세요.

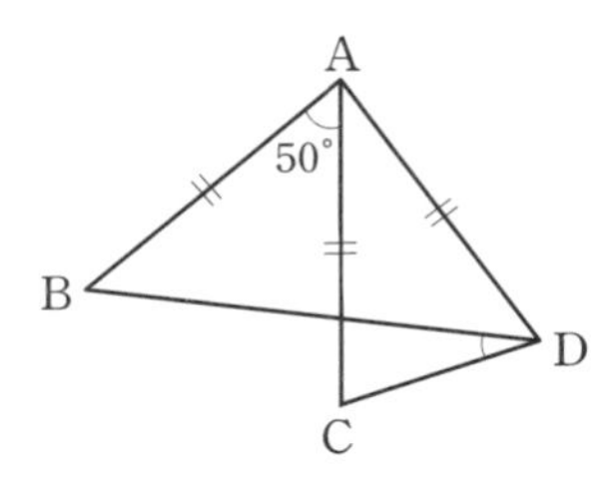

삼각형 몇 개가 제시된 이 문제에서 우리는 $\overline{AB}=\overline{AC}=\overline{AD}$라는 점에 주목할 필요가 있습니다. 문제로 주어지지는 않았지만, 점 A를 원의 중심, 세 개의 점 B, C, D를 원 위의 점으로 설정할 수 있습니다. $\overline{AB}=\overline{AC}=\overline{AD}$를 원의 반지름으로 생각하는 것이죠. 이렇게 설정하면 다음과 같은 그림을 생각할 수 있습니다.

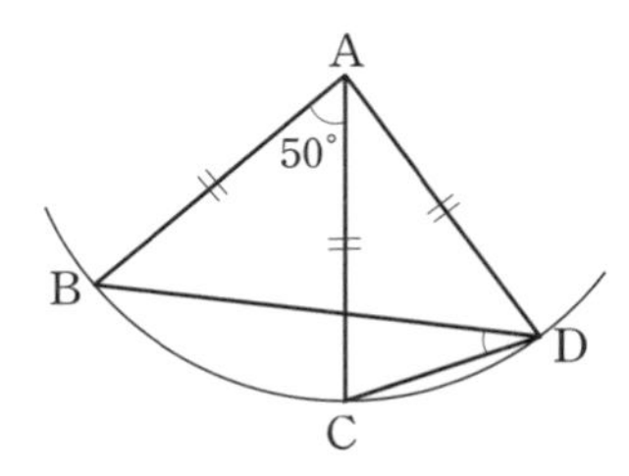

이렇게 원 위에 세 점이 놓인 상황이라고 생각하면 호 BC에 대하여 $\angle BDC$는 원주각이, $\angle BAC$는 중심각이 됩니다. 원주각은 중심각의 $\frac{1}{2}$이므로, $\angle BDC=25^\circ$ 입니다.

원에 내접하는 삼각형과 사각형

원주각의 성질을 이용하면 다음과 같은 사항을 증명할 수 있습니다. 이 두 가지 사항은 문제해결 과정에서 활용될 수 있기 때문에 기억해두는 것이 좋습니다.

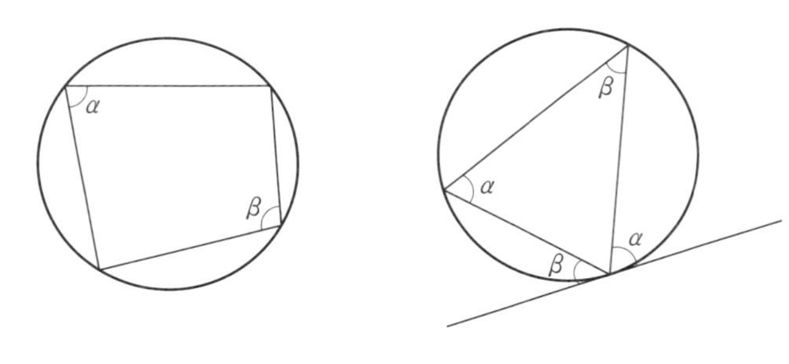

$$\alpha+\beta=180^\circ$$

다음 그림으로 증명할 수 있습니다.

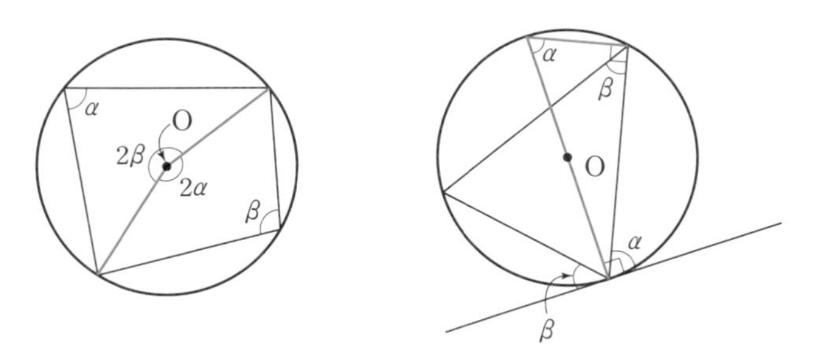

$$2\alpha+2\beta=360^\circ$$

문제 57 다음 그림에서 원이 직선에 접해 있을 때, 각 x의 크기를 구하세요.

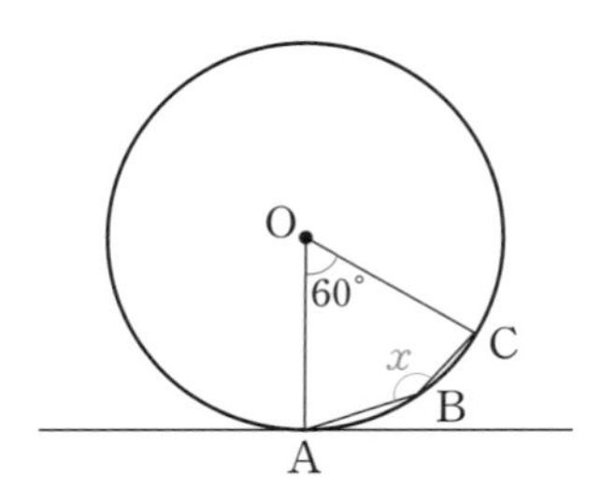

원 위의 한 점 D를 잡고, 원에 내접하는 사각형 ABCD를 그려봅시다.

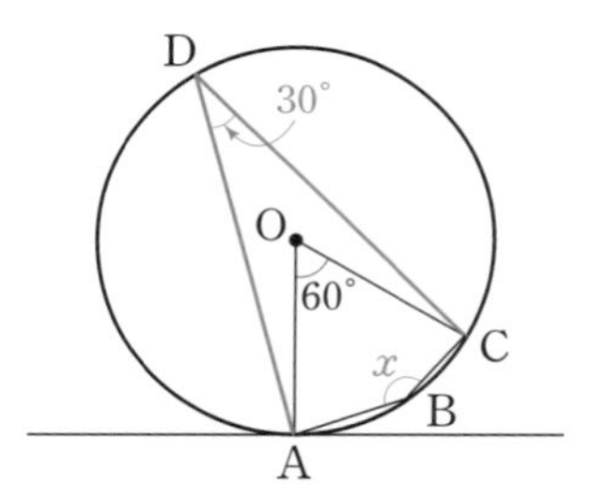

∠ADC는 호 AC에 대한 원주각인데, 그 중심각이 60° 이므로 원주각의 크기는 그 절반인 30° 입니다. 그런데 우리가 찾으려는 x는 원에 내접하는 사각형 ABCD에서 각 ADC와 마주 보는 각입니다. 원에 내접하는 사각형에서 마주 보는 두 각의 합은 180° 이므로 x의 크기는 $180° - 30° = 150°$ 입니다.

문제 58 다음 그림에서 점 D는 $\overline{AB}$의 연장선 위에 있습니다. 이때 각 x의 크기는 얼마일까요?

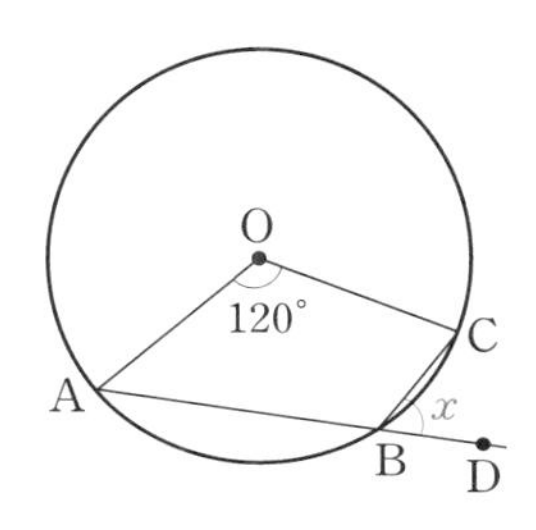

앞의 문제 풀이와 같이 원 위의 한 점 E를 잡아 원에 내접하는 사각형 ABCE를 그려봅시다.

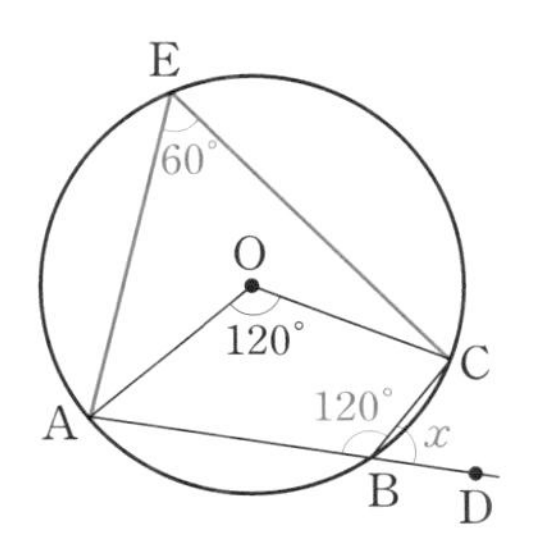

∠AEC는 호 AC에 대한 원주각이고, 그 중심각이 120°이므로 크기는 60°입니다. 이제 원에 내접하는 사각형 ABCE에서 서로 마주 보는 ∠AEC와 ∠ABC의 합은 180°이므로 각 ABC의 크기는 120°입니다. 점 D는 선분 $\overline{AB}$의 연장선 위에 있으므로 ∠ABD는 평각, 즉 180°를 이룹니다. 따라서 우리가 찾는 x의 크기는 $180° - 120° = 60°$입니다.

문제 59 다음 그림에서 각 x, y, z를 구하세요.

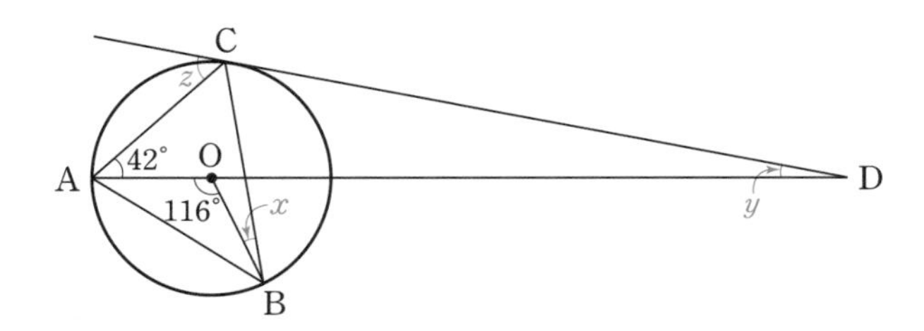

원주각은 중심각의 절반이므로 $\angle ACB = 58°$입니다. 그리고 삼각형 AOB는 $\overline{OA} = \overline{OB}$인 이등변삼각형이므로 $\angle OAB = \angle OBA = 32°$입니다.

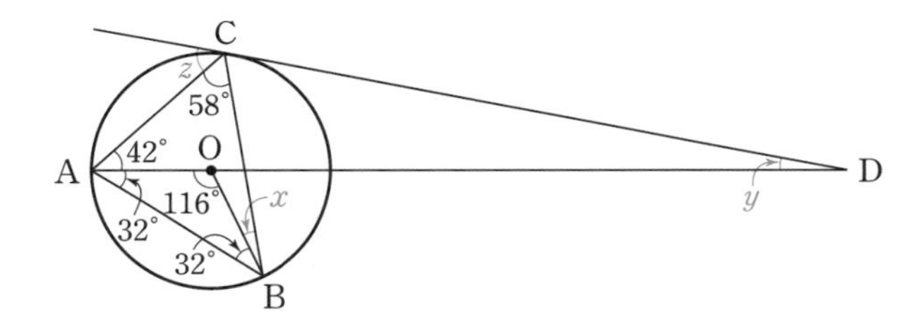

이렇게 정보를 써보면 $x = 16°$, $z = 48°$, $y = 6°$임을 알 수 있습니다.

원주각에 관한 내용은 원에 관련된 문제를 해결하는 데 매우 중요하게 활용됩니다. 활용도가 높은 만큼 꼭 기억해두면 좋겠죠?

2부

아이디어를 찾는 유클리드식 사고법

Euclidean geometry

8장

비율로 생각하기

합리적인 수, 유리수

세상을 합리적이고 이성적으로 파악하는 좋은 방법 중 하나는 어떤 기준을 세우고 대상을 그 기준과 비교하며 생각하는 것입니다. 고대 그리스인도 그렇게 생각했던 것인지 그들은 절대적인 값보다는 상대적인 비율을 활용하여 현명한 판단을 했습니다.

예전에 어떤 책에서 이런 구절을 읽었습니다. "… 결론적으로 $\sqrt{2}$와 같은 비합리적인 수가 나온 것입니다." $\sqrt{2}$가 비합리적인 수라는 말이 이해가 되나요? 저는 그 구절을 읽고 어떤 상황인지 알아챘습니다. 그 책은 번역서인데, 영어 원문에 $\sqrt{2}$가 irrational number라고 표기되었을 겁니다. 영어로 irrational number는 무리수를 뜻합니다. 그 책의 역자가 수학 용어에 익숙하지 않아서 irrational number를 무리수가 아니라 실수로 비합리적인 수라고 번역한 것이죠.

영어로 유리수는 rational number입니다. 무리수는 유리수가 아닌 수이기 때문에 rational number의 반대말인 irrational number라고 합니다. rational number에서 rational이란 단어는 영어 어원 ratio에서 온 것으로 비율, 비례를 의미합니다. 유리수는 두 개의 정수 m, n이 있을 때 $\frac{m}{n}$과 같이 정수의 비율로 표현되는 수입니다.

지금으로부터 2,500년 전에 살았던 피타고라스는 '세상은 수로 이루어졌다'고 생각했습니다. 그런데 그가 아는 수는 유리수가 전부였습니다. 그는 세상을 수로 파악하는 것이 가장 합리적이고 이성적으로 생각하는 방법이라고 여겼습니다. 그런 그의 생각 때문에 유리수를 의미하는 rational이란 말이 '합리적인' '이성적인'이란 뜻을 갖게 된 것 같습니다. 실제로 이렇게 어떤 비율, 비례로 생각하는 것은 매우 효과적인 문제해결의 기술입니다.

문제 60 **다음 그림에서 직각삼각형 ABC를 B를 중심으로 접어서 $\overline{AB}$가 $\overline{BC}$의 위에 정확하게 놓이게 했을 때, 색칠된 부분의 넓이는 얼마일까요?**

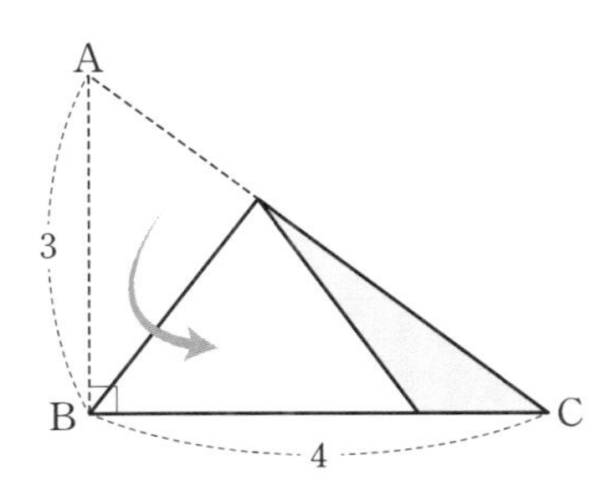

이 상황은 다음과 같이 생각할 수 있습니다. 삼각형 ABE를 접어서 붙인 것이 삼각형 BDE이므로 두 삼각형은 합동이고 넓이는 같습니다.

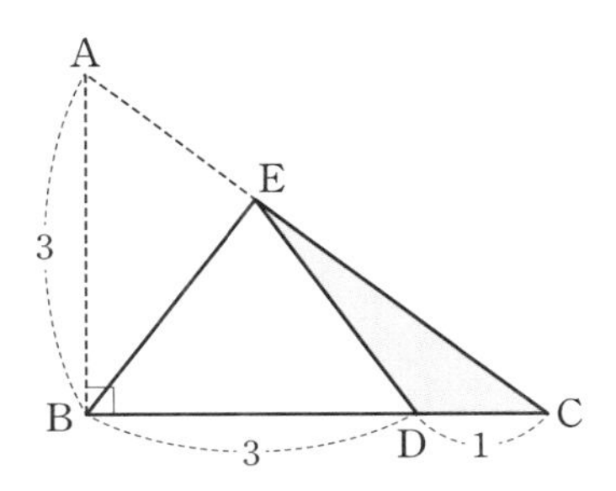

우리가 구하는 것은 삼각형 CDE의 넓이인데, 삼각형 BDE와 CDE는 높이가 같기 때문에 넓이의 비는 3:1입니다. 여기에서 삼각형 ABE, BDE, CDE의 넓이의 비는 3:3:1입니다. 각각 전체 넓이의 $\frac{3}{7}$, $\frac{3}{7}$, $\frac{1}{7}$이죠. 큰 삼각형 ABC의 넓이가 $\frac{1}{2}\times3\times4=6$이므로 삼각형 ABE, BDE, CDE의 넓이는 각각 $\frac{18}{7}$, $\frac{18}{7}$, $\frac{6}{7}$입니다. 따라서 우리가 구하는 색칠된 부분의 넓이는 $\frac{6}{7}$입니다.

문제 61 다음 그림에서 평행사변형 ABCD의 밑변이 14, 높이가 10, 삼각형 BEF의 넓이가 20일 때, $\overline{AE}=x$의 길이를 구하세요.

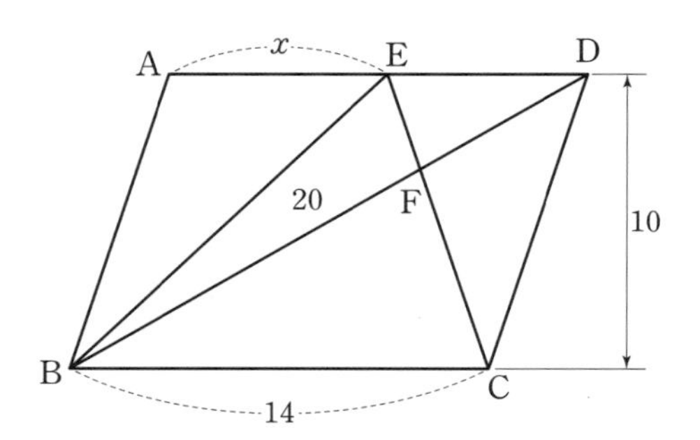

먼저 주어진 문제를 파악해보면, 삼각형 BEF의 넓이와 삼각형 CDF의 넓이가 같다는 것을 알 수 있습니다. 밑변과 높이가 동일하고, 넓이가 같은 삼각형 BED와 삼각형 CDE에서 공통 부분인 삼각형 DEF를 뺀 도형이기 때문입니다. 또한 삼각형 BCE의 넓이는 $\frac{1}{2}\times 14\times 10=70$이기 때문에 삼각형 BCF의 넓이는 50입니다.

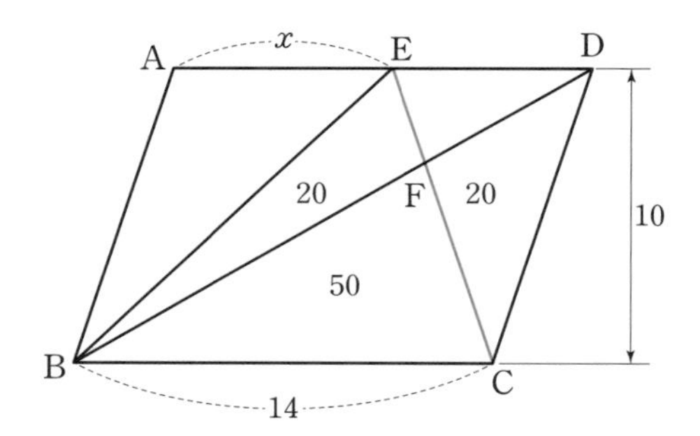

이렇게 정보를 파악한 후 $\overline{EC}$를 기준으로 삼각형 BEF와 삼각형 BCF를 살펴봅시다. 이 두 삼각형의 밑변이 $\overline{EC}$ 위에 있다면 높이

가 같은 것입니다. 여기에서 삼각형 BEF와 삼각형 BCF의 넓이의 비는 바로 밑변의 길이의 비입니다. 즉 $\overline{EF}:\overline{FC}=2:5$입니다. 이제 $\overline{EF}$와 $\overline{FC}$를 밑변으로 하는 또 다른 삼각형 DEF와 DCF를 살펴보면 이 두 삼각형 역시 같은 높이라는 것을 알 수 있습니다. 여기에서 넓이의 비는 $2:5=8:20$입니다. 삼각형 DEF의 넓이가 8이므로 삼각형 ABE의 넓이는 전체에서 나머지 부분을 뺀 값입니다.

$$140-(20+50+20+8)=42$$

삼각형 ABE의 넓이가 42이므로 다음과 같이 x의 값을 구할 수 있습니다.

$$\frac{1}{2}\times 10\times x=42$$

따라서 $x=\frac{42}{5}=8.4$입니다.

익숙한 비율 찾기

문제에서 많이 만나는 비율이 있습니다. 예를 들어 다음 삼각형에서 두 삼각형의 넓이의 비를 생각해볼까요? 삼각형 OAC와 삼각형

OBC의 넓이의 비는 두 삼각형의 높이가 같기 때문에 밑변의 비인 $\overline{AC}:\overline{CB}$입니다.

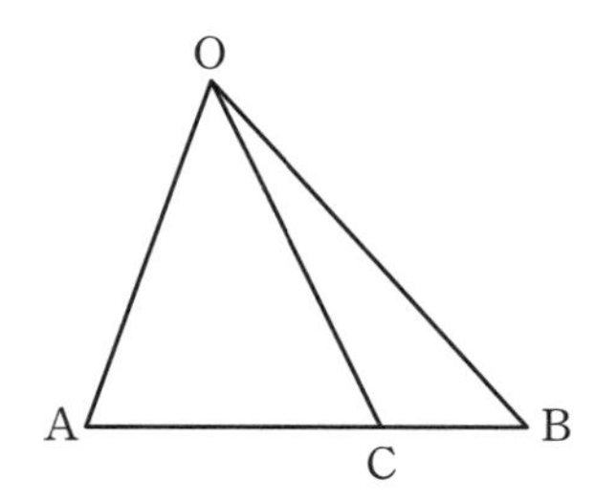

$$\overline{AC}:\overline{CB}=\triangle OAC:\triangle OBC$$

사례를 하나 더 보겠습니다. 다음 삼각형의 전체 넓이가 10일 때, B의 넓이는 얼마일까요?

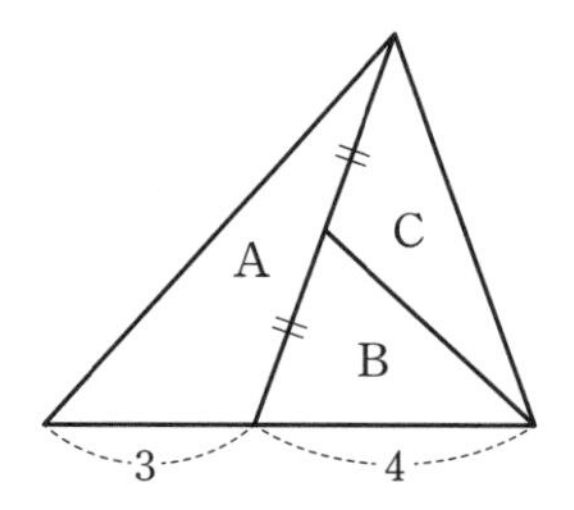

삼각형의 넓이는 $\frac{1}{2}\times$(밑변)$\times$(높이)이므로 높이가 같을 때 밑변의 비는 넓이의 비가 됩니다. 이 정보를 토대로 주어진 삼각형의 넓이의 비를 구해봅시다. 우선 이 삼각형의 전체 넓이가 S라고 할 때 A의 넓이는 $S\times\frac{3}{7}$이고 B+C의 넓이는 $S\times\frac{4}{7}$입니다. 또한

B와 C는 높이가 같고 밑변이 같으므로 넓이가 같습니다. 따라서 $B=C=S\times\frac{4}{7}\times\frac{1}{2}=S\times\frac{2}{7}$이고, 이때 삼각형의 전체 넓이가 10이므로 B의 넓이는 $\frac{20}{7}$입니다.

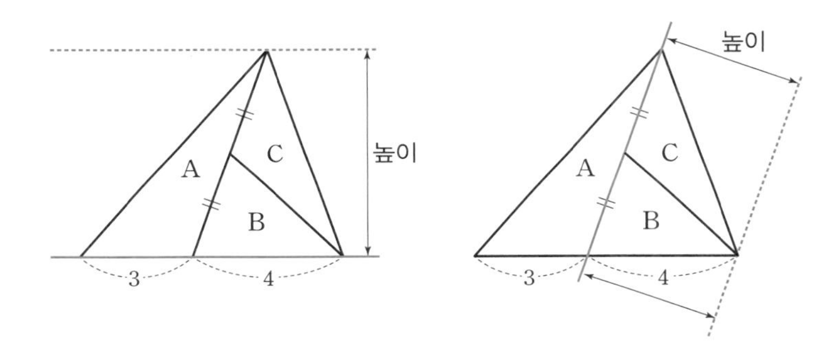

문제 62 **다음 그림에서** $\overline{AD}:\overline{DB}=1:2$, $\overline{AE}:\overline{EC}=1:1$**일 때, 삼각형 ADE, 삼각형 BDE, 삼각형 BCE의 넓이의 비를 구하세요.**

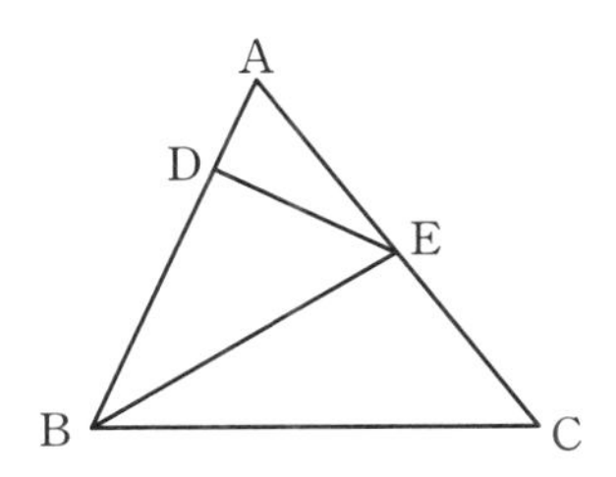

하나의 삼각형에 포함된 세 삼각형의 넓이의 비를 구하려면 밑변과 높이의 기준을 잡아야 합니다. 먼저 $\overline{AC}$를 밑변으로 삼각형 ABC를 삼각형 ABE와 삼각형 BCE로 나눌 수 있습니다.

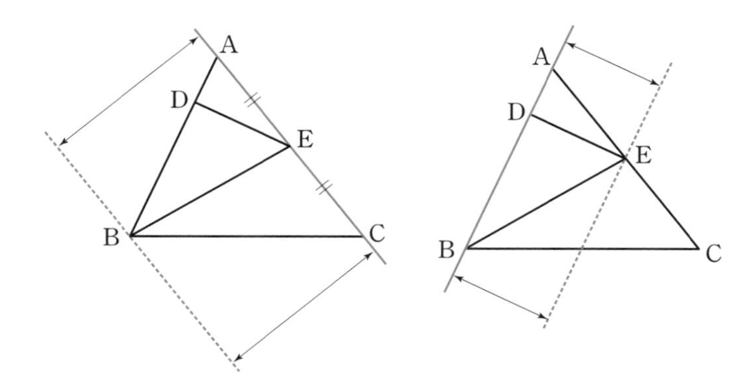

왼쪽 그림에서 삼각형 ABE와 삼각형 BCE의 넓이는 같습니다. 밑변과 높이가 같기 때문이죠. 오른쪽 그림에서 삼각형 ADE와 삼각형 BDE의 넓이의 비는 1:2입니다. 높이가 같기 때문에 밑변의 비가 바로 넓이의 비가 되는 것이죠. 삼각형 ADE의 넓이가 S라고 하면 삼각형 BDE의 넓이는 $2S$입니다. 또한 삼각형 BCE의 넓이는 이 둘을 합한 값이기 때문에 $3S$입니다. 즉 삼각형 ADE와 삼각형 BDE 그리고 삼각형 BCE의 넓이의 비는 1:2:3입니다.

이 문제를 통해 다음과 같은 관계를 알 수 있습니다. 삼각형 OAB와 삼각형 OPQ가 제시된 그림과 같을 때 두 삼각형의 비율을 알아봅시다.

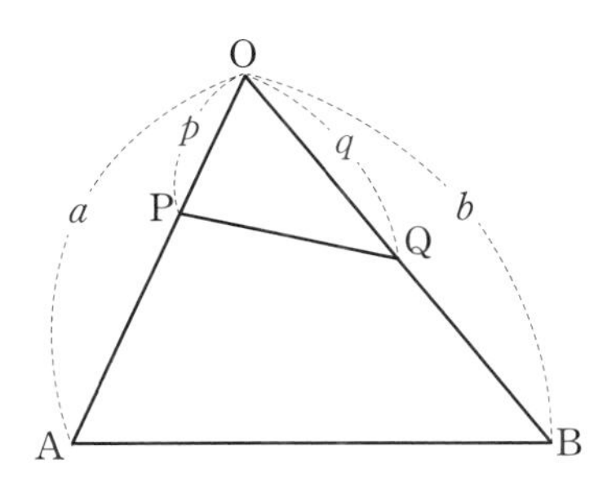

$$\triangle\text{OPQ} = \triangle\text{OAB} \times \frac{p}{a} \times \frac{q}{b}$$

이 관계는 다음과 같이 $\overline{\text{PB}}$를 그은 후 삼각형 OPB와 삼각형 PAB의 넓이의 비를 계산하고, 삼각형 OPB를 이루는 두 삼각형 OPQ와 BPQ의 넓이의 비를 계산하는 방법으로 확인할 수 있습니다.

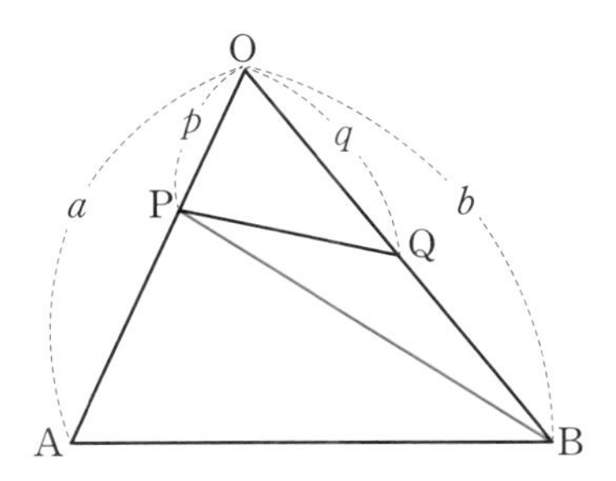

이런 관계를 공식화해서 외울 필요는 없습니다. 몇 번 써보면서 이해하는 것으로 충분합니다. 문제를 해결하는 과정에서 충분히 식을 유도하여 적용할 수 있기 때문에 굳이 공식으로 만들어 외우려고 애쓰지 않아도 됩니다. 암기보다는 관련된 문제를 충분히 풀어보는 것이 좋은 방법입니다.

문제 63 **삼각형 ABC의 넓이가 10이고, $\overline{BD}:\overline{DC}=1:2$, $\overline{AE}:\overline{EC}=3:2$일 때, 삼각형 CDE의 넓이는 얼마일까요?**

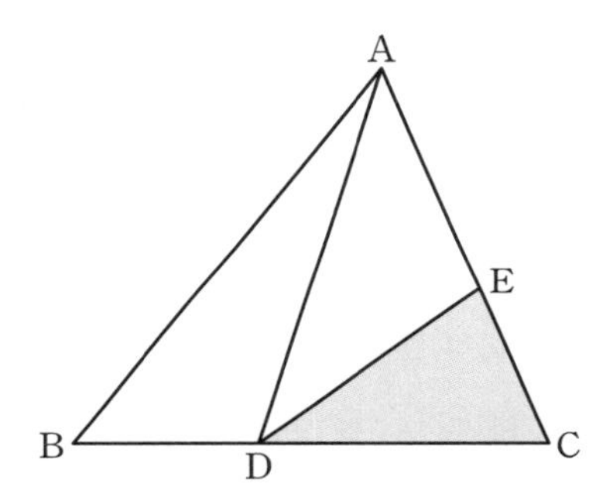

먼저 두 삼각형 ABD와 삼각형 ACD는 높이가 같기 때문에 밑변의 비가 곧 넓이의 비입니다. 삼각형 ABD와 삼각형 ACD의 넓이의 비는 1:2이므로 삼각형 ABC의 넓이를 S라고 하면 삼각형 ACD의 넓이는 $S\times\frac{2}{3}$입니다.

이번에는 삼각형 ADE와 삼각형 CDE를 비교해봅시다. 두 삼각형은 높이가 같고 밑변의 비가 3:2이므로 삼각형 CDE의 넓이는 삼각형 ACD에 $\frac{2}{5}$를 곱한 값입니다. 따라서 $S\times\frac{2}{5}\times\frac{2}{3}$이고, 이때 $S=10$이므로, 삼각형 CDE의 넓이는 다음과 같이 계산할 수 있습니다.

$$S\times\frac{2}{5}\times\frac{2}{3}=10\times\frac{2}{5}\times\frac{2}{3}=\frac{8}{3}$$

문제 64 다음 그림에서 $\overline{AD}:\overline{DB}=3:7$, $\overline{BE}:\overline{EC}=4:3$, $\overline{AF}:\overline{FE}=1:1$이고, 삼각형 ABC의 전체 넓이가 10일 때, 색칠된 부분의 넓이는 얼마일까요?

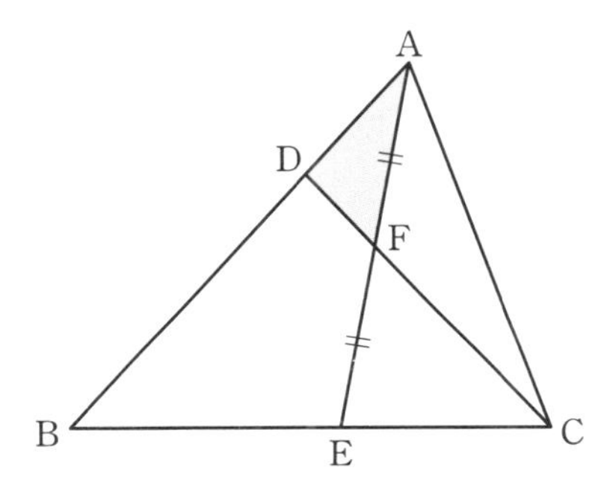

먼저 삼각형 ABC를 $\overline{AE}$를 기준으로 삼각형 ABE와 삼각형 AEC로 나누면, 삼각형 ABE의 넓이는 삼각형 ABC 전체 넓이의 $\frac{4}{7}$입니다. 삼각형 ABC의 넓이가 S일 때 삼각형 ABE의 넓이는 $S\times\frac{4}{7}$입니다. 이제 삼각형 ABE를 $\overline{BF}$를 기준으로 삼각형 ABF와 삼각형 BEF로 나누면, 삼각형 ABF의 넓이는 삼각형 ABE 넓이의 $\frac{1}{2}$입니다. 따라서 삼각형 ABF의 넓이는 $S\times\frac{4}{7}\times\frac{1}{2}=S\times\frac{2}{7}$입니다.

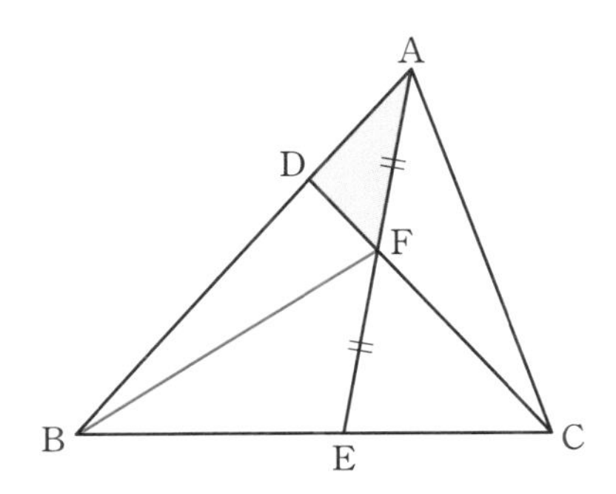

삼각형 ABF를 $\overline{DF}$를 기준으로 삼각형 ADF와 삼각형 BDF

로 나누면, 밑변의 비가 넓이의 비이기 때문에 두 삼각형의 넓이의 비는 3:7이고, 삼각형 ADF의 넓이는 삼각형 ADF 넓이의 $\frac{3}{10}$입니다. 따라서 우리가 구하는 삼각형 ADF의 넓이는 $S\times\frac{2}{7}\times\frac{3}{10}=S\times\frac{3}{35}$입니다.

문제 65 **다음 그림에서** $\overline{AD}:\overline{DB}=1:2$, $\overline{BE}:\overline{EC}=3:5$, **사각형** ADEC**의 넓이가** 39**일 때, 삼각형** ABC**의 넓이를 구하세요.**

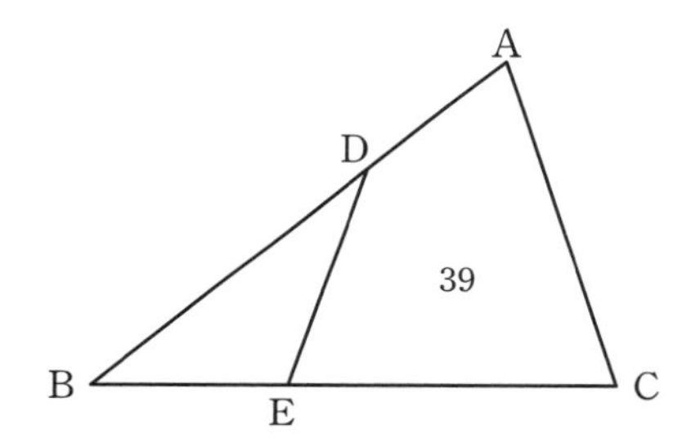

삼각형 ABC를 다음 선을 기준으로 나눠서 생각해봅시다. $\overline{BE}:\overline{EC}=3:5$이므로 삼각형 ABC의 넓이가 S일 때 삼각형 AEC의 넓이는 $S\times\frac{5}{8}$이고, 삼각형 ABE의 넓이는 $S\times\frac{3}{8}$입니다.

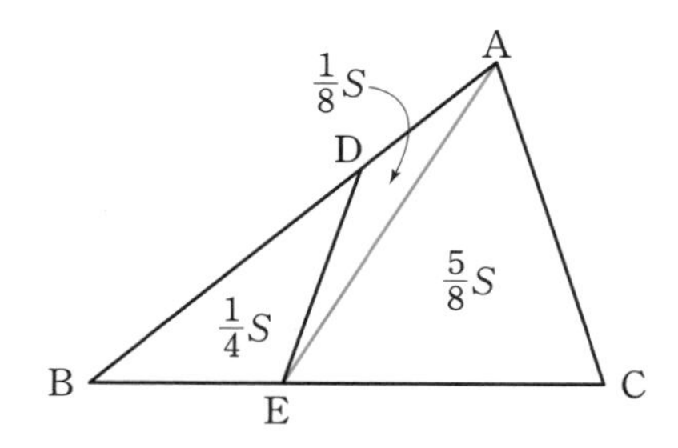

$\overline{AD} : \overline{DB} = 1 : 2$이므로 삼각형 ADE와 삼각형 BDE는 $\frac{3}{8}S$의 넓이를 1:2의 비로 나눕니다. 즉 삼각형 ADE의 넓이는 $\frac{3}{8}S \times \frac{1}{3} = \frac{1}{8}S$이고, 삼각형 BDE의 넓이는 $\frac{3}{8}S \times \frac{2}{3} = \frac{1}{4}S$입니다. 주어진 조건에서 사각형 ADEC의 넓이는 39입니다. 여기에서 다음과 같은 식으로 S의 값을 계산할 수 있습니다.

$$\frac{5}{8}S + \frac{1}{8}S = \frac{3}{4}S = 39$$

따라서 $S = 52$입니다.

문제 66 직각삼각형 ABC의 넓이가 21일 때, 삼각형 ABD의 넓이를 구하세요. (여기에서 ● 표시는 각의 크기가 같다는 것을 의미합니다.)

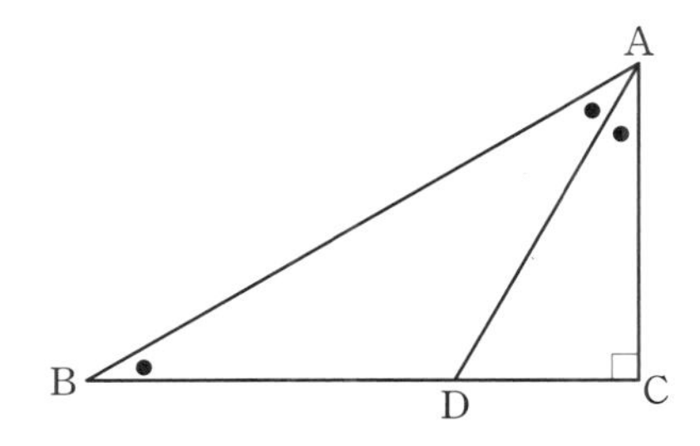

● 세 개의 합이 90°이므로 문제의 조건에서 삼각형 ABC는 세 각이 30°, 60°, 90°인 직각삼각형입니다. 각도를 표시한 것이 다음 그림입니다. 삼각형 ABD는 이등변삼각형이므로 이등변삼각형을 정확하게 반으로 나누어 직각삼각형 두 개를 만들어봅시다.

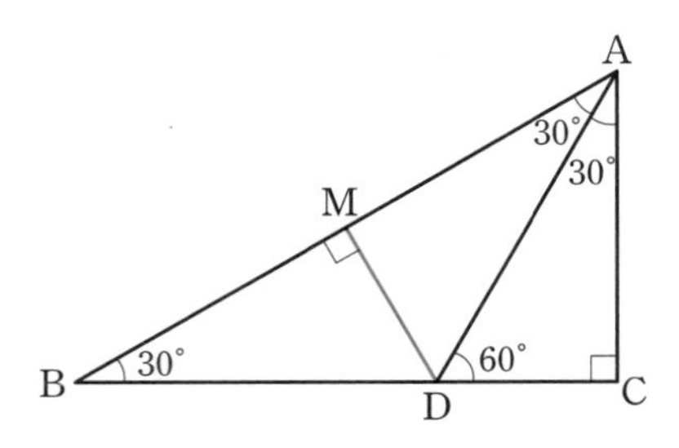

이렇게 나눠보면 세 개의 삼각형 ACD, ADM, BDM이 모두 세 각이 30°, 60°, 90°인 직각삼각형이고, 합동이라는 것을 알 수 있습니다. 즉 삼각형 ABC는 세 개의 삼각형으로 삼등분되는 것입니다. 삼각형 ABC의 넓이가 21이므로 세 삼각형의 넓이는 각각 7입니다. 따라서 우리가 구하는 삼각형 ABD의 넓이는 14입니다.

9장

나누어 생각하기

잘 모르는 것을 아는 것으로 나누기

내가 잘 모르는 것을 익숙하게 아는 것으로 나누는 방법은 매우 효과적인 문제해결의 기술입니다. 분석이 바로 그런 것인데요, 내가 이해하고 쉽게 다룰 수 있는 작은 것으로 나누어 생각하는 것이죠. 유클리드기하학 문제도 단지 나눠보는 것만으로도 쉽게 문제가 해결되곤 합니다. 문제를 파악할 때에는 일단 나눠보세요. 나눌 때에는 어렵게 나누기보다 단순하게 나누는 것이 좋습니다. 가로세로 선을 긋는 것처럼요.

문제 67 다음 그림에서 색칠된 부분의 넓이를 구하세요.

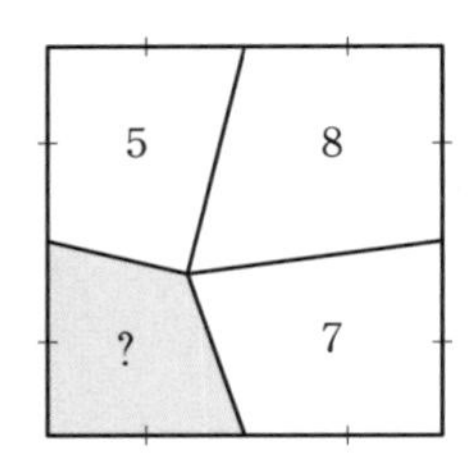

문제를 파악하기 위해 다음과 같이 보조선을 그어봅시다. 삼각형의 넓이는 $\frac{1}{2}\times$(밑변)$\times$(높이)이기 때문에 밑변과 높이가 같은 삼각형은 넓이가 같습니다. 따라서 여덟 개의 삼각형은 넓이가 같은 삼각형 두 쌍으로 묶어서 생각할 수 있습니다. 넓이를 a, b, c, d로 표시하면 다음과 같습니다.

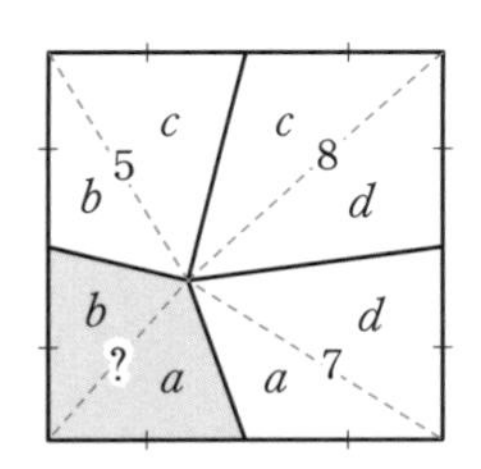

문제의 조건으로 다음과 같은 관계를 알 수 있습니다.

$$a+d+b+c=7+5=12$$

또한 $c+d=8$이라는 정보로 다음과 같이 우리가 원하는 $a+b$ 값을 구할 수 있습니다.

$$a+b+(c+d)=a+b+8=12$$

$$a+b=4$$

문제 68 다음 그림에서 $\overline{AC}=\overline{BC}=6$일 때, 색칠된 부분의 넓이를 구하세요.

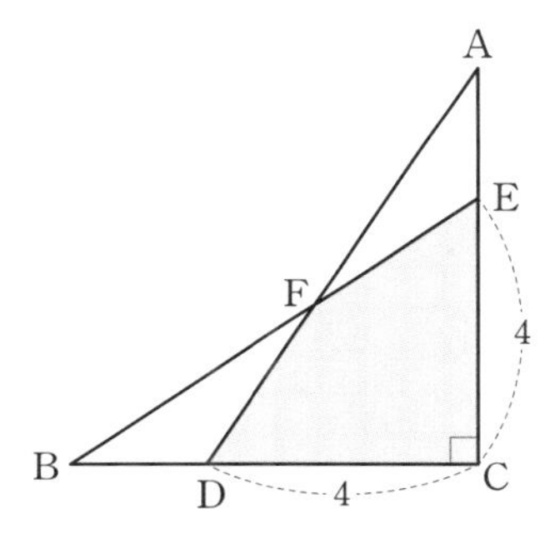

색칠된 부분의 넓이를 구하기 위해 다음과 같이 나눠서 생각해 봅시다.

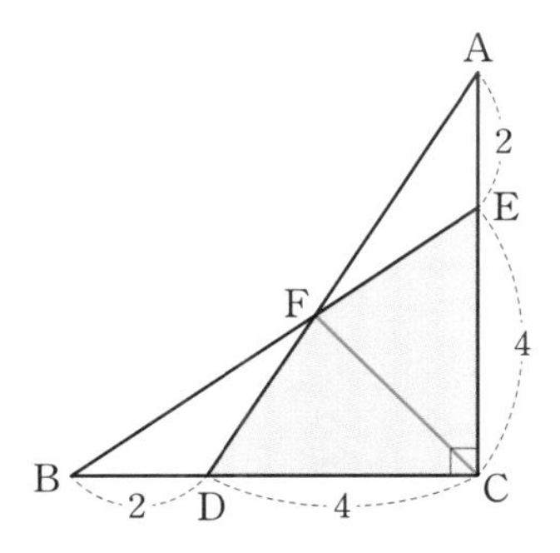

이렇게 나누면 전체 도형이 네 개의 삼각형으로 되어 있는 것을 볼 수 있습니다. 여기에서 삼각형 ACD만 놓고 보면 작은 삼각

형 AEF, ECF, CDF 세 개가 있습니다. 그중 ECF와 CDF는 대칭이므로 합동이고 넓이가 같습니다. 삼각형 AEF와 ECF는 높이가 같은데 밑변의 비가 2와 4로 1:2입니다. 즉 삼각형 AEF와 ECF의 넓이의 비는 1:2입니다. 결론적으로 큰 삼각형 ACD를 이루는 작은 삼각형 AEF, ECF, CDF 세 개의 넓이의 비는 1:2:2입니다. 여기에서 ACD의 넓이가 $\frac{1}{2}\times 4\times 6=12$이므로 AEF, ECF, CDF의 넓이는 각각 $\frac{12}{5}$, $\frac{24}{5}$, $\frac{24}{5}$입니다. 따라서 우리가 구하는 색칠된 부분인 삼각형 ECF와 삼각형 CDF의 넓이의 합은 $\frac{24}{5}+\frac{24}{5}=\frac{48}{5}$입니다.

나누면 답이 보인다

크고 복잡한 문제를 잘 해결하는 사람은 크고 복잡한 것을 잘 다루는 능력을 지닌 것이 아닙니다. 그들의 능력은 주로 크고 복잡한 문제를 작고 단순한 여러 개의 문제로 나눌 때 발휘됩니다. 작은 것으로 나누고 단순하게 표현하는 것은 수학 문제를 해결하는 매우 효과적인 방법입니다.

문제 69 다음 그림에서 색칠된 부분의 넓이를 구하세요.

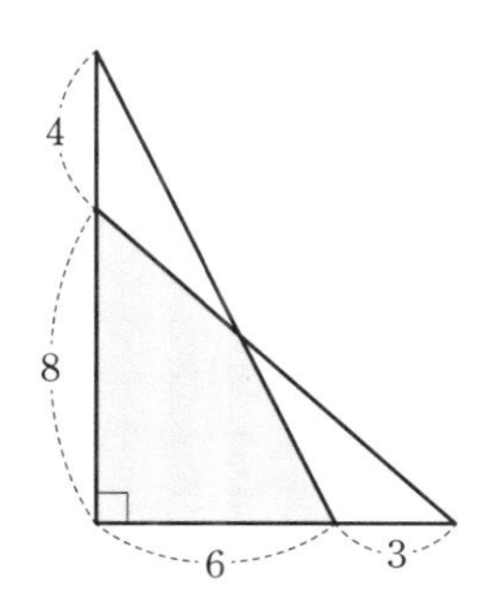

문제를 해결하기 위해 일단 구하려는 넓이를 두 부분으로 나눠서 생각해봅시다.

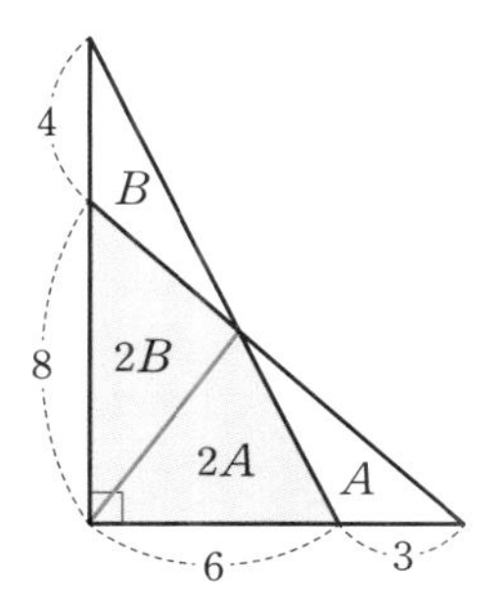

큰 삼각형의 가로선을 기준으로 밑변이 6, 3인 두 삼각형은 높이가 같기 때문에 넓이의 비가 2:1입니다. 이때 넓이를 $2A$, A라고 써보겠습니다. 같은 맥락에서 큰 삼각형의 세로선이 밑변인 두 삼각형은 밑변의 비가 4:8이기 때문에 넓이의 비가 1:2입니다. 이때 넓이를 B, $2B$라고 써보겠습니다.

구체적인 넓이를 구해보면, $B+2B+2A$의 넓이는 $\frac{1}{2}\times 6\times 12=36$이고, $2B+2A+A$의 넓이는 $\frac{1}{2}\times 8\times 9=36$입니다. 이것을 식

으로 표현하면 다음과 같습니다.

$$2A+3B=36$$
$$3A+2B=36$$

여기에서 $5A+5B=72$, $A+B=\frac{72}{5}$입니다. 따라서 우리가 구하는 색칠된 부분의 넓이는 $2A+2B=\frac{144}{5}$입니다.

문제 70 **다음 그림에서 색칠되지 않은 부분의 넓이가 아래와 같을 때, 색칠된 부분의 넓이를 구하세요.**

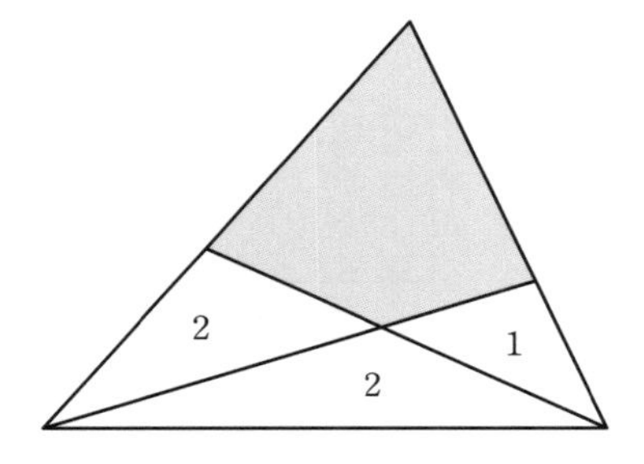

문제를 해결하기 위해 색칠된 부분을 X, Y로 나눠봅시다. 그리고 두 변의 길이를 각각 a, b와 c, d로 표시해봅시다.

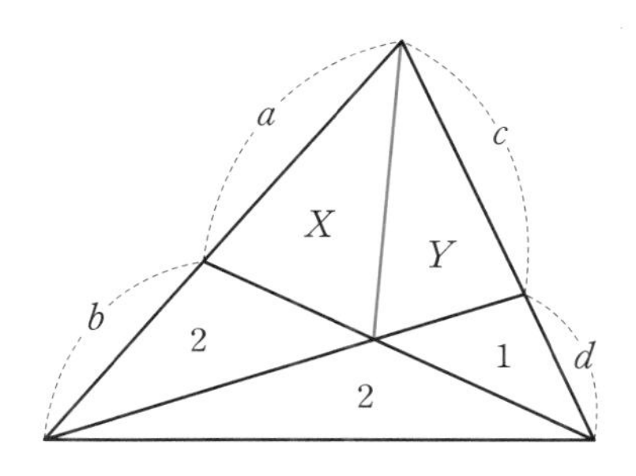

a와 b의 길이의 비는 삼각형의 넓이의 비이므로 다음과 같이 표현할 수 있습니다.

$$\frac{b}{a}=\frac{2}{X}=\frac{4}{X+Y+1}$$

c와 d의 길이의 비 역시 삼각형의 넓이의 비입니다.

$$\frac{d}{c}=\frac{1}{Y}=\frac{3}{X+Y+2}$$

두 식을 풀면 다음과 같습니다.

$$4X=2X+2Y+2$$
$$3Y=X+Y+2$$

여기에서 두 연립방정식을 풀면 $X=4$, $Y=3$입니다. 따라서 우리가 구하는 색칠된 부분의 넓이는 $X+Y=7$입니다.

문제 71 **직사각형 ABCD가 $\overline{AB}=6$, $\overline{BC}=10$일 때, 색칠된 부분의 넓이를 구하세요.**

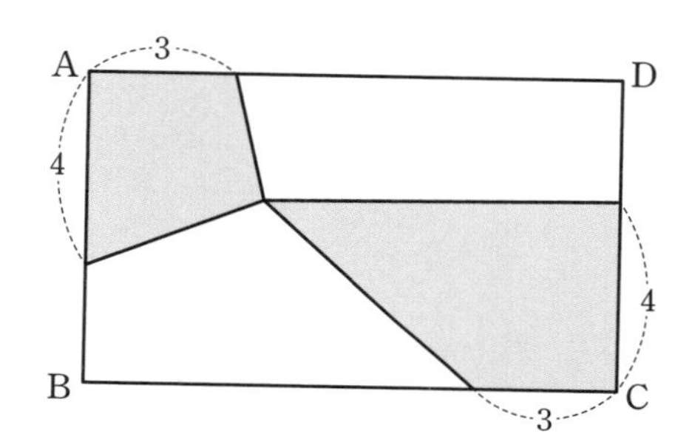

다음과 같이 색칠된 부분을 나누어 생각해봅시다. 하나는 밑변이 3인 삼각형이고 다른 하나는 밑변이 4인 삼각형입니다.

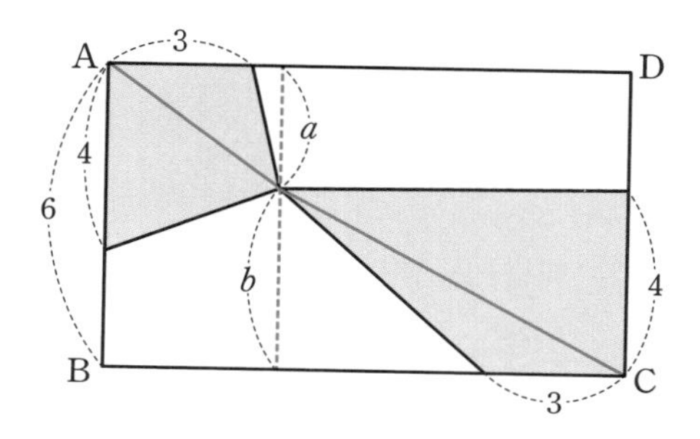

밑변이 3인 두 삼각형의 넓이의 합은 다음과 같이 계산할 수 있습니다.

$$\frac{1}{2}\times 3\times a+\frac{1}{2}\times 3\times b=\frac{1}{2}\times 3\times (a+b)=\frac{1}{2}\times 3\times 6=9$$

밑변이 4인 두 삼각형의 넓이를 구하기 위해 다음과 같이 높이를 표시할 수 있습니다.

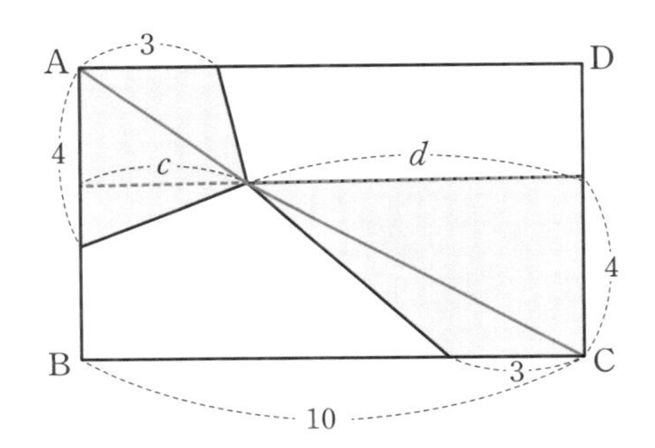

밑변이 4인 두 삼각형의 넓이의 합은 다음과 같습니다.

$$\frac{1}{2}\times 4\times c+\frac{1}{2}\times 4\times d=\frac{1}{2}\times 3\times (c+d)=\frac{1}{2}\times 3\times 10=15$$

따라서 우리가 찾는 색칠된 부분의 넓이는 $9+15=24$입니다.

문제 72 다음 삼각형의 넓이를 구하세요.

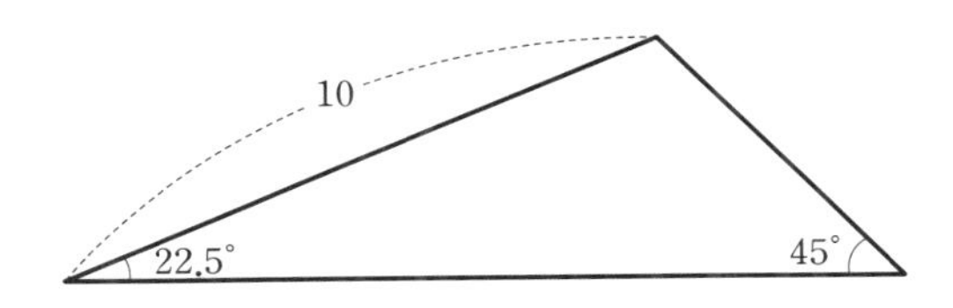

우선 삼각형을 나눈 다음 파악해보려고 하는데요, 일단 삼각형의 나머지 각은 $180^\circ-(45^\circ+22.5^\circ)=112.5^\circ$ 이고, $112.5^\circ=90^\circ+22.5^\circ$ 입니다. $22.5^\circ+22.5^\circ=45^\circ$ 라는 점에 착안하여 다음과 같이 나눠봅시다.

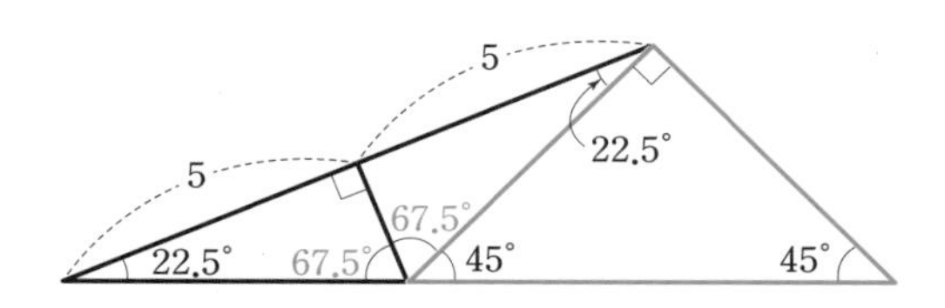

$90^\circ-22.5^\circ=67.5^\circ$ 이고, 위 삼각형은 그림과 같이 직각삼각형 세 개로 나눌 수 있습니다. 그런데 길이가 10인 변을 더 늘려보면 한 각이 67.5° 인 직각삼각형을 만들 수 있습니다. 이것은 앞에서 살펴본 세 각이 22.5°, 67.5°, 90° 인 직각삼각형입니다.

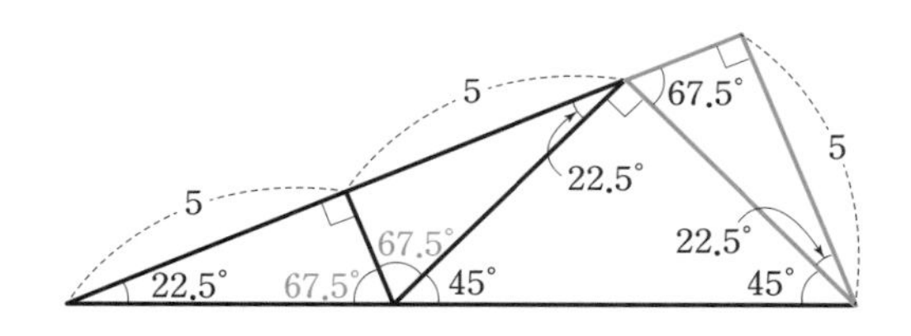

앞서 나누어서 만든 직각삼각형과 연장선을 그어서 만든 직각삼각형 사이에 직각이등변삼각형이 놓여 있다는 사실을 통해 두 직각삼각형이 합동이라는 사실을 알 수 있습니다. 이렇게 보면 우리가 찾는 삼각형은 밑변이 10이고, 높이가 5인 삼각형입니다. 따라서 삼각형의 넓이는 $\frac{1}{2}\times10\times5=25$입니다.

문제 73 정육각형의 전체 넓이가 10일 때, 색칠된 정육각형의 넓이를 구하세요.

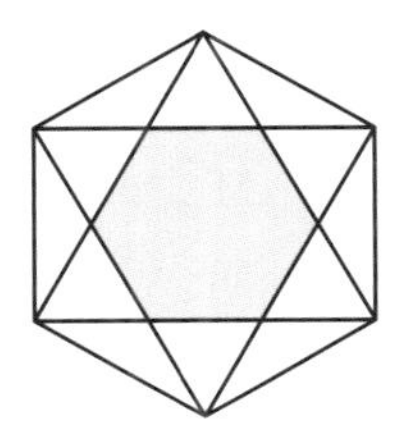

정육각형은 다음과 같은 방법으로 나눌 수 있습니다.

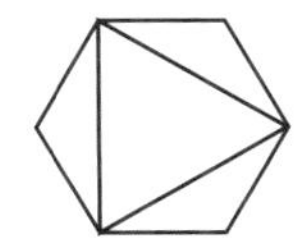

주어진 정육각형 내부에 위치한 작은 정육각형은 다음과 같이 나눌 수 있습니다.

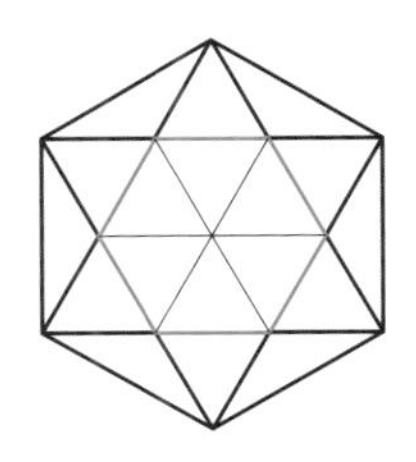

이렇게 나눠진 삼각형의 넓이는 모두 같습니다. 삼각형은 총 18개이고, 중앙의 작은 정육각형을 이루는 삼각형은 6개입니다. 따라서 작은 정육각형은 큰 정육각형의 넓이의 $\frac{6}{18}=\frac{1}{3}$이고, 우리가 구하는 넓이는 $\frac{10}{3}$입니다.

이 문제는 이렇게 바꿀 수도 있습니다. "정육각형의 전체 넓이가 10일 때, 다음과 같은 작은 정육각형의 넓이는 얼마일까요?"

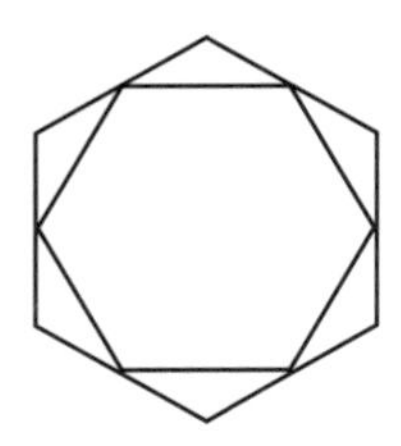

문제가 바뀌어도 같은 방법으로 정육각형을 나눠봅시다.

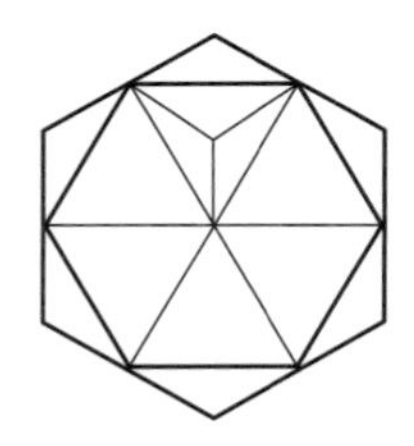

이렇게 나누면 작은 정육각형에는 이것을 6개로 나누는 삼각형을 3등분한 것이 18개($6\times3=18$) 들어 있습니다. 그리고 큰 정육각형에는 이것이 24개($18+6=24$) 들어 있습니다. 즉 넓이의 비가 $24:18=4:3$입니다. 따라서 큰 정육각형의 넓이가 10이라면 작은 정육각형의 넓이는 $10\times\frac{3}{4}=\frac{15}{2}$입니다.

삼각형과 사각형은 우리에게 익숙한 반면, 오각형과 육각형은 약간 생소하게 느껴지죠. 문제를 풀 때가 아니더라도 한 번씩 오각형과 육각형을 그려보면서 관련된 성질을 파악해보면 좋은 공부가 됩니다.

정오각형과 정육각형을 그리고 나누고 붙이는 등 다양하게 다루어보면서 관련된 성질을 파악해보세요. 문제에서 만나기 전에 이렇게 파악해보고 분석해보면 나중에 문제를 쉽게 풀 수 있을 겁니다.

10장

아는 도형 찾기

익숙한 것에서 출발하기

모르는 것을 이해하려면 내가 아는 것과 그 모르는 것 간의 관계를 파악하면 됩니다. 내가 잘 알고 익숙한 것과 모르는 것 간의 관계를 파악한다면 모르는 것을 이해하는 데 도움이 됩니다. 이 방법은 문제를 해결할 때에도 그대로 적용되는데요, 잘 모르겠고 익숙하지 않은 문제가 주어지면 그 안에서 내가 잘 알고 익숙한 것을 찾아보고 익숙한 것에서 출발하여 관계를 파악해보는 것이죠. 문제를 통해 살펴봅시다.

문제 74 다음 삼각형의 넓이를 구하세요.

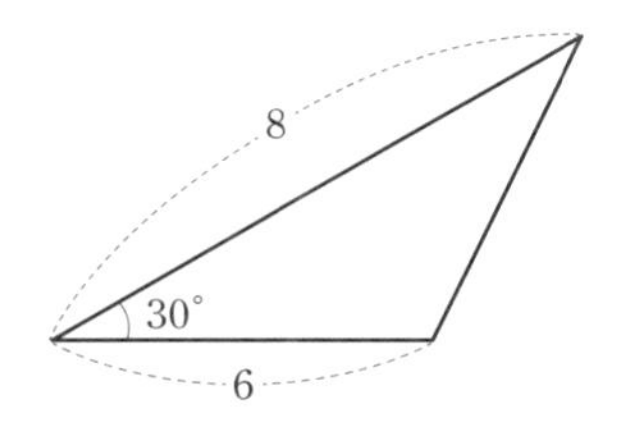

이 문제를 해결하기 위해 우리에게 익숙한 세 각이 30°, 60°, 90°인 직각삼각형을 활용해봅시다. 문제에서 주어진 각이 30°이므로 다음과 같은 직각삼각형을 그려볼까요?

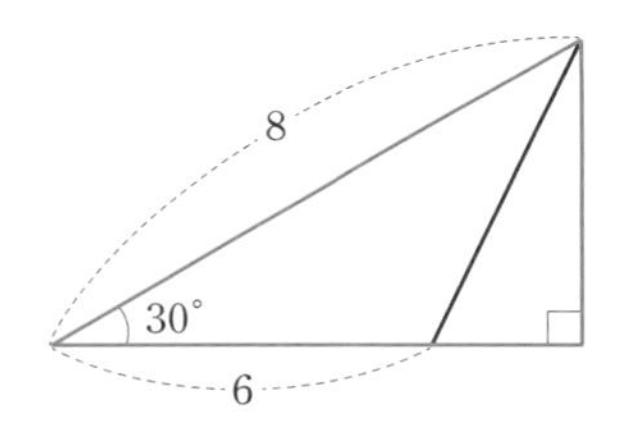

세 각이 30°, 60°, 90°인 직각삼각형은 정삼각형을 반으로 나누면 만들어집니다. 여기에서 주목할 부분은 길이의 비인데요, 직각삼각형의 빗변의 길이는 짧은 변의 두 배가 됩니다.

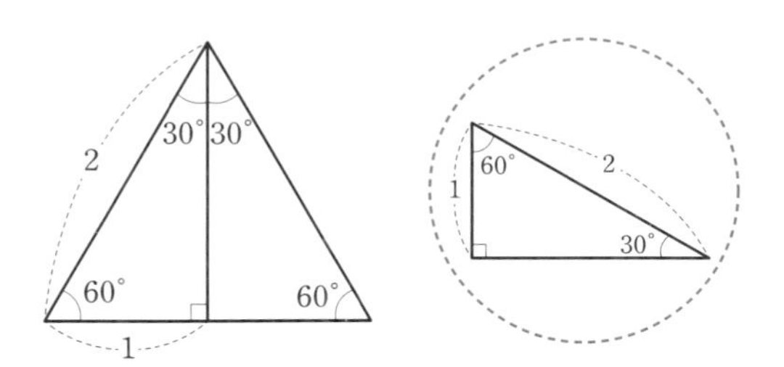

세 각이 30°, 60°, 90°인 직각삼각형의 길이의 비를 주어진 문제에 적용해보면 해당 삼각형의 빗변 길이가 8이므로 높이는 4가 된다는 것을 알 수 있습니다.

상황을 정리해보면, 문제에서 주어진 삼각형은 밑변이 6, 높이가 4인 삼각형입니다. 따라서 이 삼각형의 넓이는 $\frac{1}{2}\times6\times4=12$입니다.

정삼각형을 절반으로 자르면 생기는 (30°, 60°, 90°) 직각삼각형의 길이의 비는 유클리드기하학 문제에서 핵심 포인트입니다. 다음 장에서 피타고라스의 정리를 배우면 이 삼각형의 길이의 비가 $1:\sqrt{3}:2$라는 사실을 알 수 있습니다. 이 공식을 알고 있다면 이것을 활용하여 문제에 적용하면 됩니다. 초등학교에서는 피타고라스의 정리를 다루지 않는데, 이처럼 $1:\sqrt{3}:2$라는 길이의 비를 몰라도 지금 살펴본 대로 빗변과 짧은 변의 길이의 비가 $2:1$이라는 사실을 알 수 있으므로 이를 활용하면 좋습니다.

자주 활용하는 또 하나의 직각삼각형은 정사각형을 반으로 나누면 생기는 (45°, 45°, 90°) 직각삼각형입니다. 이 직각삼각형은 빗변을 제외한 두 변의 길이가 같다는 점을 활용하는 것이죠. 마찬가지로 피타고라스의 정리를 학습한 후에는 이 직각삼각형의 길이의 비가 $1:1:\sqrt{2}$라는 것을 알 수 있습니다.

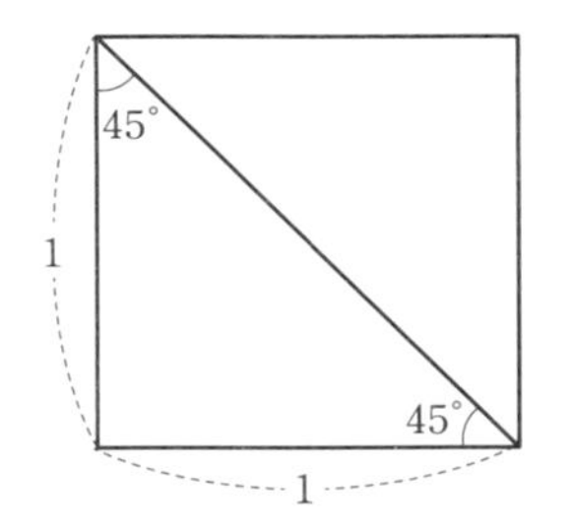

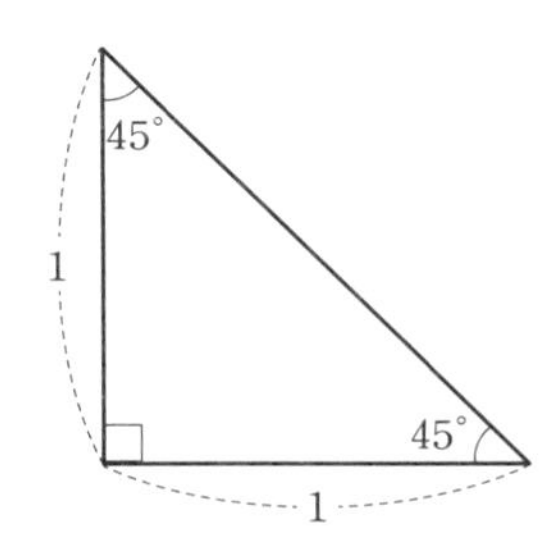

문제를 풀면서 이 직각삼각형을 어떻게 활용하는지 살펴봅시다.

문제 75 다음 그림에서 x의 값을 구하세요.

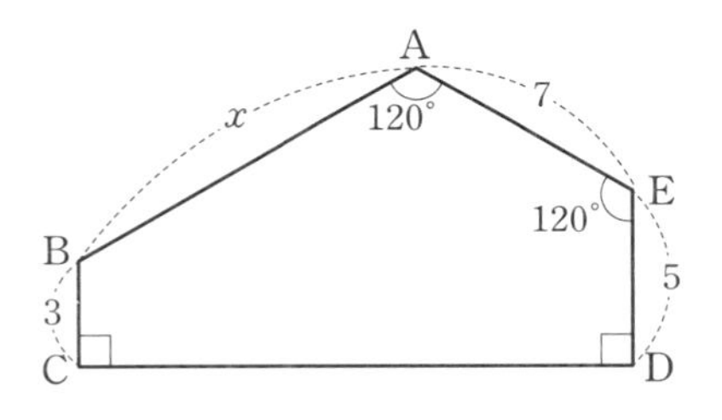

복잡한 형태로 주어진 문제이지만, 우선 원래 있던 조각들이 잘려나갔다고 상상하며 그 조각을 다시 붙여보겠습니다. A와 E의 각이 $120°$인데, $180° - 120° = 60°$라는 것을 토대로 $\overline{AE}$에 다음 정삼각형을 만들어볼 수 있습니다. 이렇게 $\overline{AE}$를 한 변으로 삼는 정삼각형을 만들고, $\overline{BC}$를 높이로 한 (30°, 60°, 90°) 직각삼각형을 만들면 전체가 큰 (30°, 60°, 90°) 직각삼각형이 됩니다.

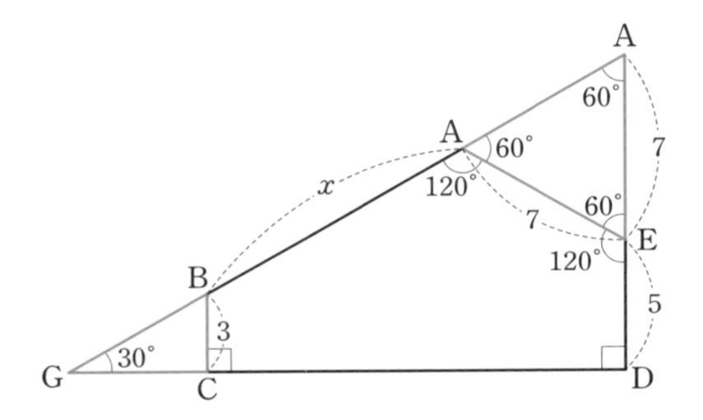

전체 직각삼각형 GDF는 세 각이 30°, 60°, 90°인 직각삼각형이므로 빗변과 짧은 변의 길이의 비가 2:1입니다. 여기에서 $\overline{DF}=5+7=12$이므로 $\overline{GF}=24$입니다. $\overline{GB}=6$, $\overline{AF}=7$이므로 $\overline{GF}=\overline{GB}+x+\overline{AF}=6+x+7=24$입니다. 따라서 우리가 구하는 $x=11$입니다.

문제 안에서 찾기

특수각을 갖는 직각삼각형, 정삼각형, 이등변삼각형 등 일반적으로 우리에게 익숙하고 그 성질을 알고 있는 도형이 있죠. 그런 도형이 아니더라도 문제 안에서 문제를 해결하는 데 도움이 되는 도형이 있는 경우도 많이 있습니다. 그래서 문제 안에서 그런 도형들을 먼저 찾아보는 것도 문제해결을 위한 좋은 방법입니다.

문제 76 다음과 같이 주어진 그림에서 $\overline{CF}$의 길이를 구하세요.

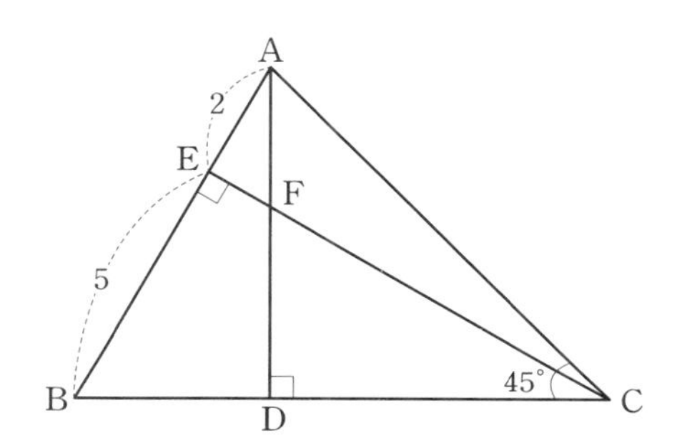

$\angle ACD=45^\circ$이므로 삼각형 ACD는 직각이등변삼각형입니다. 즉 $\overline{AD}=\overline{CD}$입니다. $\angle AFE$와 $\angle CFD$가 맞꼭지각으로 같기 때문에 $\angle BAD$와 $\angle FCD$가 같다는 것을 알 수 있습니다. 여기에서 직각삼각형 ABD와 직각삼각형 CDF는 합동입니다. 직각삼각형 ABD를 점 D를 중심으로 오른쪽으로 90° 회전시키면 직각삼각형 CDF에 정확하게 포개집니다. 따라서 $\overline{CF}=\overline{AB}=5+2=7$입니다.

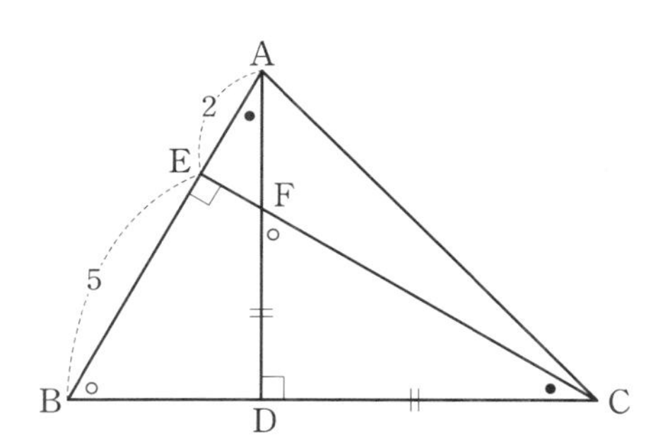

문제 77 두 정삼각형 ABC와 ECD가 있습니다. 다음과 같이 A에서 D까지 선을 긋고, E에서 B까지 선을 그었을 때 만나는 점 P의 각도 x를 구하세요.

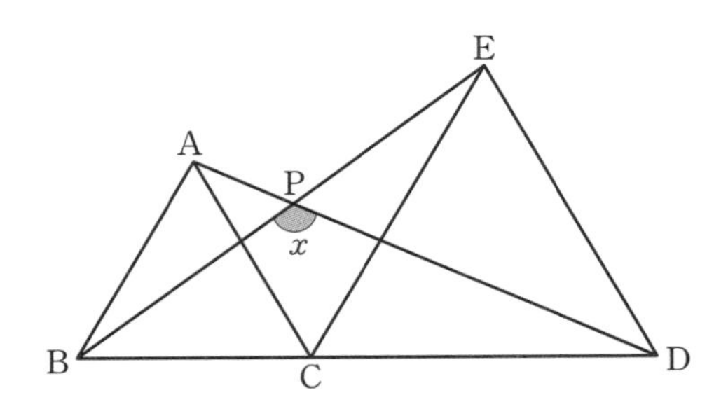

주어진 문제를 살펴보면 삼각형 BCE와 삼각형 ACD가 합동이라는 것을 알 수 있습니다. 삼각형 BCE를 60° 회전시키면 삼각형 ACD와 겹쳐지는 것을 볼 수 있습니다.

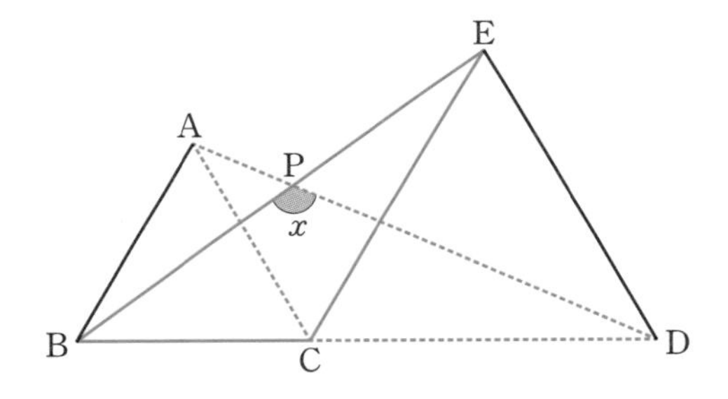

여기에서 삼각형 PED를 생각하면 우리가 구하는 각은 외각정리에 따라 ∠PED와 ∠EDP의 합입니다. ∠BEC를 a라고 하면 ∠PED$=60°+a$, ∠EDP$=60°-a$라는 것을 알 수 있습니다. 따라서 우리가 구하는 각은 ∠PED$+$∠EDP$=60°+a+60°-a=$ 120°입니다.

문제 78 평행사변형 ABCD와 직각삼각형 AEB가 다음 그림과 같을 때, 삼각형 AEF의 넓이를 구하세요.

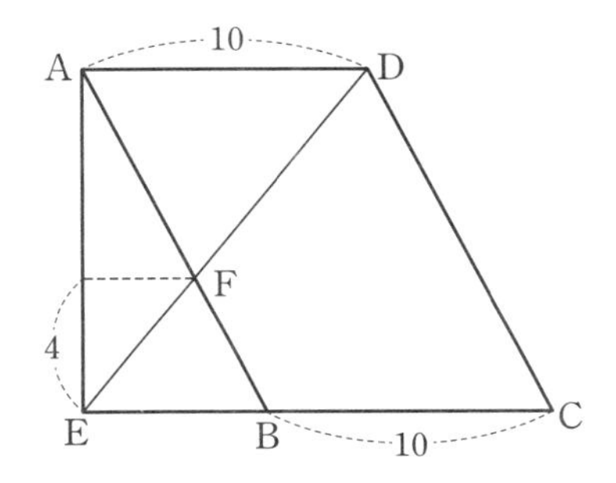

다음과 같이 $\overline{BD}$를 그으면 삼각형 AEF와 넓이가 같은 삼각형 BDF가 만들어집니다. 넓이가 같은 삼각형 ADE와 삼각형 ADB에서 공통 부분 ADF를 뺀 것이 두 삼각형이기 때문에 넓이가 같은 것이죠.

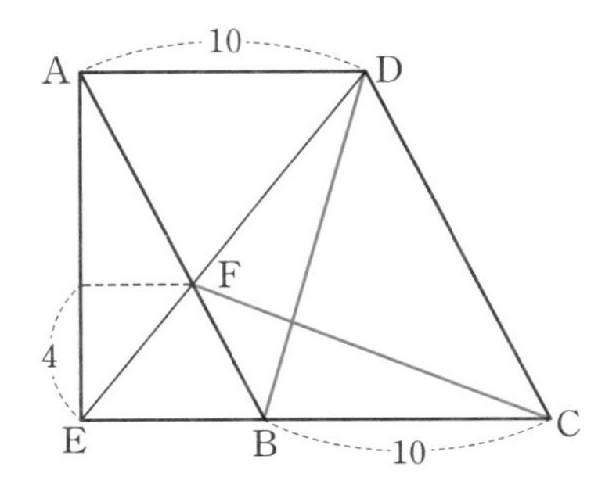

삼각형 BDF와 삼각형 BCF를 비교해보면 $\overline{AB}$와 $\overline{DC}$가 평행이기 때문에 두 삼각형의 넓이가 같습니다. 따라서 삼각형 AEF의 넓이는 삼각형 BCF의 넓이와 같고, 그 값은 $\frac{1}{2}\times 10\times 4=20$입니다.

문제 79 다음 정사각형에서 색칠된 삼각형의 넓이를 구하세요.

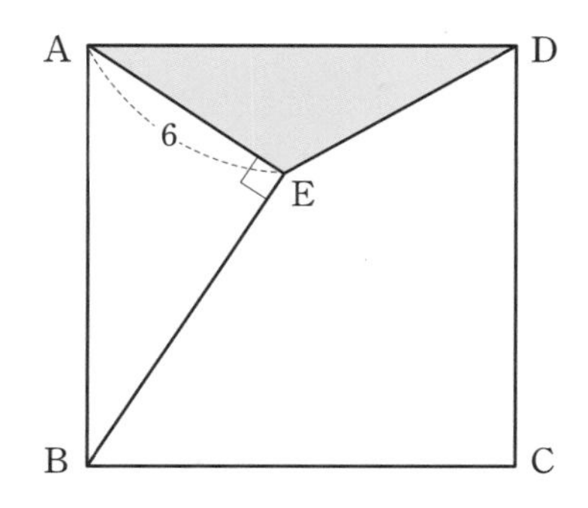

이 문제는 '주어진 정보가 너무 적은 것이 아닌가?'하는 생각을 갖게 합니다. 약간 황당하기도 한데요, 정사각형과 직각삼각형이 주어졌다는 것에 주목해야 합니다. 정사각형에 직각삼각형을 다음과 같이 복사하여 네 개를 내부에 붙여볼 수 있는데요, 여기에서 색칠된 부분과 접하는 두 개의 직각삼각형을 살펴볼 필요가 있습니다.

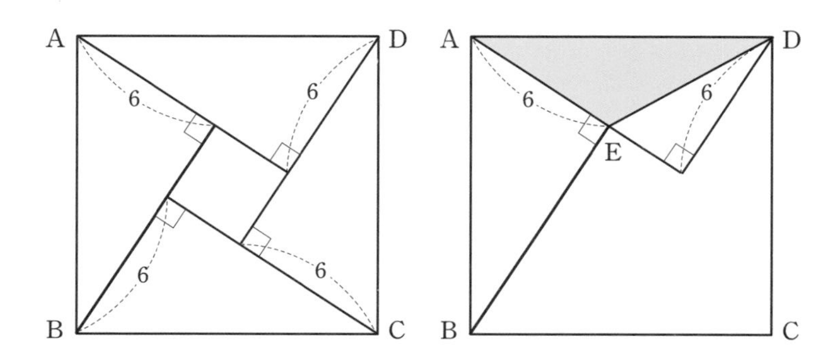

색칠한 삼각형 ADE는 밑변 $\overline{AE}$의 길이가 6이고 높이가 6인 삼

각형으로 볼 수 있습니다. 따라서 넓이는 $\frac{1}{2}\times6\times6=18$입니다.

문제 80 **다음 그림에서 사각형 ABCD의 넓이를 구하세요.**

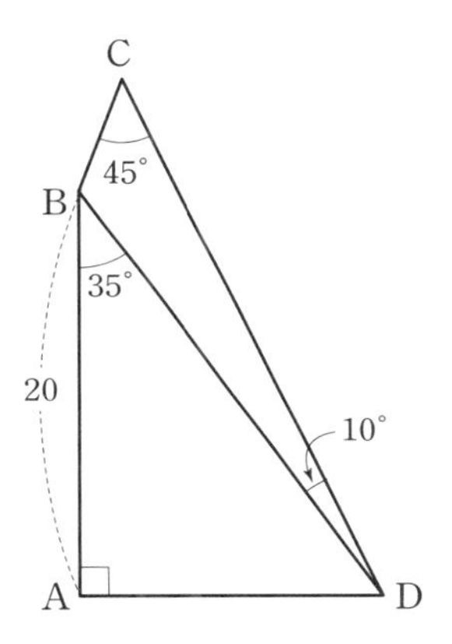

유클리드기하학 문제의 재미 중 하나는 상상력을 발휘하며 오려 붙여보는 겁니다. 한 부분을 오려서 다른 부분에 붙여보는 상상력을 발휘하는 것이죠. 그런데 이때 주의해야 할 것이 있습니다. 내 기분대로 아무것이나 오려서 아무렇게나 붙이면 안 됩니다. 논리적으로 상황에 맞게 생각해야 하죠.

일단 정보를 파악해봅시다. 삼각형의 내각의 합이 180°이기 때문에 우리는 다음과 같은 각의 정보를 알 수 있습니다. $55°+125°=180°$입니다. 따라서 삼각형 BCD를 오려서 다음과 같이 붙이면 새로운 삼각형이 만들어지는 것을 알 수 있습니다.

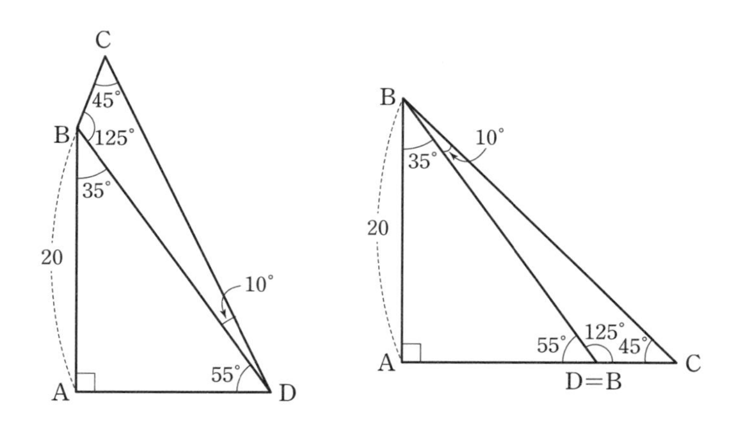

이렇게 삼각형 BCD를 오려서 D와 맞닿게 붙여보면, 사각형 ABCD는 한 변의 길이가 20인 직각이등변삼각형 ABC가 되는 것을 알 수 있습니다. 따라서 우리가 구하는 넓이는 다음과 같이 계산할 수 있습니다.

$$\frac{1}{2}\times 20\times 20=200$$

문제 81 **다음 그림에서 정사각형의 넓이를 구하세요.**

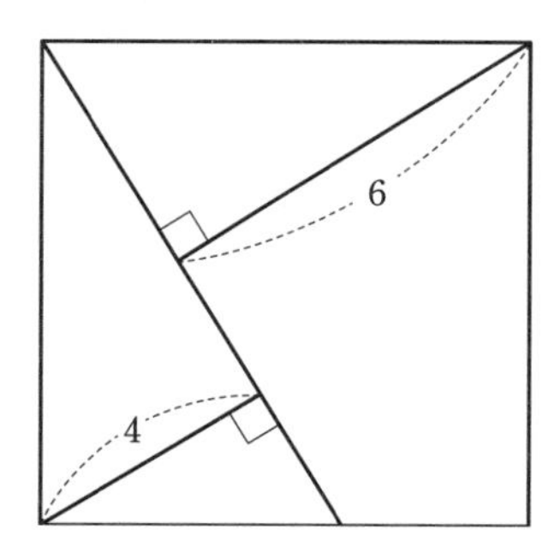

이 문제는 직각삼각형이 정사각형 안에 어떤 모습으로 배치되는가를 먼저 생각해야 합니다. 정사각형에 빗변이 정사각형의 한 변이 되는 직각삼각형은 다음과 같이 배치가 됩니다. 따라서 문제에서 주어진 길이가 4인 부분은 직각삼각형의 한 변의 길이라는 것을 알 수 있습니다. 길이를 모두 표시하면 다음과 같습니다.

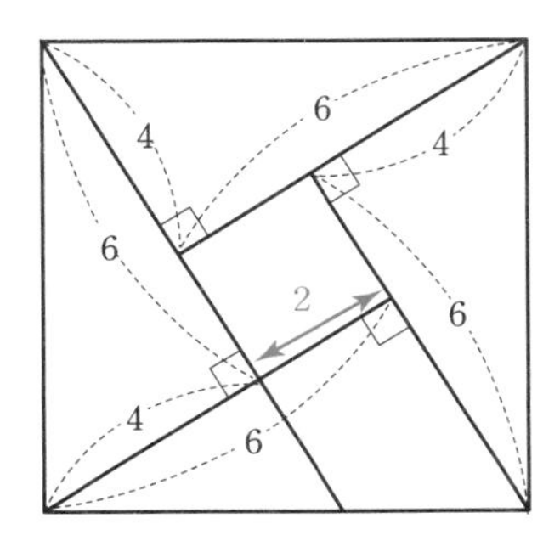

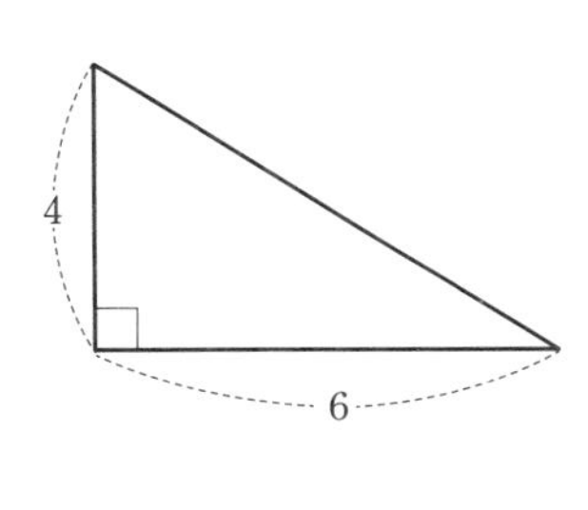

정사각형 안에는 두 변의 길이가 4, 6인 직각삼각형 4개와 한 변의 길이가 2인 정사각형 하나가 있는 것입니다. 따라서 정사각형의 넓이는 다음과 같이 계산할 수 있습니다.

$$4\times\frac{1}{2}\times4\times6+2\times2=52$$

문제 82 반지름이 6인 4분원에서 호를 같은 길이로 3등분했습니다. 색칠된 부분의 넓이를 구하세요.

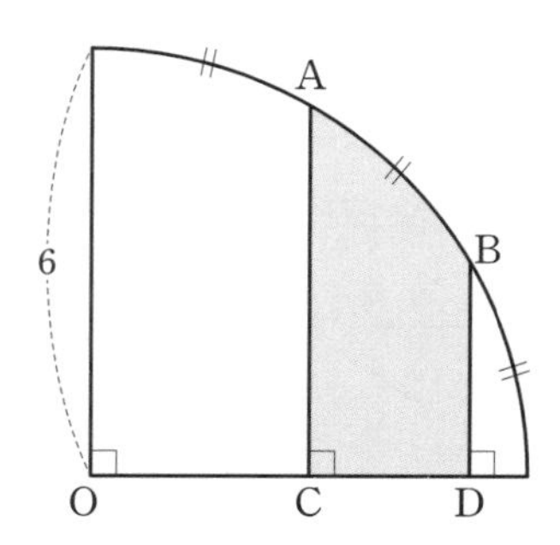

원의 일부분의 넓이를 구하는 문제인데요, 우리가 일반적으로 아는 것은 부채꼴의 넓이를 구하는 방법입니다. 문제에서 색칠된 부분과 같은 도형의 넓이를 계산하는 방법은 모릅니다. 따라서 색칠된 부분을 우리가 계산할 수 있는 부채꼴의 형태로 바꿔야 한다는 생각을 가지고 문제해결 방법을 찾아야 합니다.

곡선으로 된 호 AB와 관련하여 다음과 같이 두 개의 삼각형 AOC와 BOD을 생각해봅시다.

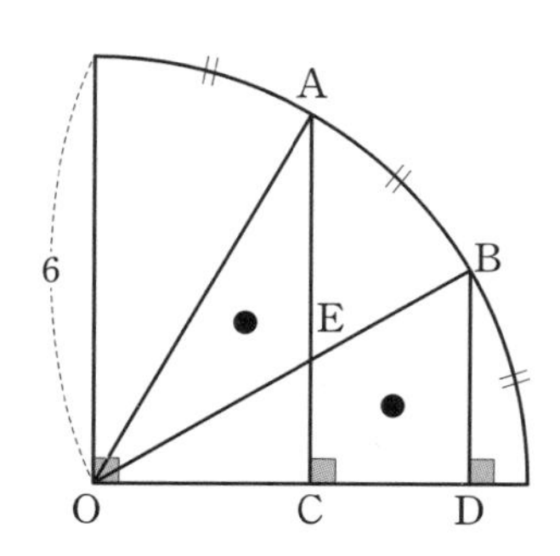

호를 삼등분했기 때문에 $\angle AOC=60^\circ$ 이고, $\angle BOD=30^\circ$ 입니다. 두 삼각형은 모두 직각삼각형이고, 세 각이 각각 30°, 60°, 90° 라는 사실을 알 수 있습니다. 즉 두 삼각형은 합동입니다. 여기에서 우리는 삼각형 AOE와 사각형 BECD의 넓이가 같다는 것을 알 수 있습니다. 따라서 색칠된 부분 ABCD의 넓이는 부채꼴 OAB의 넓이와 같습니다. 이때 $\angle AOB=30^\circ$ 이므로 부채꼴 OAB의 넓이는 다음과 같이 계산할 수 있습니다.

$$\frac{30}{360}\times 6^2\times \pi=3\pi$$

공부를 효과적으로 잘하는 방법은 새로 배우는 모르는 내용을 자신이 이미 알고 있는 기존 지식과 잘 연결하는 것입니다. 새로운 지식과 기존 지식이 연결되는 고리를 많이 만들면 만들수록 더 잘 이해하고 더 오래 기억할 수 있죠. 새로운 문제를 풀 때에도 마찬가지입니다. 모르는 것을 아는 것과 연결하고, 때로는 모르는 것을 쪼개서 아는 것을 찾고 그것을 발판으로 문제를 풀어가는 것이죠. 생소하고 어려운 문제를 만나면 우선 아는 도형을 찾으며 문제를 차근차근 풀어가기 바랍니다.

11장

익숙한 공식 적용할 곳 찾기

가장 중요한 수학 공식

수학에는 많은 공식이 있습니다. 정리라는 이름으로 알려진 많은 공식 중 가장 중요한 것으로 저는 피타고라스의 정리를 꼽습니다. 수학에서 가장 중요한 공식이 피타고라스의 정리라는 의견에 많은 분들이 동감할 것 같습니다. 피타고라스의 정리는 직각삼각형의 세 변 사이에 다음과 같은 관계가 있다는 것을 보여줍니다.

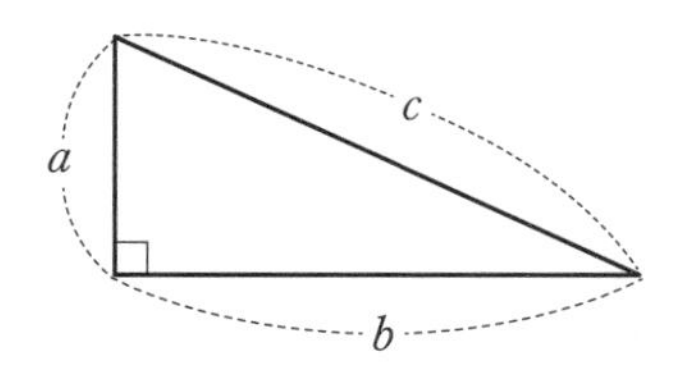

$$a^2+b^2=c^2$$

피타고라스 이전 시대의 사람들도 피타고라스의 정리를 알고 있었습니다. 3,000~4,000년 전에 만들어진 것으로 추정되는 고대 바빌론의 점토판이나 이집트의 유적에서 피타고라스의 정리를 찾아볼 수 있다고 합니다. 그들은 세 변을 (3, 4, 5)의 길이로 묶으면 직각삼각형이 된다는 정도로 간단하게 알고 있었는데, 그것을 체계적으로 정리한 사람이 바로 피타고라스입니다. 가장 단순한 형태로 피타고라스의 정리를 활용하려면 세 변을 (3, 4, 5)로 설정하면 됩니다. $3^2+4^2=9+16=25=5^2$이기 때문에 (3, 4, 5)를 세 변으로 하는 삼각형은 직각삼각형이 되죠.

$$3^2+4^2=5^2$$

또 하나 잘 알려진 직각삼각형은 세 변이 (5, 12, 13)인 삼각형입니다.

$$5^2+12^2=13^2$$

피타고라스의 정리는 유클리드기하학의 문제를 해결하는 가장 강력한 도구이며 핵심입니다. 그래서 기하학 문제를 풀 때, 마음속으로 '어디에 피타고라스의 정리를 적용할 수 있을까?'를 생각하면 문제를 해결하는 데 도움이 됩니다. 피타고라스의 정리를 적용할 대상은 직각삼각형입니다. 따라서 유클리드기하학 문제는 숨어 있는 직각삼각형을 찾는 것이 핵심이죠. 직각삼각형을 찾아 그 직각삼각형에 피타고라스의 정리를 적용하면 웬만한 문제는 다 풀립니다. "모든 길은 로마로 통한다"라는 말이 있는데, 비슷하게 "기하학 문제는 피타고라스의 정리로 통한다"고 생각하면 좋습니다. 문제를 풀어보며 좀 더 살펴봅시다.

문제 83 **다음 그림에서 원의 반지름을 구하세요.**

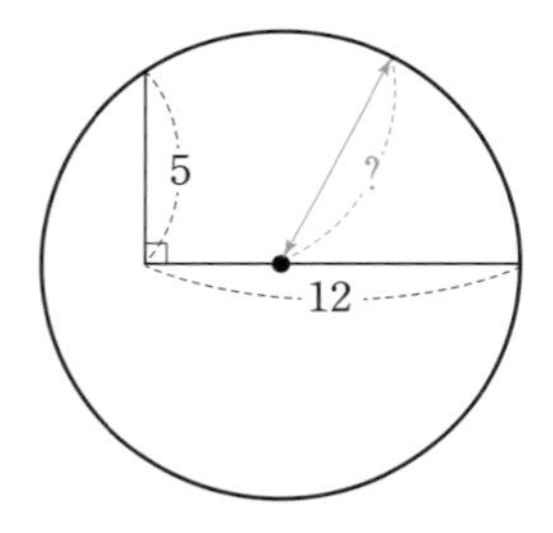

문제에 숨어 있는 직각삼각형을 찾아야 합니다. 이 문제에서 원의 반지름을 포함한 직각삼각형을 다음과 같이 생각할 수 있습니다.

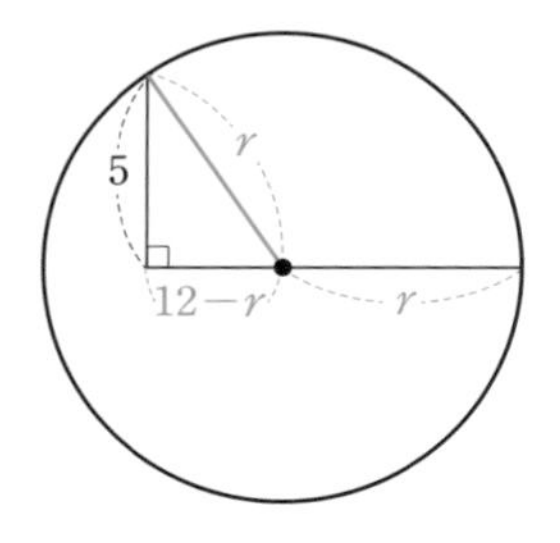

이렇게 직각삼각형을 찾으면 피타고라스의 정리에 따라

$(12-r)^2+5^2=r^2$과 같은 관계식을 얻습니다. 이제 이 식을 풀어서 반지름 r의 값을 구하면 됩니다.

$$(12-r)^2+5^2=r^2$$
$$144-24r+25=0$$
$$24r=169$$

따라서 반지름 $r=\frac{169}{24}$입니다.

피타고라스의 정리를 적용해 문제를 풀다 보면 2차 방정식을 계산하게 되는데요, 2차 방정식이 익숙하지 않은 사람이라면 2차 방정식을 연습해야 합니다. 그래야 문제의 답을 끝까지 계산할 수 있습니다. 2차 방정식의 형태 중 다음 세 가지의 2차 방정식을 가장 흔히 만납니다. 일단 이것만 기억해도 많은 문제를 풀 수 있으니, 직접 써보면서 익혀보세요. 단순하게 암기하기보다는 여러 번 써보고 연습하며 자연스럽게 기억할 수 있어야 합니다. 그래야 문제 풀이 과정에 적절히 적용하고, 오랫동안 잊지 않을 수 있습니다.

$$(x+y)^2=x^2+2xy+y^2$$
$$(x-y)^2=x^2-2xy+y^2$$
$$x^2-y^2=(x+y)(x-y)$$

문제 84 다음 그림에서 색칠된 정사각형의 넓이는 얼마일까요?

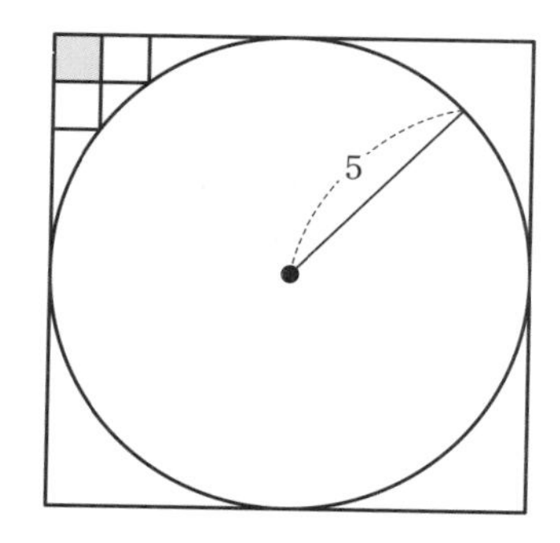

이 문제에서도 숨어 있는 직각삼각형을 찾아야 합니다. 그 직각삼각형에 피타고라스의 정리를 적용하는 것이죠. 정사각형 한 변의 길이를 x라고 하면 우리는 다음과 같은 직각삼각형을 찾을 수 있습니다.

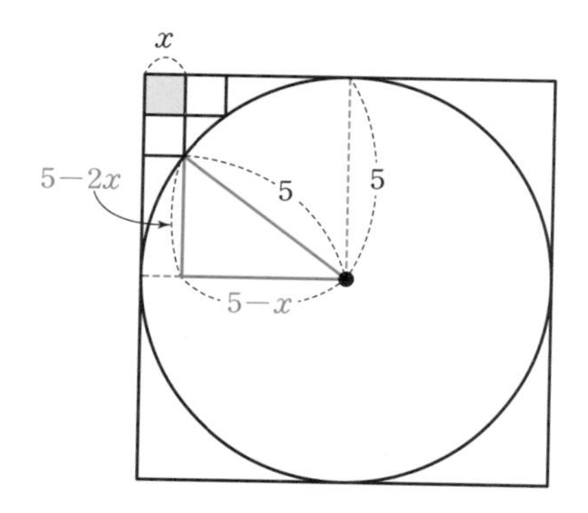

세 변의 길이가 $(5-2x,\ 5-x,\ 5)$인 직각삼각형에 피타고라스의 정리를 적용하면 다음과 같은 식을 얻을 수 있습니다.

$$(5-x)^2+(5-2x)^2=5^2$$

이것을 전개하여 계산하면 다음과 같습니다.

$$(5-x)^2+(5-2x)^2=5^2$$
$$25-10x+x^2+25-20x+4x^2=25$$
$$5x^2-30x+25=0$$
$$x^2-6x+5=0$$
$$(x-5)(x-1)=0$$
$$x=5 \text{ 또는 } x=1$$

색칠된 정사각형의 한 변의 길이 x는 원의 반지름보다 작아야 하므로 $x=1$이고, 색칠된 정사각형의 넓이는 $1\times1=1$입니다.

문제 85 **다음 그림에서 정사각형 ABCD의 넓이는 얼마일까요?**

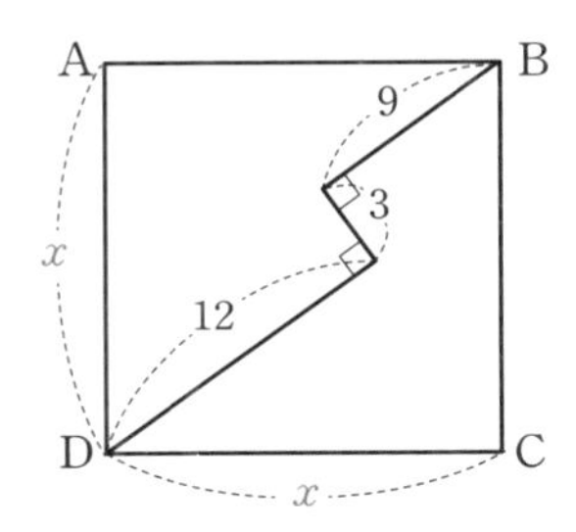

문제를 풀기 위해 주어진 문제를 조금 돌려볼까요? 약간 돌리면

이렇게 보일 겁니다.

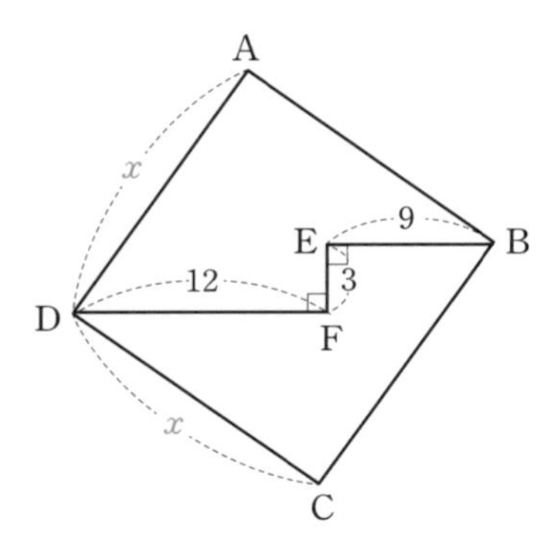

이렇게 놓고 보면, $\overline{DF}$와 $\overline{EB}$는 평행을 이루기 때문에 전체 사각형의 대각선의 길이를 피타고라스의 정리로 구할 수 있습니다.

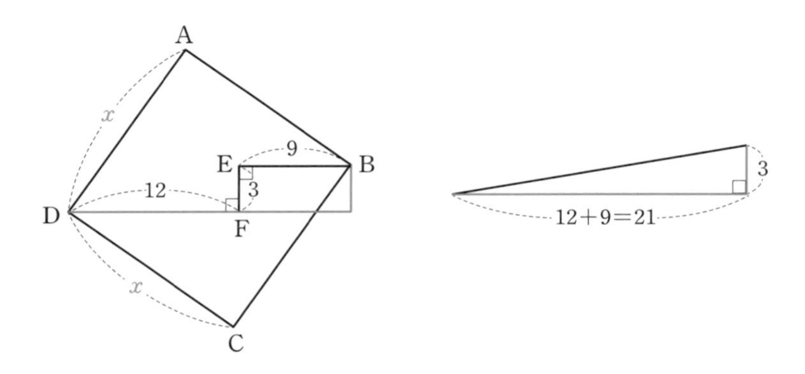

전체 정사각형의 대각선의 길이는 $\sqrt{(21^2+3^2)}=\sqrt{450}$입니다. x는 정사각형 한 변의 길이이므로 $\sqrt{2}x=\sqrt{450}$, $x=\sqrt{225}$입니다. 우리가 구해야 하는 정사각형의 넓이는 x^2이므로 답은 225입니다.

어렵고 황당한 문제인데, 피타고라스의 정리를 쓰니까 생각보다 쉽게 풀리죠? 기하학 문제를 해결하는 가장 강력한 도구는 피타고라스의 정리입니다. '어디 피타고라스의 정리를 적용할 데 없나?'라는 생각을 가지고 문제에 접근해서 적용할 곳을 찾으면 어렵기만 했던 문제가 쉽게 해결되곤 합니다. 그래서 피타고라스의 정리를 적용할 숨어 있는 직각삼각형을 찾는 것이 문제해결의 핵심이죠.

도형의 닮음과 피타고라스의 정리

피타고라스의 정리는 앞장에서 배운 삼각형의 닮음을 이용하여 증명할 수 있는데요, 구체적인 증명보다는 문제를 통해 관련된 내용을 살펴봅시다. 먼저 문제를 보시죠.

문제 86 다음 그림에서 물음표로 표시된 부분에 알맞은 값을 구하세요.

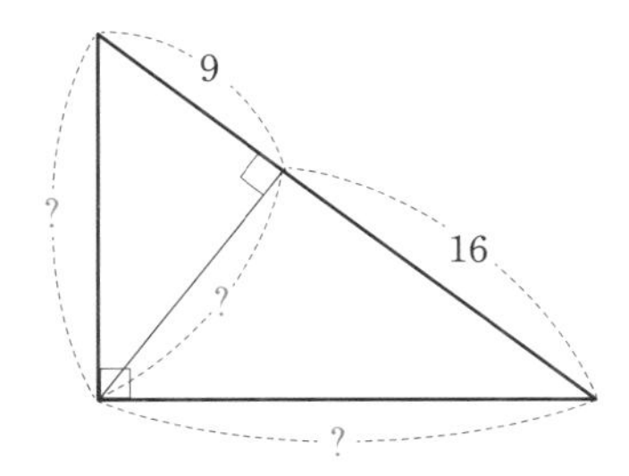

인터넷에서 우연히 본 문제인데, 1869년 미국 MIT 입학시험문

제로 출제되었다고 합니다. 지금으로부터 150년 전의 대학입학시험 문제라는 점이 꽤 인상적이었습니다. 이 문제는 앞에서 닮음을 이용하여 정리한 내용을 적용하면 쉽게 계산됩니다. 공식처럼 계산하기보다는 닮음으로 문제를 해결하는 것이 좋은 방법입니다. 닮은 삼각형을 찾아 닮음비를 따져가며 문제를 해결해보세요.

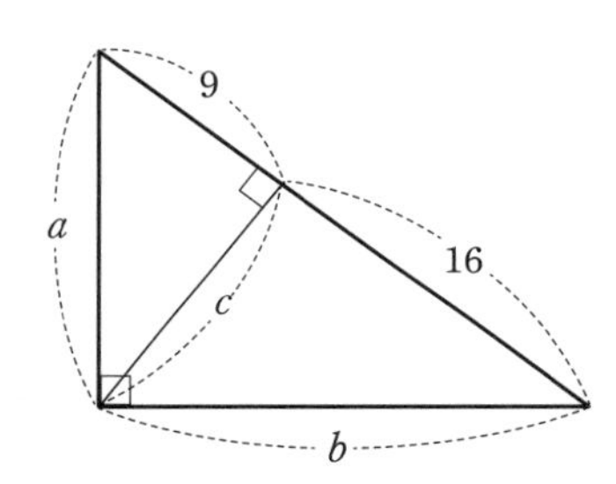

먼저 다음과 같은 닮음을 생각할 수 있습니다.

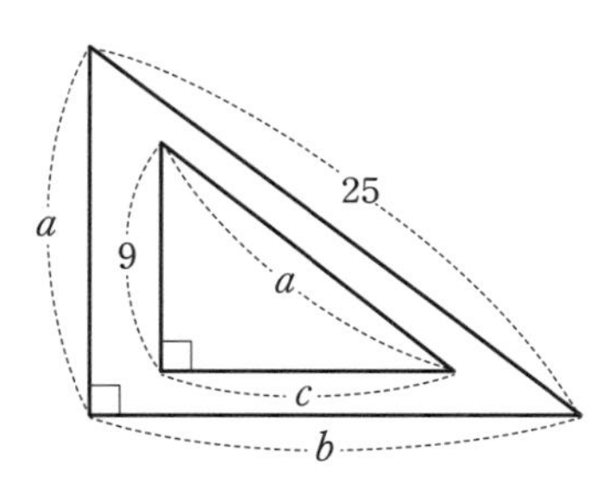

$$a : 9 = 25 : a$$

$$a^2 = 9 \times 25$$

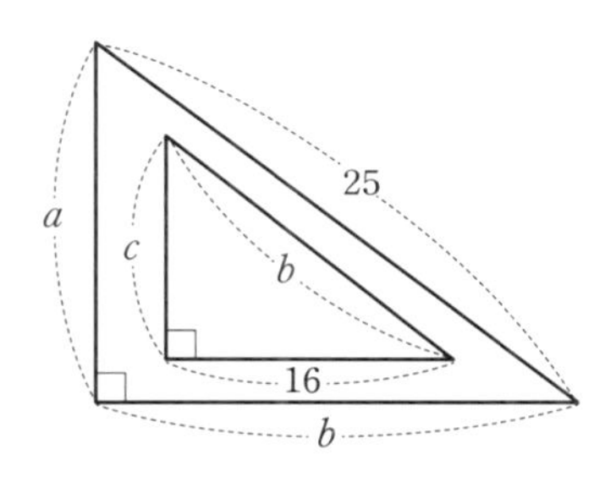

$$b:25=16:b$$

$$b^2=25\times16$$

닮음을 통해 $a^2=9\times25$이고 $b^2=25\times16$이라는 값을 얻을 수 있습니다. 또 작은 삼각형 두 개가 다음과 같은 닮음임을 알 수 있죠.

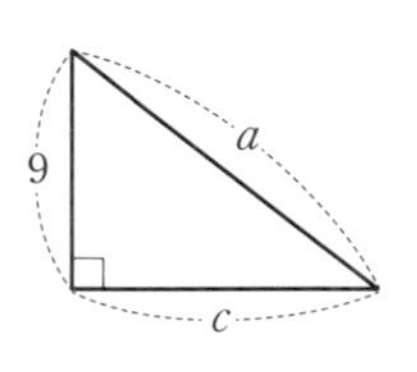

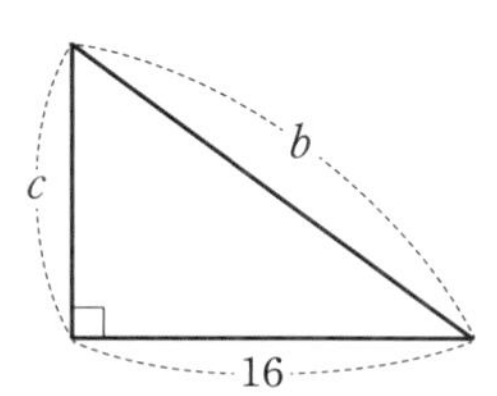

$$c:9=16:c$$

$$c^2=9\times16$$

$c^2=9\times16$입니다. 따라서 $a=15$, $b=20$, $c=12$입니다.

닮음으로 직각삼각형의 길이에는 다음과 같은 관계가 있다는 것을 알 수 있습니다. 이 관계는 닮음을 하나하나 따져보며 확인해보는 것이 좋습니다. 단순 암기는 절대 공부가 되지 않습니다.

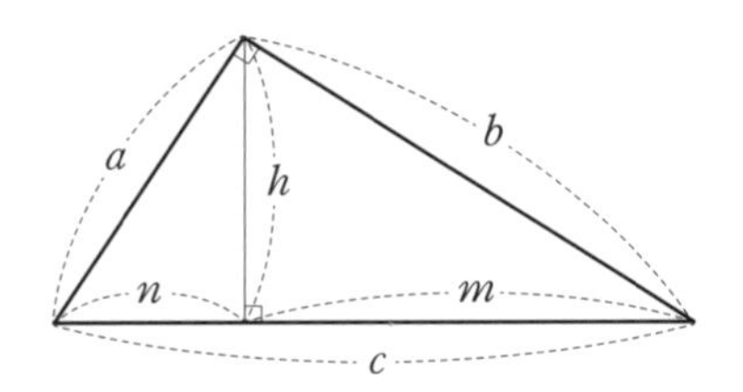

$$a^2+b^2=c^2 \qquad a^2=c\times n$$

$$h\times c=a\times b \qquad b^2=c\times m$$

$$\frac{1}{h^2}=\frac{1}{a^2}+\frac{1}{b^2} \qquad h^2=n\times m$$

피타고라스의 정리를 증명하는 여러 가지 방법

피타고라스의 정리를 증명하는 방법은 400여 가지가 넘습니다. 많은 사람들이 다양한 방법으로 피타고라스의 정리를 증명했는데요, 여러분도 자신만의 방법으로 피타고라스의 정리를 증명하는 것에 도전해보기 바랍니다.

피타고라스의 정리를 증명하는 데 아이디어를 활용하는 문제를 몇 가지 살펴봅시다. 가장 먼저 소개할 것은 기원전 300년경 유클리드가 자신의 책 《원론》에서 알려준 증명법입니다. 이를 위해 우선 증명에 쓰이는 아이디어가 포함된 문제를 하나 살펴보시죠.

문제 87 크기가 다른 두 개의 정사각형이 있는 다음 그림에서 색칠된 삼각형과 정사각형의 넓이의 비는 얼마일까요?

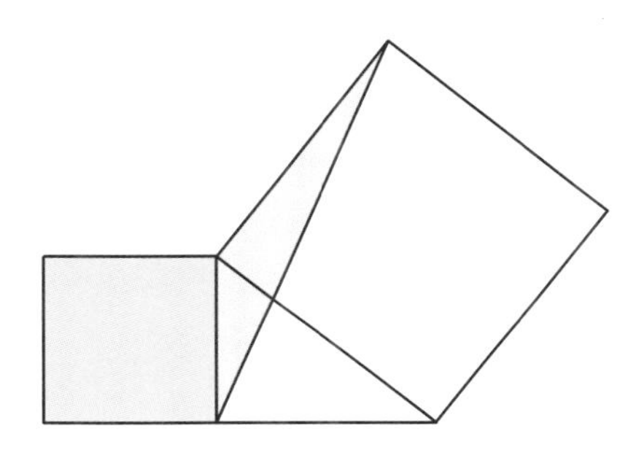

이 문제를 해결하는 데 쓰인 아이디어를 활용하여 2,300년 전 유클리드는 피타고라스의 정리를 증명했습니다. 하나의 아이디어를 잘 이해해두면 그것과 비슷한 아이디어를 전혀 다른 문제에 적용할 수 있습니다. 이 문제의 아이디어에 주목해보기 바랍니다.

문제를 풀기 위해 주어진 삼각형과 똑같은, 즉 합동인 삼각형을 생각해봅시다.

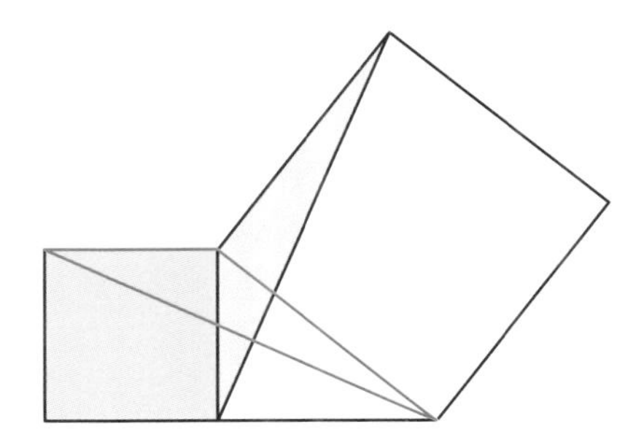

선을 그어 만든 삼각형은 색칠된 삼각형을 시계방향으로 90° 회

전시켜 얻을 수 있습니다. 따라서 두 삼각형은 합동입니다. 이제 정사각형과 가운데 삼각형의 넓이를 비교해봅시다. 이 둘을 따로 떼서 그려보면 밑변이 같고 높이가 같은 또 다른 두 개의 삼각형을 찾을 수 있습니다. 이것들의 넓이는 같습니다.

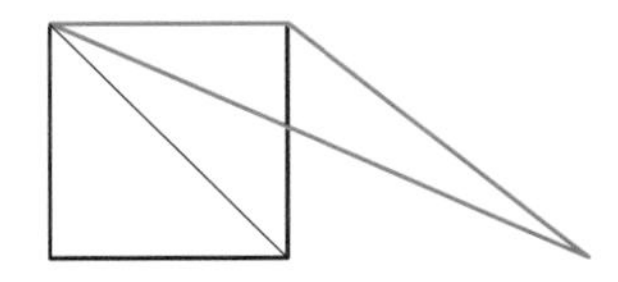

여기에서 가운데 삼각형의 넓이는 작은 정사각형 넓이의 $\frac{1}{2}$입니다. 따라서 색칠된 사각형과 삼각형의 넓이의 비는 2:1입니다.

이제 피타고라스의 정리를 증명해봅시다. 직각삼각형 ABC의 각 변에 다음과 같이 정사각형을 그려보면, 색칠된 부분의 면적이 같다는 것을 증명할 수 있습니다. 따라서 두 개의 작은 정사각형의 넓이의 합은 큰 정사각형의 넓이가 됩니다.

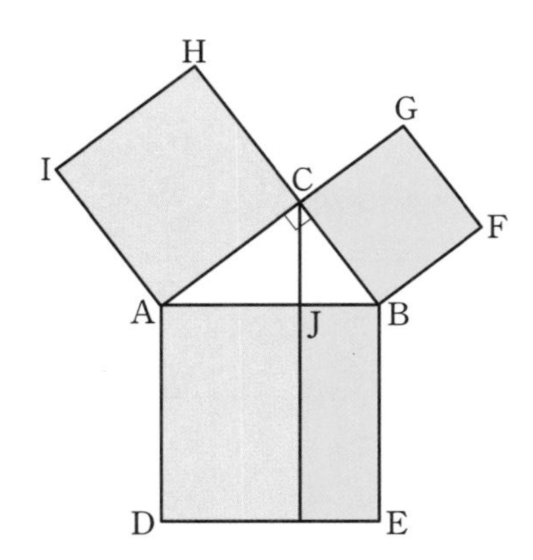

색칠된 부분의 면적이 같다는 것은 다음과 같이 증명할 수 있습니다. 먼저 왼쪽에 있는 삼각형 IAB는 삼각형 CAD와 같습니다. 삼각형 IAB를 점 A를 중심으로 회전시키면 삼각형 CAD와 겹칩니다. 따라서 두 삼각형의 넓이가 같은데, 삼각형 IAB의 넓이는 정사각형 ACHI의 넓이의 절반이고, 삼각형 CAD의 넓이는 직사각형 ADKJ의 넓이의 절반입니다.

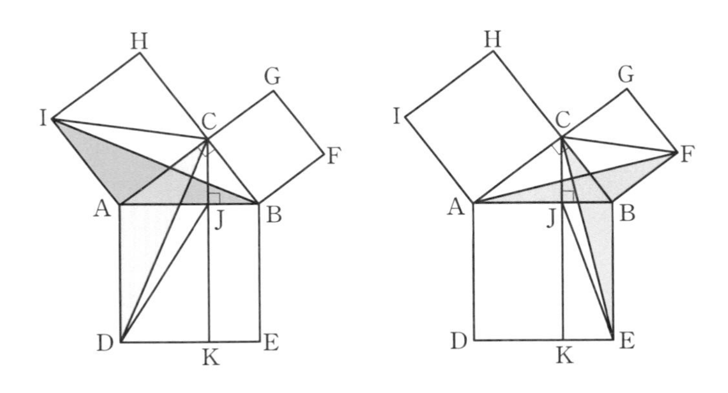

오른쪽에 있는 삼각형 ABF도 점 B를 중심으로 회전시키면 삼각형 EBC와 겹칩니다. 이 두 삼각형의 넓이가 같다는 사실을 통해 정사각형 BFGC의 넓이와 직사각형의 KEBJ의 넓이가 같다는 것을 알 수 있습니다. 따라서 이렇게 작은 정사각형 두 개의 넓이와 큰 정사각형 하나의 넓이가 같다는 점으로 피타고라스의 정리를 증명할 수 있습니다.

계산이 아닌 기하학으로 증명하기

유클리드가 살았던 고대 그리스에서는 지금 우리가 사용하는 십진법을 쓰지 않았습니다. 십진법은 아라비아 숫자라고 부르는 {0, 1, 2, 3, 4, 5, 6, 7, 8, 9}를 사용한 위치기수법입니다. 예를 들어 237은 237＝200＋30＋7과 같은 의미인데, 고대 그리스 · 로마 시대에는 이런 편리한 위치기수법이 없었습니다. 그들은 각 숫자의 합이 수의 값인 가산기수법을 사용했는데요, 가령 고대 그리스 숫자로 237은 2＋3＋7＝12의 값을 의미하는 숫자였습니다.

이렇게 수를 표시하는 방법으로는 사칙연산을 하기가 쉽지 않았습니다. 더하기와 빼기는 쉽게 할 수 있어도 곱하기와 나누기를 하려면 매우 힘든 과정을 거쳐야 했죠. 실제로 고대 그리스인은 주판과 같은 도구를 사용하여 계산했다고 합니다.

그래서 피타고라스의 정리를 증명할 때에도 계산이 아닌 닮음을 활용하는 기하학적인 증명을 활용했던 것입니다. 2차 방정식을 쉽게 계산할 수 있는 우리는 더 쉽게 피타고라스의 정리를 증명할 수 있는데요, 문제를 통해 관련 내용을 살펴봅시다.

문제 88 다음 정사각형의 넓이를 구하세요.

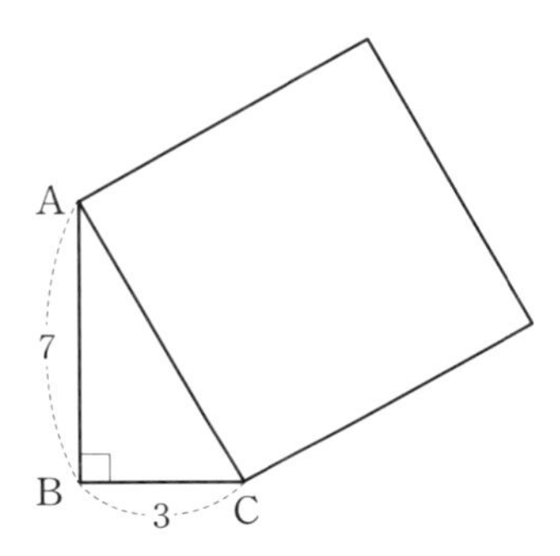

이 문제는 피타고라스의 정리를 적용하면 바로 정사각형의 넓이를 구할 수 있습니다. 정사각형의 한 변의 길이를 x라고 하면 넓이는 x^2이고, 이 값은 다음과 같이 바로 계산할 수 있습니다.

$$7^2+3^2=58=x^2$$

피타고라스의 정리를 쓰지 않고 정사각형의 넓이를 구하려면 다음과 같이 직각삼각형을 배치해봅시다.

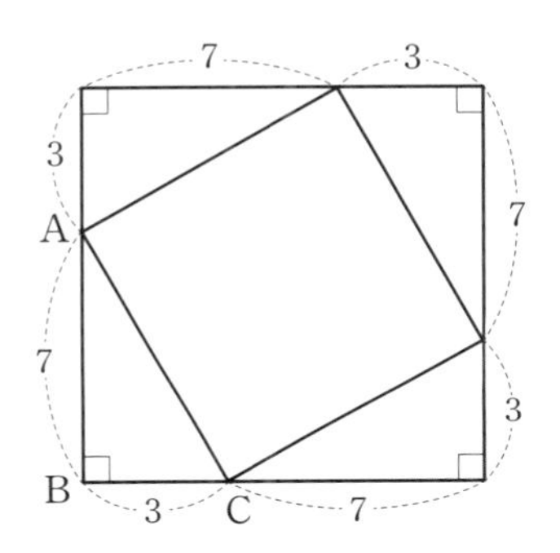

이때 전체 사각형의 넓이는 $10 \times 10 = 100$입니다. 직각삼각형 하나의 넓이는 $\frac{1}{2} \times 7 \times 3 = \frac{21}{2}$이고, 전체 사각형에서 직각삼각형 네 개의 넓이를 뺀 것이 우리가 구하는 중앙 정사각형의 넓이입니다. 따라서 정사각형의 넓이는 $100 - 42 = 58$입니다.

[문제 88]을 피타고라스의 정리를 직접 적용하지 않고, 같은 직각삼각형을 정사각형에 붙여서 계산하는 것은 피타고라스의 정리를 증명하는 가장 일반적인 접근법입니다. 다음과 같이 하나의 직각삼각형을 연결하여 큰 정사각형을 만들면 그 안에는 작은 정사각형이 만들어지고 우리는 피타고라스의 정리를 얻을 수 있습니다.

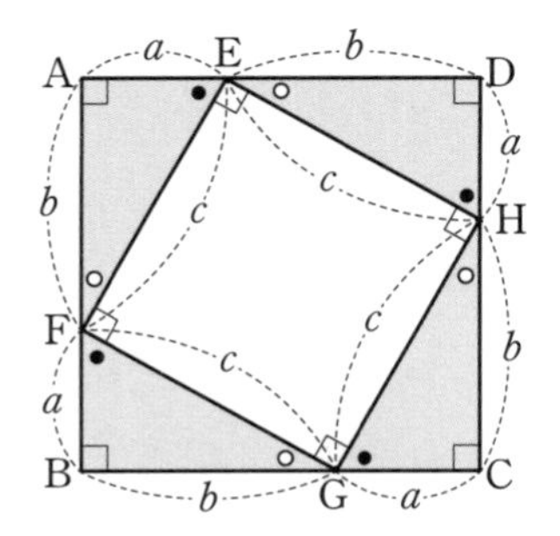

$$(a+b)^2 + c^2 + 4 \times \frac{1}{2}ab$$
$$a^2 + 2ab + b^2 = c^2 + 2ab$$
$$\therefore a^2 + b^2 = c^2$$

비슷한 방법으로 다음과 같은 증명도 생각할 수 있습니다. 왼쪽의 도형을 오른쪽과 같이 배열하면 한 변이 c인 정사각형의 넓이와 한 변이 a, b인 두 정사각형의 넓이의 합이 같다는 것을 알 수 있습니다. 이런 관계를 통해 세 변이 (a, b, c)인 직각삼각형에서 $a^2+b^2=c^2$임을 증명하는 것이죠.

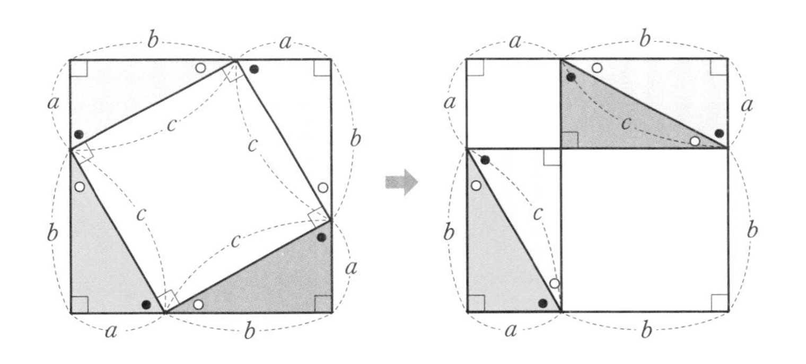

직각삼각형에서 직각이 아닌 나머지 두 각의 합은 90° 입니다. 이 당연한 사실이 문제를 푸는 과정에서 자주 활용됩니다. 다음 그림을 눈여겨봅시다.

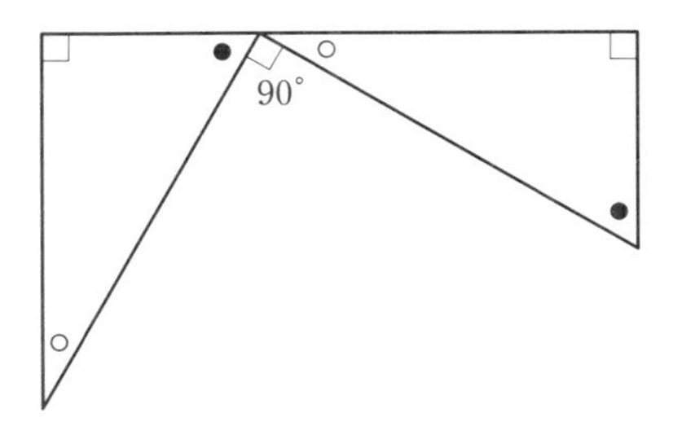

실제로 미국 20대 대통령 제임스 가필드는 위와 같은 그림을 활용하여 자신만의 방법으로 피타고라스의 정리를 증명했습니다. 미

국 대통령이 피타고라스의 정리를 자신만의 방법으로 증명했다는 점이 재미있죠. 그가 사용한 방법을 살펴봅시다. 세 변이 (a, b, c)인 직각삼각형을 다음과 같이 배치해볼까요?

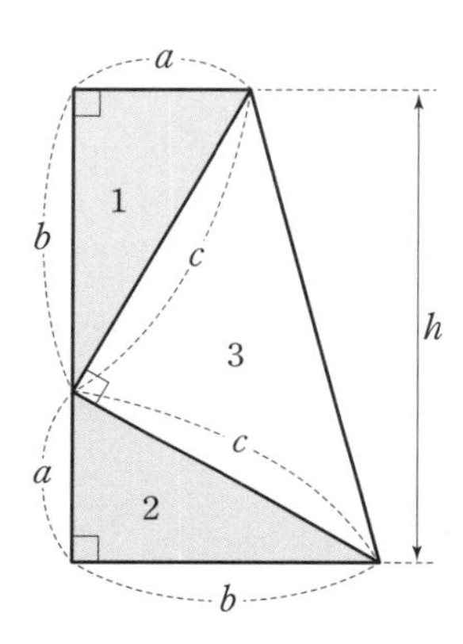

이렇게 배치하고 보면 전체가 사다리꼴로 나타납니다. 사다리꼴의 넓이는 $\frac{1}{2}$(아랫변+윗변)×높이입니다. 따라서 전체 사다리꼴의 넓이는 $\frac{1}{2}(a+b)\times(a+b)=\frac{1}{2}(a+b)^2$입니다. 이것은 세 개의 작은 삼각형의 합이므로 $\frac{1}{2}ab+\frac{1}{2}ab+\frac{1}{2}c^2$인 것이죠. 이를 토대로 다음과 같은 결론을 얻을 수 있습니다.

$$(a+b)^2=2ab+c^2$$
$$(a+b)^2=a^2+2ab+b^2$$
$$a^2+b^2=c^2$$

문제 89 사각형 ABCD가 다음과 같이 주어졌을 때, $\overline{CD}$의 길이를 구하세요.

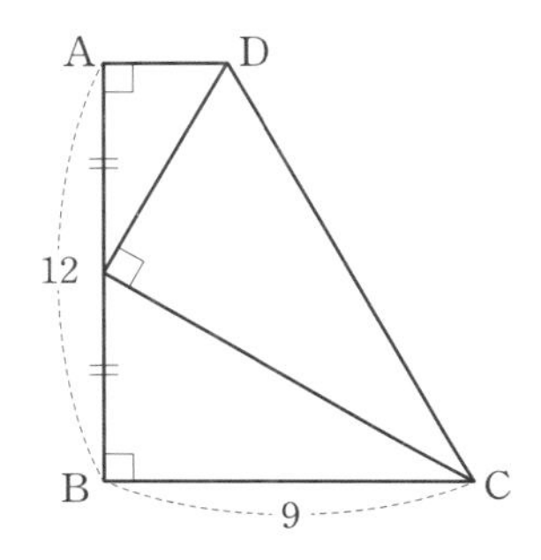

이 문제는 미국 대통령 제임스 가필드가 피타고라스의 정리를 증명할 때 사용했던 그림과 유사합니다. 수학 책에 있는 증명은 모두 이해해서 책을 보지 않고 직접 증명할 수 있어야 합니다. 그래야 관련된 내용을 풍부하게 이해할 수 있으니까요. 문제를 살펴보면 우리는 다음과 같은 닮음을 찾을 수 있습니다.

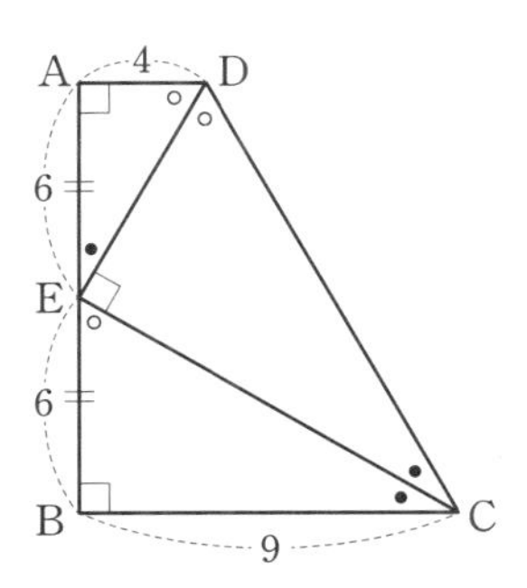

삼각형 ADE와 삼각형 BCE가 닮음이므로 $\overline{AD}=4$입니다. 삼각형 CDE 역시 두 삼각형과 닮음입니다. 직각삼각형이고 $\overline{DE}$와 $\overline{CE}$

의 길이의 비가 삼각형 ADE, BCE와 같이 2∶3이기 때문입니다. 닮음이기 때문에 각도 역시 같습니다. E에서 $\overline{CD}$와 수직으로 만나는 점 F를 그어봅시다.

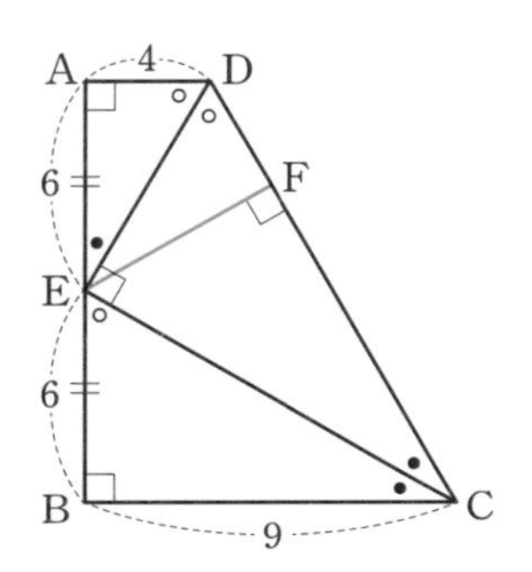

삼각형 ADE와 삼각형 FDE는 합동입니다. 삼각형 ADE를 $\overline{DE}$를 중심으로 접으면 삼각형 FDE와 완전하게 겹칩니다. 또한 삼각형 CEF는 삼각형 BCE와 합동입니다. 삼각형 BCE를 선분 $\overline{CE}$를 중심으로 접으면 삼각형 CEF와 완전하게 겹칩니다. 여기에서 $\overline{DF}=\overline{AD}=4$, $\overline{CF}=\overline{BC}=9$입니다. 따라서 우리가 구하는 $\overline{CD}=4+9=13$입니다.

12장

특별한 직각삼각형 찾기

두 가지 특별한 직각삼각형

모든 도형의 기본이 되는 가장 단순한 도형은 삼각형과 사각형입니다. 그중 가장 단순하고 특별한 모양을 취하는 것은 정삼각형과 정사각형입니다. 정삼각형은 세 변의 길이가 같고 세 각의 크기가 60°로 같습니다. 정사각형은 네 각이 90°로 같은 정말 단순한 모양의 도형입니다.

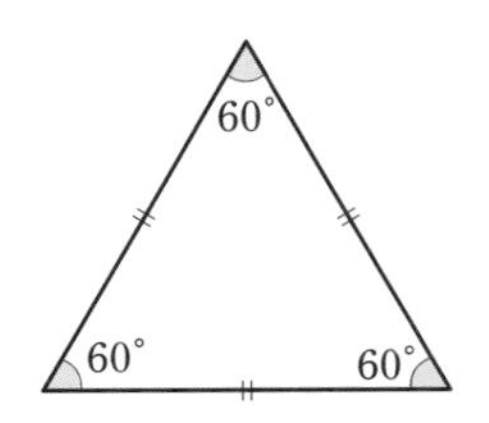

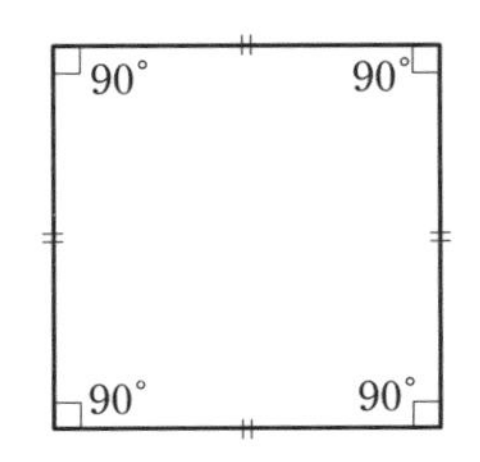

정삼각형과 정사각형을 반으로 나누면 직각삼각형이 만들어집니다. 이렇게 만들어진 직각삼각형이 가장 단순한 형태의 직각삼각형인데요, 이 단순하고 특별한 직각삼각형 두 개가 유클리드기하학에서는 문제 풀이에 매우 유용합니다. 다음과 같은 두 개의 직각삼각형입니다.

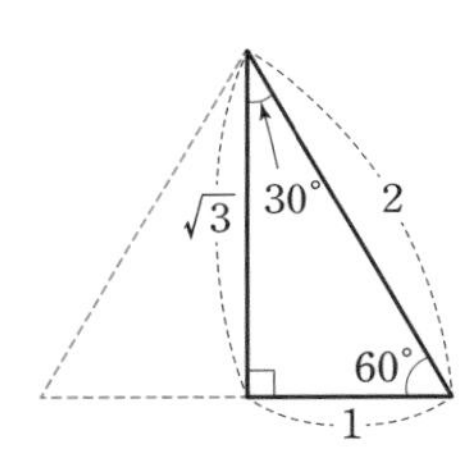

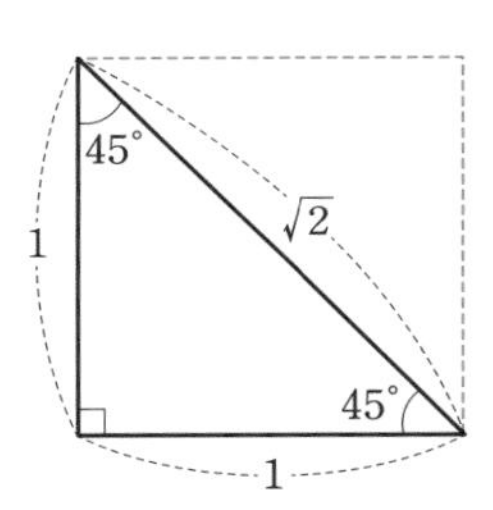

정삼각형의 한 변의 길이가 2라면, 정삼각형을 반으로 자른 삼각형의 길이는 다음과 같이 $1:\sqrt{3}:2$로 정해집니다. $\sqrt{3}$은 피타고라스의 정리에 따라 계산된 값입니다. 이 길이의 비를 문제를 해결할 때 많이 이용합니다. 정사각형을 대각선으로 자르면 생기는 직각삼각형은 직각이등변삼각형입니다. 이 길이의 비는 $1:1:\sqrt{2}$인데, 마찬가지로 문제해결에 많이 이용됩니다. $\sqrt{2}$도 물론 피타고라스의 정리에 의해 계산된 값입니다. 문제를 통해 살펴봅시다.

문제 90 다음 그림과 같이 $\overline{AB}=\overline{AC}=8$이고, $\angle B=75°$인 이등변삼각형의 넓이를 구하세요.

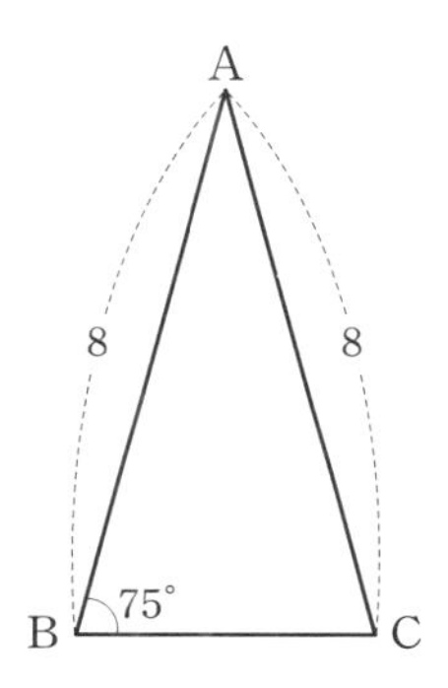

문제를 풀려면 주어진 도형에 관한 정보를 다양하게 파악해봐야 합니다. $\angle B=75°$이기 때문에 $\angle C=75°$이고, $\angle A=180°-(75°\times2)=30°$입니다. 이렇게 정보를 써보면, $\angle B$를 $60°$와 $15°$로 나누면 좋겠다는 생각이 들죠. 다음과 같이 B에서 $\overline{AC}$ 사이 $\angle ABD=60°$가 되는 점 D를 잡아봅시다.

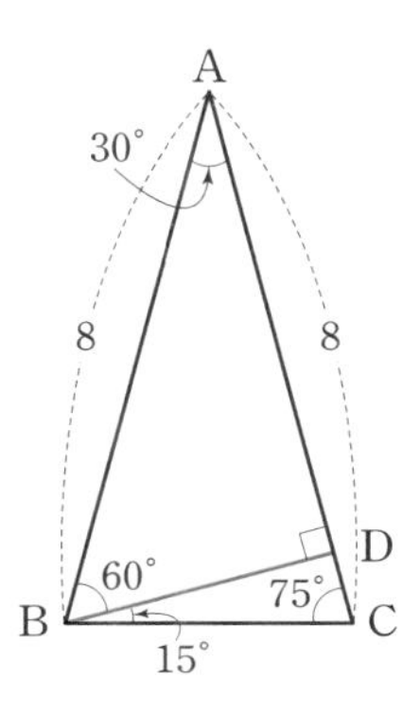

이렇게 선을 그어보면 삼각형 ABD가 우리에게 익숙한 (30°,

60°, 90°) 직각삼각형인 것을 알 수 있습니다. (30°, 60°, 90°) 직각삼각형의 길이의 비에 따라 $\overline{AB}:\overline{BD}=2:1$입니다. 따라서 $\overline{BD}=4$이고, $\overline{BD}$가 삼각형 ABC에서 빗변 $\overline{AC}$의 높이가 됩니다. 이를 토대로 삼각형 ABC의 넓이 S는 다음과 같이 계산할 수 있습니다.

$$S=\frac{1}{2}\times4\times8=16$$

(30°, 60°, 90°)와 (45°, 45°, 90°)라는 특별한 직각삼각형을 활용하여 많은 문제를 해결할 수 있습니다. 모르는 것을 파악하는 유일한 방법은 아는 것을 활용해 접근하는 것입니다. 특별한 직각삼각형을 문제 풀이의 유용한 도구로 활용해보기 바랍니다.

문제 91 **빗변의 길이가 2, 한 각의 크기가 15°인 다음 직각삼각형의 넓이는 얼마일까요?**

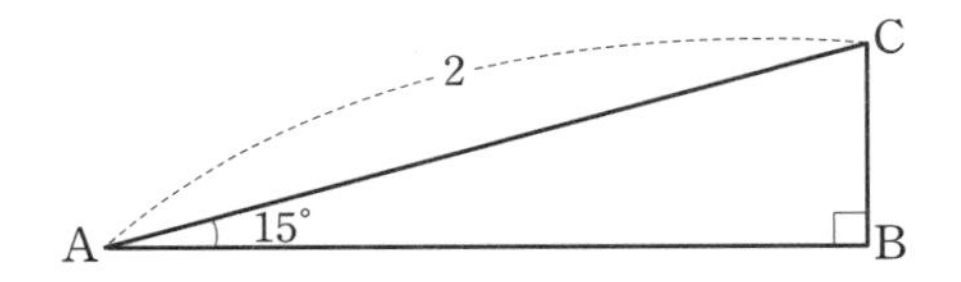

우리에게 익숙하지 않은 한 각이 15°인 직각삼각형이 주어졌습니다. 우리는 세 각이 30°, 60°, 90°인 직각삼각형은 잘 알고 있습니다. 그래서 우선 위 삼각형을 다음과 같이 복제해서 아래로 붙이고, 꼭짓점이 30°인 삼각형을 만들어봅시다.

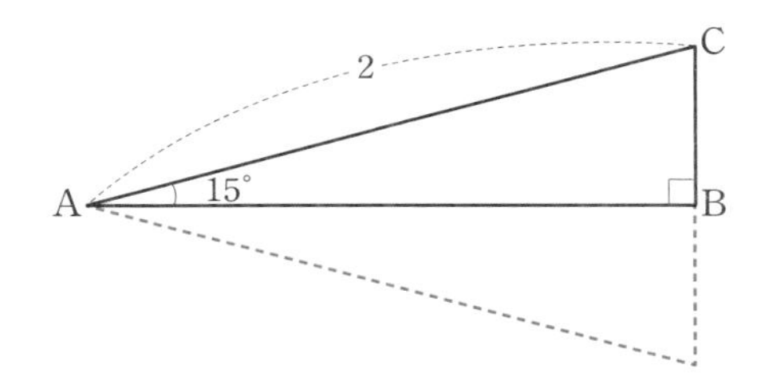

이렇게 한 각이 30° 인 삼각형을 떠올리면, 우리가 알고 있는 세 각이 30°, 60°, 90° 인 특별한 직각삼각형을 찾을 수 있습니다. 이 직각삼각형의 세 변의 길이의 비는 $1:\sqrt{3}:2$입니다.

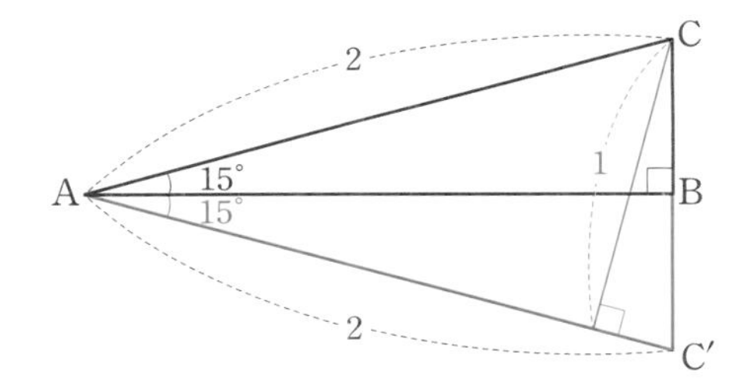

삼각형 ACC′의 넓이는 $\frac{1}{2}\times2\times1=1$입니다. 따라서 우리가 구하는 삼각형 ABC의 넓이는 $\frac{1}{2}$입니다.

유클리드기하학 문제를 풀다 보면 도형을 옮겨보기도 하고, 때로는 복사하여 붙여보기도 합니다. 문제에 없는 부분을 창의적으로 상상해보는 등 이런저런 생각을 적극적으로 하게 되는데요, 이것이 유클리드기하학의 묘미입니다. 이런 문제 풀이를 즐기며 여러분의 창의력을 키워보기 바랍니다.

문제 92 다음 그림에서 $\angle A$의 크기는 얼마일까요?

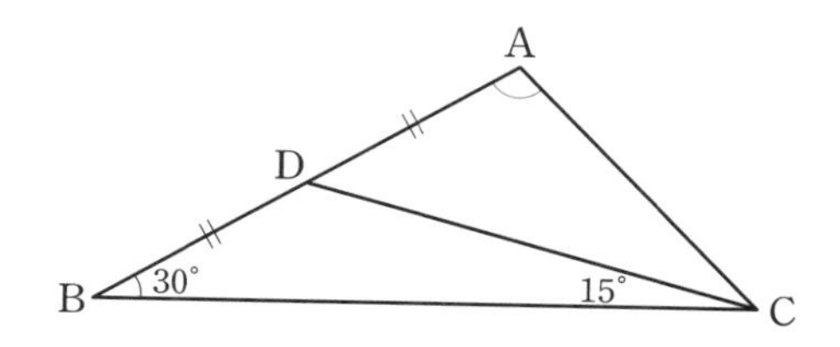

문제를 해결하려면 파악할 수 있는 모든 정보를 최대한 찾아보며 적극적으로 정보를 수집해야 합니다. 먼저 다음과 같이 꼭짓점 A에서 $\overline{BC}$에 수선의 발 H를 내려보세요. 그러면 세 각이 30°, 60°, 90°인 직각삼각형 BAH를 찾을 수 있습니다.

이 삼각형의 세 변의 비는 $1:\sqrt{3}:2$이므로 $\overline{AD}=\overline{BD}=\overline{AH}$임을 알 수 있습니다.

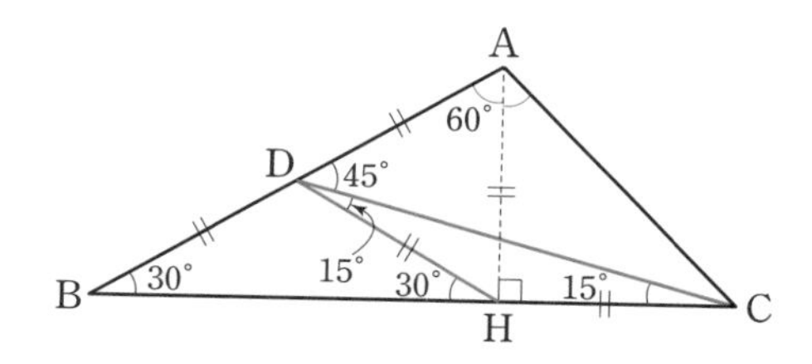

$\overline{AD}=\overline{AH}$이고 $\angle DAH=60°$이므로, 삼각형 ADH는 정삼각형이라는 것을 알 수 있습니다. 따라서 $\overline{AD}=\overline{BD}=\overline{DH}$이고 $\angle DHB=30°$입니다. 외각정리에 따라 $15°+\angle CDH=30°$이므로 $\angle CDH=15°$입니다. 삼각형 CDH가 이등변삼각형인 것이므로 $\overline{DH}=\overline{HC}$입니다. 정리하면, $\overline{DB}=\overline{DA}=\overline{DH}=\overline{HA}=\overline{HC}$입니다.

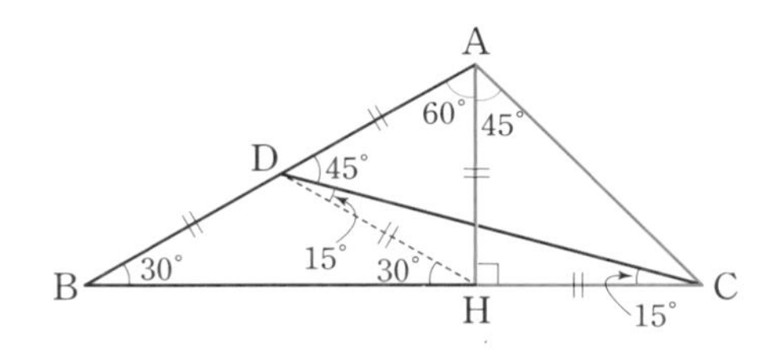

$\overline{AH} = \overline{HC}$이므로 삼각형 AHC 역시 이등변삼각형이라는 것을 알 수 있습니다. 그뿐만 아니라 ∠AHC가 직각이므로 이 삼각형은 직각이등변삼각형이고, 직각이 아닌 다른 두 각은 45° 입니다. 따라서 ∠A의 크기는 $60° + 45° = 105°$ 입니다.

정삼각형의 넓이 활용하기

앞에서 살펴본 것과 같이 정삼각형을 반으로 나누면 다음과 같은 길이의 비를 생각할 수 있습니다.

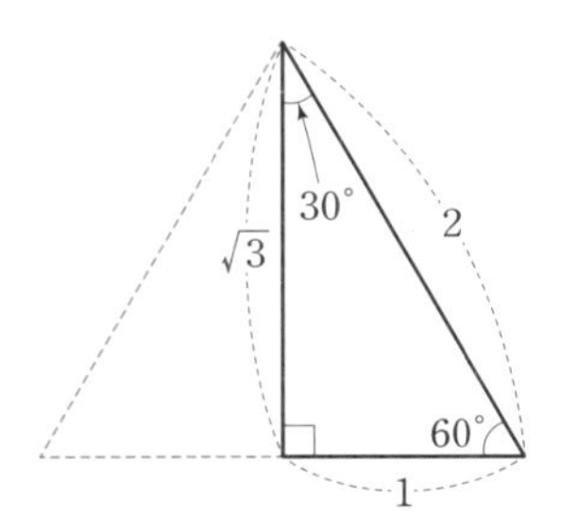

이때 $\sqrt{3}$은 한 변의 길이가 2인 정사각형의 높이이고, 삼각형의

넓이는 $\frac{1}{2}\times$(밑변)$\times$(높이)입니다. 따라서 한 변의 길이가 a인 정삼각형의 높이는 $\frac{\sqrt{3}}{2}a$입니다. 이를 토대로 다음과 같은 공식을 생각할 수 있습니다.

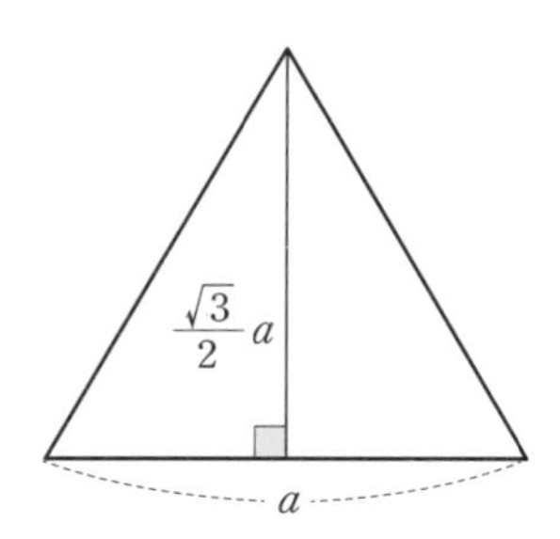

$$S=\frac{1}{2}\times a\times\frac{\sqrt{3}}{2}a=\frac{\sqrt{3}}{4}a^2$$

특별한 직각삼각형 찾기

유클리드기하학은 직각삼각형을 찾아서 피타고라스의 정리를 적용하면 많은 문제를 해결할 수 있다고 강조했습니다. 한 가지 핵심을 더 강조하면, 평범한 직각삼각형을 찾기보다는 우리가 알고 있는 (30°, 60°, 90°) 직각삼각형과 (45°, 45°, 90°) 직각삼각형을 찾는 것입니다. 지금 이야기한 두 개의 직각삼각형은 그 길이의 비를 알고 있기 때문에 문제를 풀 때 효과적으로 쓰입니다.

문제 93 다음 그림에서 색칠된 부분의 넓이를 구하세요.

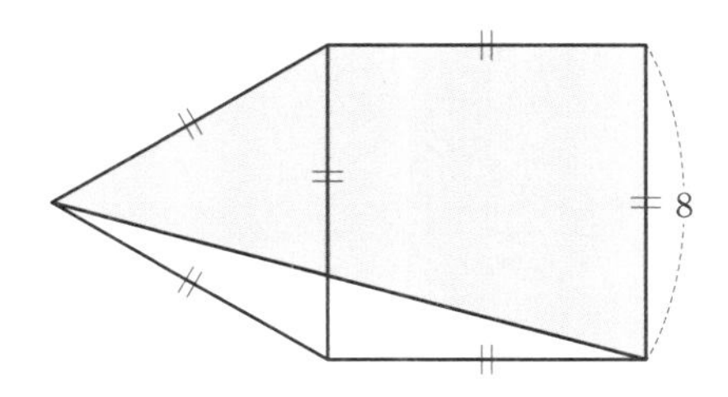

한 변의 길이가 8인 정삼각형 ABE와 정사각형 BCDE에서 밑변이 8, 높이가 4인 삼각형 ABC를 빼면 색칠된 부분의 넓이를 구할 수 있습니다.

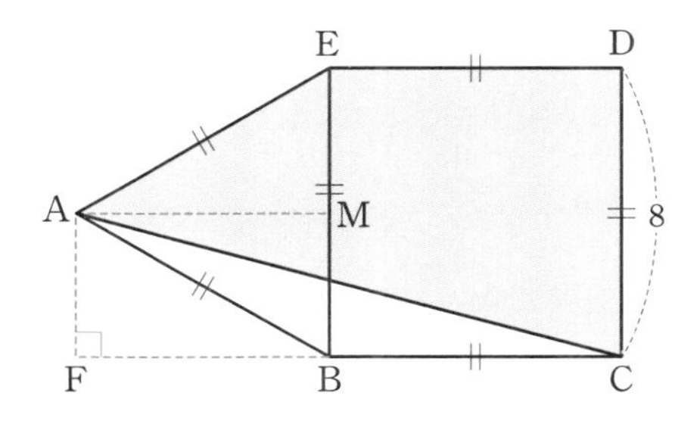

삼각형 ABE의 넓이: $\frac{1}{2}\times8\times4\sqrt{3}=16\sqrt{3}$

정사각형 BCDE의 넓이: $8\times8=64$

삼각형 ABC의 넓이: $\frac{1}{2}\times8\times4=16$

따라서 색칠된 부분의 넓이는 $16\sqrt{3}+64-16=16\sqrt{3}+48$입니다.

문제 94 정육각형 안에 정사각형 세 개가 있는 다음 그림에서 색칠된 부분의 넓이는 얼마일까요?

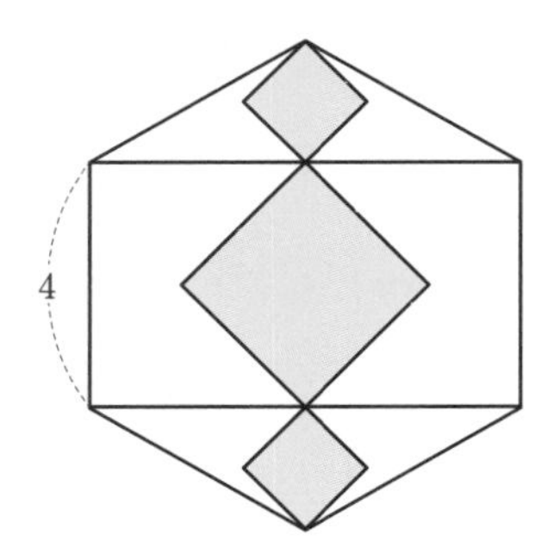

정육각형은 여섯 꼭짓점의 각이 모두 같습니다. 육각형은 삼각형 네 개로 나눌 수 있습니다. 그래서 육각형의 내각의 합은 $180° \times 4 = 720°$ 이고, 꼭짓점 하나의 각의 크기는 $\frac{720}{6} = 120°$ 입니다.

다음 그림과 같이 도형의 가운데에 수직선을 그으면 세 각이 $30°$, $60°$, $90°$ 인 직각삼각형을 찾을 수 있습니다. 이 직각삼각형의 세 변의 비는 $1 : \sqrt{3} : 2$라는 사실에서 작은 정사각형의 대각선 길이가 2라는 것을 알 수 있습니다.

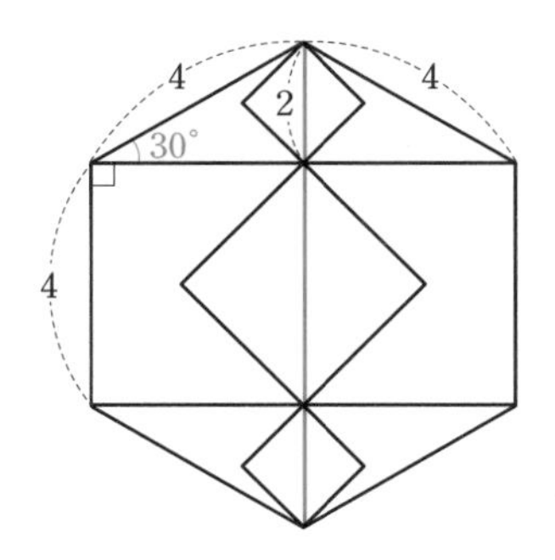

대각선의 길이가 a인 정사각형의 넓이는 $\frac{a^2}{2}$ 입니다. 따라서 대각선의 길이가 2인 정사각형 두 개와 대각선의 길이가 4인 정사각형 하나로 이루어진 색칠된 부분의 넓이는 $\frac{2^2}{2}\times2+\frac{4^2}{2}=4+8=12$입니다.

원과 직각삼각형

피타고라스는 자신의 고향에 학교를 세워서 학생들을 가르쳤습니다. 신비한 종교단체처럼 학교를 운영해서 그 학교에서 공부하던 사람들은 피타고라스 학파라고 불렸는데, 학교의 이름은 반원semicircle이었습니다.

피타고라스의 정리와 반원 사이에는 밀접한 관련이 있습니다. 엄밀하게 이야기하면 직각삼각형과 반원이 특별한 관계가 있는 것인데요, 이 관계는 다음과 같습니다. 원의 지름이 빗변이고 원 위한 점이 꼭짓점인 삼각형은 직각삼각형입니다. 반대로 모든 직각삼각형에서 빗변을 원의 지름으로 하는 원을 생각할 수도 있죠. 그림으로 표현하면 다음과 같습니다.

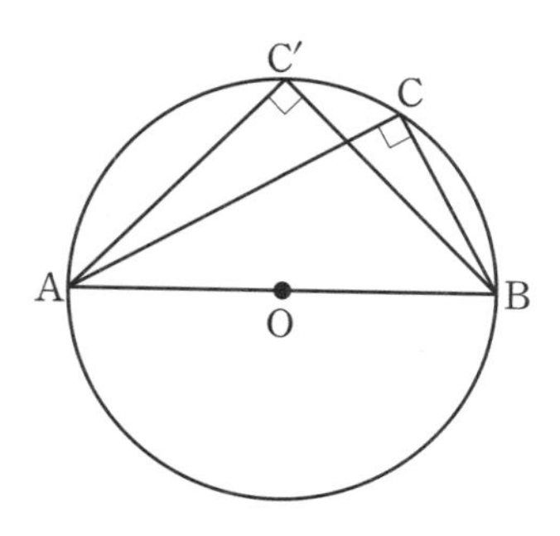

이것은 다음과 같이 증명할 수 있습니다.

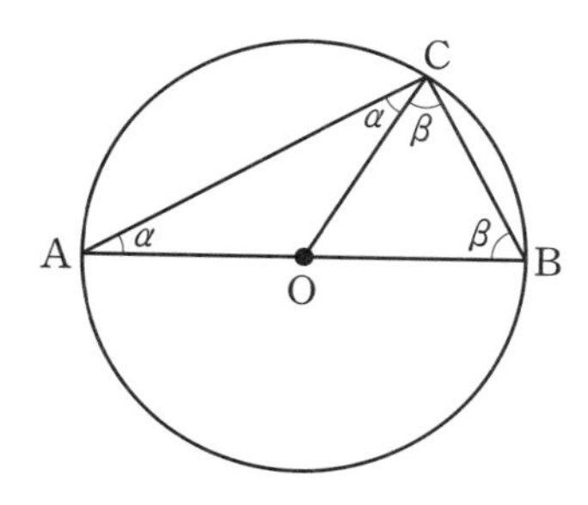

$\overline{OA}$와 $\overline{OC}$는 원의 반지름이므로 삼각형 OAC는 이등변삼각형이다.

같은 이유로 삼각형 OBC도 이등변삼각형이다.

$2\alpha+2\beta=180°$

따라서 $\alpha+\beta=90°$

즉 삼각형 ABC는 직각삼각형이다.

원 위의 어떤 점을 C로 잡아도 같다.

한 문제를 예시로 살펴봅시다.

문제 95 직각삼각형 ABC에 다음과 같이 길이가 20인 $\overline{AB}$의 중점 M을 잡았을 때, $\overline{CM}$은 얼마일까요?

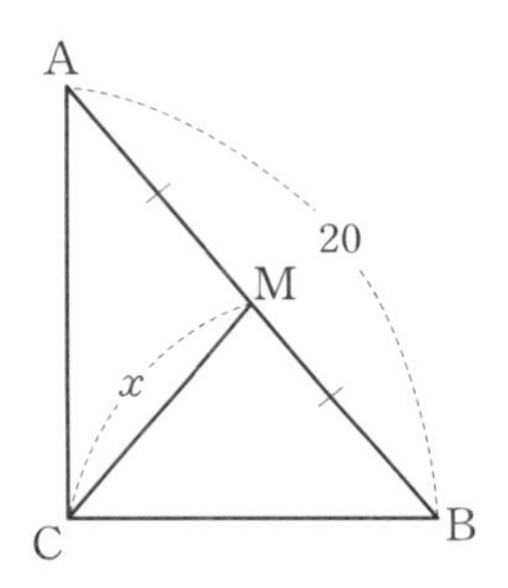

질문을 보고 우리는 직각삼각형의 빗변이 지름인 외접하는 원을 떠올릴 수 있습니다. 이것을 그려보면 다음과 같습니다.

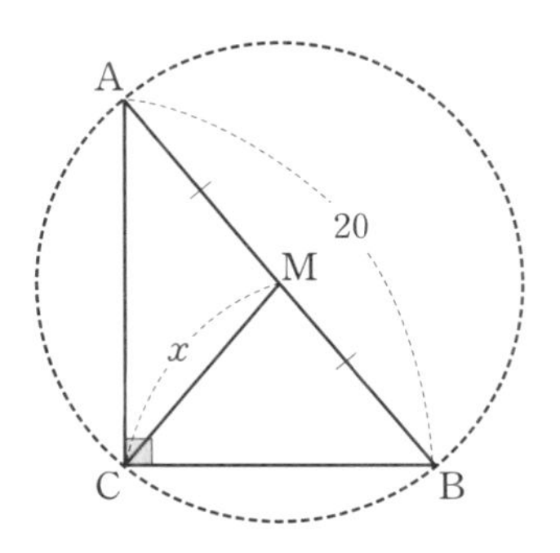

외접하는 원은 직각삼각형의 빗변 $\overline{AB}$에 놓이므로 $\overline{AB}$의 중점인 M이 바로 원의 중심입니다. 그리고 원 위의 점 C까지의 거리 x는 원의 반지름입니다. 원의 반지름은 $\overline{AM}=\overline{MB}$입니다. 따라서 $x=10$입니다.

문제 96 다음 그림에서 ∠ABD의 크기를 구하세요.

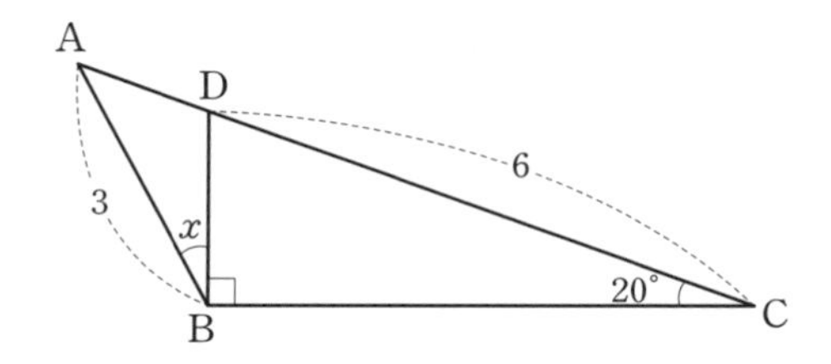

이 문제에서는 직각삼각형 BCD를 주목해야 합니다. 직각삼각형은 원에 내접하고 빗변이 바로 원의 지름이 되기 때문에 반지름이 3인 원을 떠올리면 다음 정보를 파악할 수 있습니다. 먼저 선분 $\overline{OB}$를 그으면 $\overline{OB}=\overline{OD}=\overline{OC}=3$이고, 삼각형 OBC는 이등변삼각형이므로 ∠OBC=20° 입니다. 따라서 외각정리에 따라 ∠BOA=40° 이고, 삼각형 ABO 역시 이등변삼각형이므로 ∠BAO=40° 입니다.

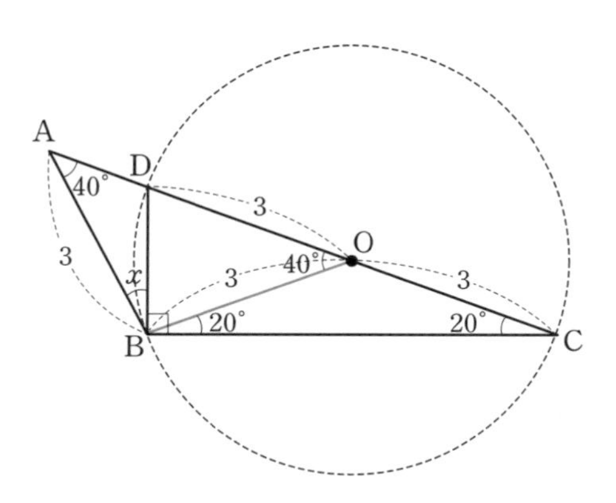

직각삼각형 BCD에서 ∠BDC=70° 입니다. 여기에서 ∠ADB=

$110°$이고, 삼각형 ABD의 내각의 합은 $180°$입니다. 따라서 우리가 찾는 x의 값인 $\angle ABD = 30°$입니다.

문제 97 **반지름이 1인 원에 내접하는 정십각형에서 $\overline{AB}^2 + \overline{BE}^2 + \overline{EI}^2 + \overline{IA}^2$를 계산하세요.**

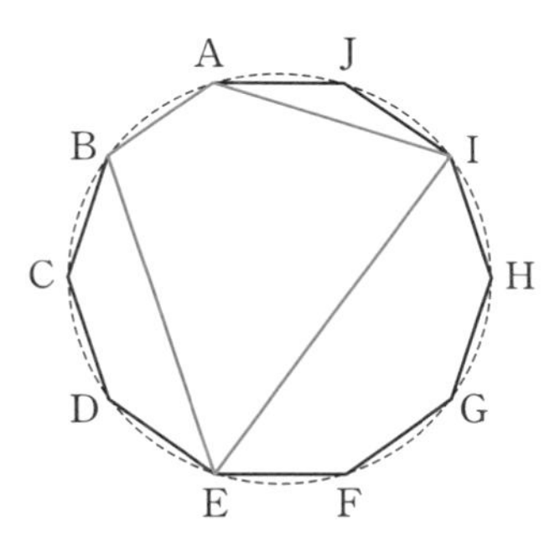

$\overline{EJ}$는 원의 지름이기 때문에 $\overline{EJ}$를 빗변으로 하고 원 위 한 점을 연결하여 만들어지는 삼각형은 직각삼각형입니다. 피타고라스의 정리를 적용할 수 있다는 뜻이죠. 이때 우리는 직각삼각형 EJB와 EIJ를 눈여겨봐야 합니다.

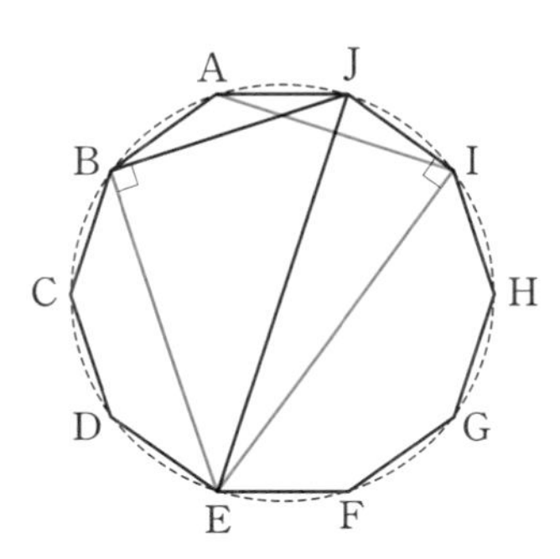

여기에서 $\overline{AB}$와 $\overline{IJ}$의 길이가 같고, $\overline{IA}$와 $\overline{JB}$의 길이가 같습니다. 따라서 주어진 문제를 다음의 식으로 바꿀 수 있습니다.

$$\overline{AB}^2+\overline{BE}^2+\overline{EI}^2+\overline{IA}^2=\overline{IJ}^2+\overline{BE}^2+\overline{EI}^2+\overline{JB}^2$$

이렇게 문제를 바꾸면 두 개의 직각삼각형 EJB와 EIJ에 피타고라스의 정리를 적용할 수 있습니다. $\overline{JB}^2+\overline{BE}^2=\overline{EJ}^2$이고, $\overline{EI}^2+\overline{IJ}^2=\overline{EJ}^2$인 것이죠.

따라서 식을 이렇게 다시 쓸 수 있습니다.

$$\overline{AB}^2+\overline{BE}^2+\overline{EI}^2+\overline{IA}^2=\overline{IJ}^2+\overline{BE}^2+\overline{EI}^2+\overline{JB}^2=2\times\overline{EJ}^2$$

$\overline{EJ}$는 원의 지름인데, 반지름이 1인 원이기 때문에 $\overline{EJ}=2$입니다. 따라서 $2\times\overline{EJ}^2=8$입니다.

13장

계산하기와 상상하기

무턱대고 계산하지 마세요

수학 문제를 본 순간 빠르게 식을 세워서 계산을 시작하는 경우가 많은데요, 사실 이것은 좋은 습관이라고 할 수 없습니다. 빠르게 처리하는 것 자체가 나쁘다는 것이 아니라 무턱대고 식부터 세우다 보면 기존에 알고 있는 방식 또는 익숙한 생각에서 벗어나지 못하는 경우가 생길 수 있기 때문입니다. 때로는 시험문제를 출제하는 선생님이 파놓은 함정에 빠지기도 하죠. 먼저 초등학교 4학년 수학 문제 하나를 풀어보며 이야기해봅시다.

문제 98 다음 그림에서 정사각형의 전체 넓이는 얼마일까요?

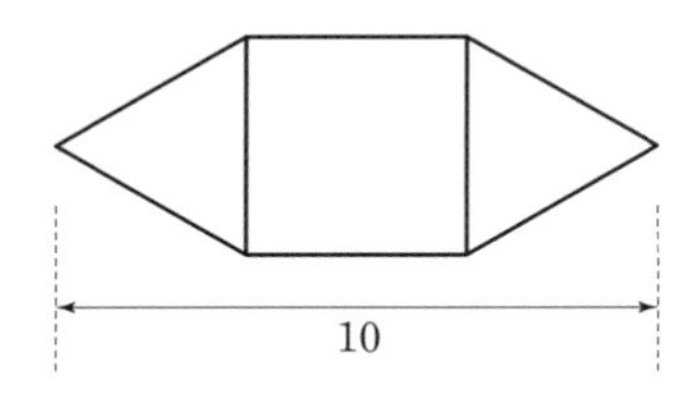

이 문제를 보자마자 감을 딱 잡고 펜을 들어 빠르게 계산을 하는 사람들이 있습니다. 먼저 정사각형과 정삼각형의 한 변의 길이를 a라고 하면 정사각형의 넓이는 a^2이고, 정삼각형의 넓이는 $\frac{\sqrt{3}}{4} \times a^2$입니다. 정삼각형의 넓이는 다음과 같이 계산할 수 있습니다.

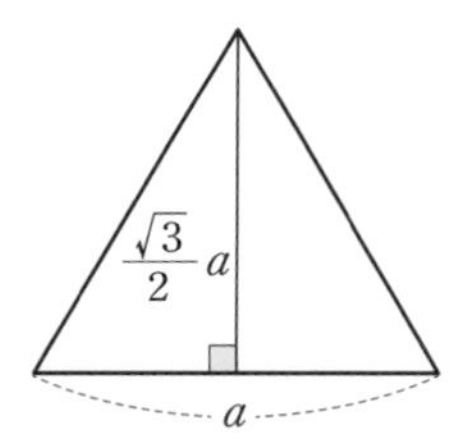

$$S=\frac{1}{2}\times a \times \frac{\sqrt{3}}{2}a=\frac{\sqrt{3}}{4}a^2$$

따라서 주어진 도형의 넓이는 $\frac{\sqrt{3}}{2} \times a^2 + a^2 = \frac{(2+\sqrt{3})}{2} \times a^2$입니다. 이제 a의 값만 구하면 되는데요, 주어진 그림에서 길이를 다음과 같이 표현할 수 있습니다.

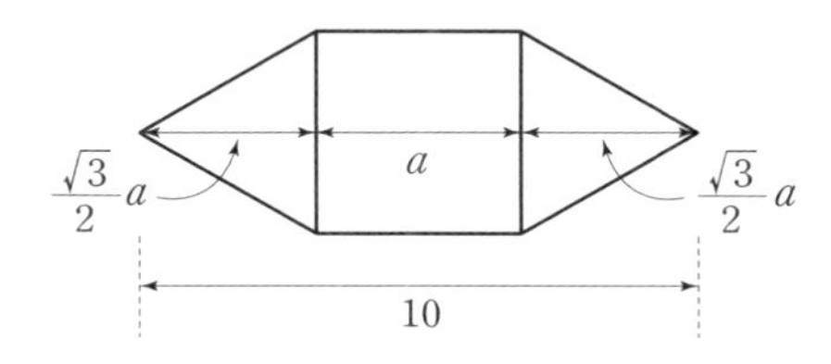

이 관계에서 다음과 같은 식을 세울 수 있습니다.

$$\frac{\sqrt{3}}{2}a+a+\frac{\sqrt{3}}{2}a=10$$
$$(1+\sqrt{3})\times a=10$$

따라서 $a=\frac{10}{(\sqrt{3+1})}=5(\sqrt{3}-1)$입니다. 이것을 앞서 계산한 식의 a값에 대입하면 되는데요, 이렇게 계산만 빠르게 진행하다 보면 아무 생각 없이 기계적으로 손이 움직이는 것을 경험하게 됩니다. 분명 초등학교 4학년 문제라고 했는데, 초등학교 4학년은 무리수도 모르고 피타고라스의 정리도 배우지 않았으니 의문이 듭니다. 이렇게 문제를 푸는 것은 출제자의 의도가 아닌 거죠. 특히 초등학생을 위한 문제 풀이가 아닙니다.

문제를 다시 풀어봅시다. 계산을 하기에 앞서 일단 상황을 조금 관찰하겠습니다. 주어진 두 개의 정사각형을 각각 반으로 나누면 네 개의 (30°, 60°, 90°) 직각삼각형이 생깁니다. 이것을 중앙의 정사각형에 붙여보면 다음과 같은 큰 정사각형이 만들어집니다.

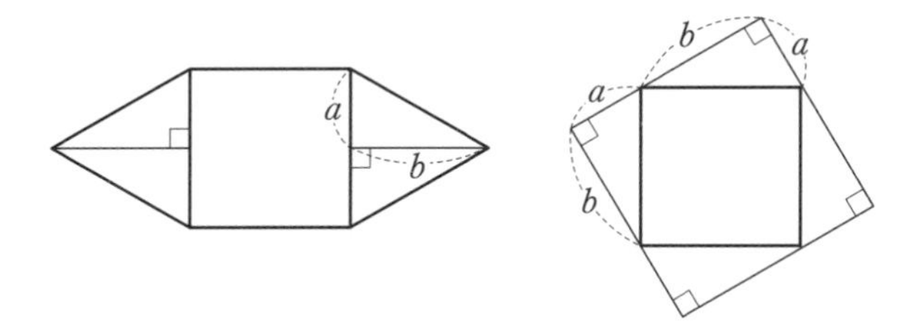

따라서 이제 우리가 구해야 하는 넓이는 오른쪽에 새로 만든 정사각형의 넓이 $(a+b)^2$입니다. (30°, 60°, 90°) 직각삼각형의 두 변의 길이를 a, b라고 하면, 다음과 같이 표시할 수 있습니다.

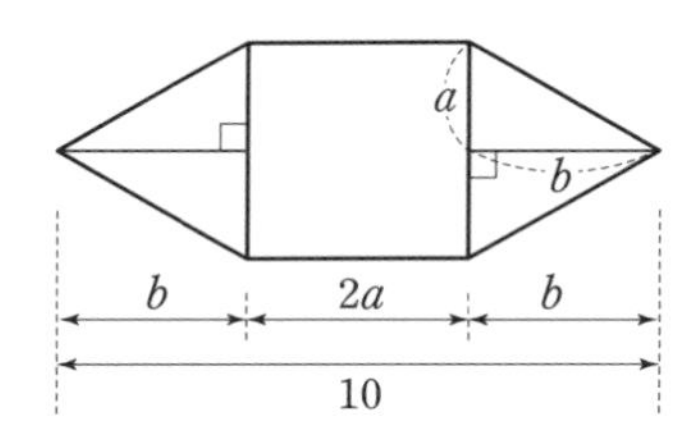

여기에서 $2a+2b=10$이므로 $a+b=5$이고, 정사각형의 넓이는 25입니다. 따라서 우리가 구하는 도형의 넓이도 25입니다.

개념과 계산이 앞서면 상상이 가로막힌다

우리는 수학 문제를 보면 x, y 변수를 잡아서 '어떻게 계산할지'부터 생각합니다. 하지만 그런 계산을 하기에 앞서 생각하고 상상해볼 필요가 있습니다. 수학이라고 하면 복잡한 계산을 떠올리는 경우가 많은데, 그것은 진짜 수학이 아닙니다. 다양한 생각을 하며 새로운 상상을 하는 과정이 우선이고, 그 과정에서 계산이 필요한 거죠.

또 한 가지 주목해야 할 점은 피타고라스의 정리, 무리수와 같은 개념을 안다는 것이 때로는 문제를 다양한 시각으로 보게 하는 상상력을 가로막는다는 사실입니다. 일반적으로 공부를 잘하는 학생은 선행학습을 하는데, 선행학습은 교육과정보다 앞서서 개념이나 공식 등을 배우는 것입니다. 하지만 그런 개념이나 공식으로 문제에 쉽게 접근하는 것이 오히려 다양하고 창의적인 접근 경험을 차단하는 역할을 할 수 있습니다. 답에 쉽게 접근할수록 문제해결 과정에서 필요한 생각의 힘, 상상력을 경험하지 못하게 되죠.

지금 배우는 유클리드기하학을 만든 고대 그리스인은 계산 기술이 없었습니다. 우리가 지금 사용하는 십진법은 매우 발전된 위치기수법입니다. 지금은 사칙연산뿐만 아니라 다양한 계산을 쉽게 하지만 고대 그리스인은 곱하기와 나누기도 매우 어려워했습니다. 그래서 계산보다는 상상을 더 많이 했던 것 같습니다. 그리고 그런 상상이 지금의 문명을 이루는 큰 주춧돌이 되었던 거죠. 그 예로 하나의 문제를 살펴봅시다.

문제 99 다음과 같이 대각선의 길이가 10인 정사각형의 색칠된 부분의 넓이를 구하세요.

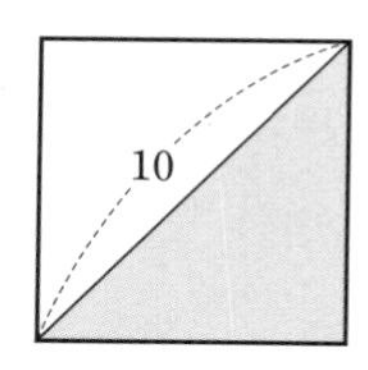

계산을 쉽게 하는 사람은 정사각형의 한 변을 x라는 변수로 잡은 후 색칠된 부분의 넓이를 $\frac{1}{2}x^2$으로 두고, 피타고라스의 정리를 이용해 다음과 같이 계산할 겁니다.

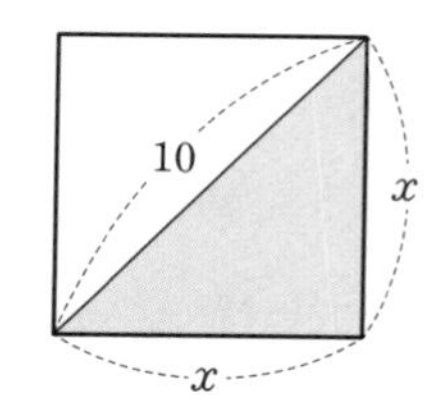

$$x^2+x^2=10^2$$

$$x^2=50$$

$$\frac{1}{2}x^2=25$$

하지만 계산이 쉽지 않았던 고대 그리스인은 이 문제를 상상력을 발휘하여 해결했습니다. 문제의 도형을 복사해서 다음과 같이 붙인다고 생각해볼까요?

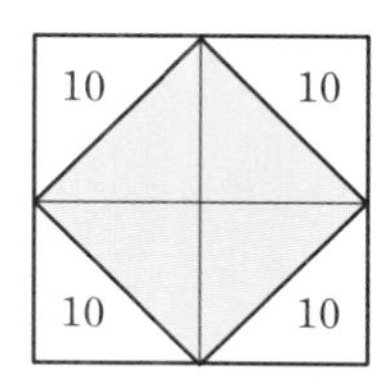

이렇게 붙여보면 우리가 구하는 부분은 한 변의 길이가 10인 정사각형의 $\frac{1}{4}$이라는 것을 알 수 있습니다. 한 변의 길이가 10인 정사각형의 넓이는 100이므로, 색칠된 부분의 넓이는 25입니다. 물론 필요할 때에는 계산을 해야겠죠. 하지만 계산보다 먼저 상상하며 다양한 방법으로 문제를 파악하려는 노력이 문제해결에 더 효과적입니다. 무턱대고 계산부터 하는 것은 좋은 습관이 아닙니다.

문제 하나를 더 소개합니다. 이 문제를 피타고라스의 정리를 적용하여 풀어보고, 피타고라스의 정리 없이도 풀어보세요.

문제 100 다음 도형의 넓이를 구하세요.

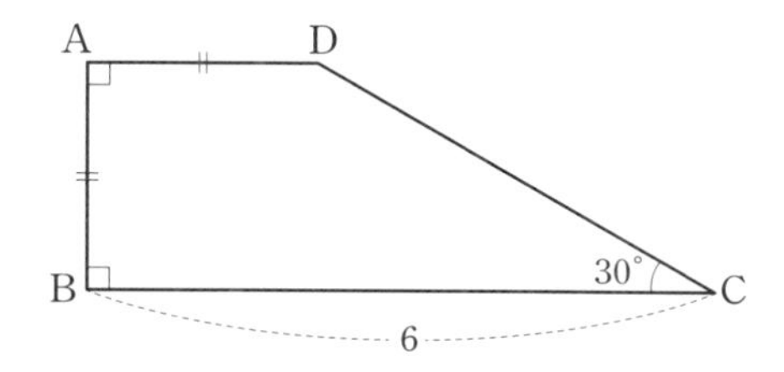

주어진 도형은 정사각형과 내각이 (30°, 60°, 90°)인 직각삼각형으로 나눠서 생각할 수 있습니다. 정사각형 한 변의 길이를 a라고 하면 (30°, 60°, 90°)인 직각삼각형의 각 변의 길이의 비가 $1:\sqrt{3}:2$

이므로 다음과 같이 쓸 수 있습니다.

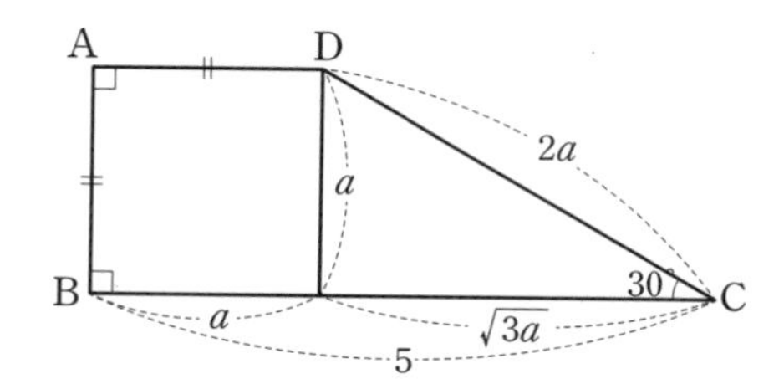

$\overline{BC}$의 길이는 $6=a+\sqrt{3}a$입니다. 따라서 a는 다음과 같이 계산할 수 있습니다.

$$(1+\sqrt{3})a=6$$

$$a=\frac{6}{\sqrt{3}+1}$$

$$a=\frac{6(\sqrt{3}-1)}{(\sqrt{3}+1)(\sqrt{3}-1)}=\frac{6}{2}(\sqrt{3}-1)=3(\sqrt{3}-1)$$

우리가 찾는 도형의 넓이는 정사각형과 직각삼각형의 넓이를 더한 값입니다. 즉 다음과 같이 계산할 수 있습니다.

$$a^2+\frac{1}{2}\sqrt{3}a^2=\frac{(2+\sqrt{3})}{2}a^2$$

여기에 앞에서 계산한 a의 값을 대입해봅시다.

$$\frac{(2+\sqrt{3})}{2}a^2=\frac{(2+\sqrt{3})}{2}\times 9(\sqrt{3}-1)^2$$

이때 $(\sqrt{3}-1)^2=4-2\sqrt{3}$이므로 다음과 같이 계산하여 답을 얻을 수 있습니다.

$$\frac{(2+\sqrt{3})}{2}\times 9\times 4-2\sqrt{3}=9\times(2+\sqrt{3})\times(2-\sqrt{3})=9$$

이 계산은 간단하지 않은데, 이처럼 계산이 복잡해진 이유는 특별한 아이디어 없이 문제에 접근했기 때문입니다. 이런 기계적인 계산으로 문제를 해결하려고 하면 우리의 상상력이 가로막힌다는 사실을 기억해야 합니다. 이 문제를 몇 가지 다른 방법으로 접근해볼까요? 먼저 피타고라스의 정리로 문제를 풀어봅시다. 문제의 도형을 정사각형과 (30°, 60°, 90°) 직각삼각형으로 나눠서 다음과 같이 그려보겠습니다. 이 형태는 피타고라스의 정리를 증명하는 그림과 비슷한데요, 길이의 비에 따른 넓이를 표시하면 다음과 같습니다.

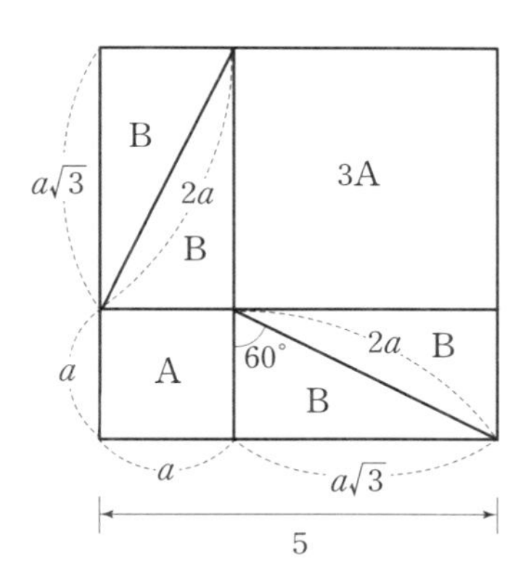

우리가 찾는 부분의 넓이는 A+B이고, 전체 사각형의 넓이는 4A+4B입니다. 여기에서 우리가 찾는 부분의 넓이는 전체 사각형의 $\frac{1}{4}$로, 문제의 조건에서 전체 사각형의 넓이는 $5\times5=25$입니다. 따라서 $\mathrm{A}+\mathrm{B}=\frac{25}{4}$입니다.

피타고라스의 정리를 적용하여 문제를 풀더라도 첫 번째처럼 무턱대고 계산만 하는 것이 아니라, 상황에 맞게 문제를 파악하고 해결 방법을 고안하여 접근하는 것이 더 좋습니다. 이번에는 피타고라스의 정리를 직접적으로 적용하지 않고 문제를 풀어봅시다.

문제에 주어진 도형 중 (30°, 60°, 90°) 직각삼각형을 작은 (30°, 60°, 90°) 직각삼각형으로 다음과 같이 사등분을 해봅시다. (30°, 60°, 90°) 직각삼각형의 두 변을 a, b라고 하면 빗변은 $2a$가 됩니다.

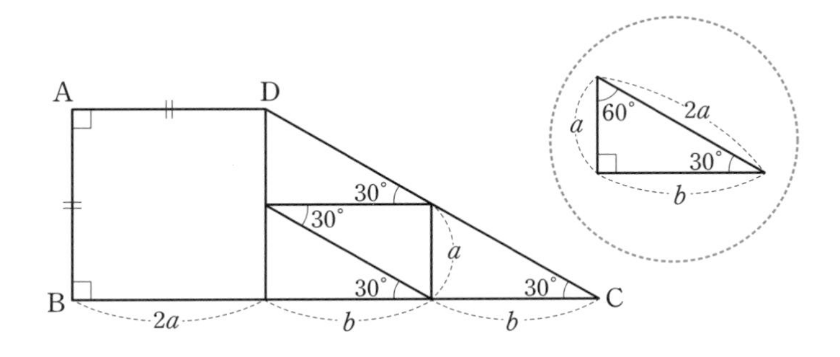

이렇게 만들어진 작은 (30°, 60°, 90°) 직각삼각형의 빗변은 왼쪽 정사각형의 한 변과 길이가 같습니다. 따라서 다음과 같이 붙이면 정사각형이 됩니다.

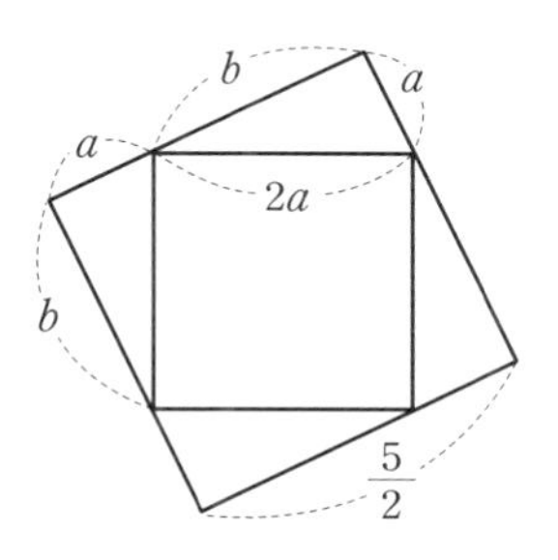

$2a+2b=5$이고, 작은 직각사각형 네 개를 잘라 붙여서 만든 새로운 정사각형의 한 변의 길이는 $a+b=\frac{5}{2}$입니다. 따라서 새롭게 만들어진 정사각형의 넓이는 $\left(\frac{5}{2}\right)^2=\frac{25}{4}$이고, 우리가 구하는 도형의 넓이도 $\frac{25}{4}$입니다.

또 다른 방식으로 접근해볼까요? 주어진 도형은 정사각형과 (30°, 60°, 90°) 직각삼각형 두 부분으로 나눌 수 있는데요, 이 두 도형을 활용해 다음 그림을 만들어봅시다.

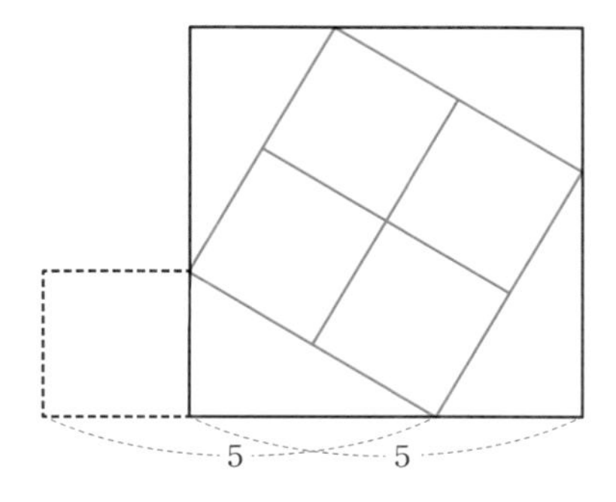

새롭게 만들어진 정사각형은 처음 주어진 도형 네 개로 만들었

습니다. 여기에서 우리가 찾는 도형의 넓이는 새로운 정사각형 넓이의 $\frac{1}{4}$입니다. 따라서 $5\times5\times\frac{1}{4}=\frac{25}{4}$입니다.

피타고라스의 정리 없이 문제를 풀면 일단 계산이 확 줄어듭니다. 이런 풀이를 보며 '어떻게 그런 상상을 할까?' '머리가 좋은 특별한 사람들만 하는 생각이겠지!'라고 여기며 자신과 상관없는 풀이라고 여기는 사람도 있을 텐데요, 절대 그렇지 않습니다. 이렇게 생각하는 사람은 태어날 때부터 정해진 것이 아닙니다. 상상을 유도하는 문제를 많이 접하며 쌓인 경험이 새로운 문제를 만나도 당황하지 않고 유연하게 대처할 수 있는 힘을 길러준 것이죠. 예를 들어 정삼각형을 직각삼각형으로 나눠서 붙이는 방법을 경험한 사람은 [문제 100]을 단순 계산이 아닌 '(30°, 60°, 90°) 직각삼각형을 네 개로 나눠서 붙인다'는 아이디어를 활용해서 풀어도 그다지 생소하지 않았을 겁니다.

고대 그리스인은 이 문제를 어떻게 풀었을까요? 아마 그들은 '이렇게 풀지 않았을까?'라는 생각이 드는 방법 하나를 더 소개합니다. 먼저 다음 그림을 한번 보시죠. 직각이등변삼각형과 각이 30°인 이등변삼각형의 밑변이 같을 때, 높이도 같다는 것을 알 수 있습니다.

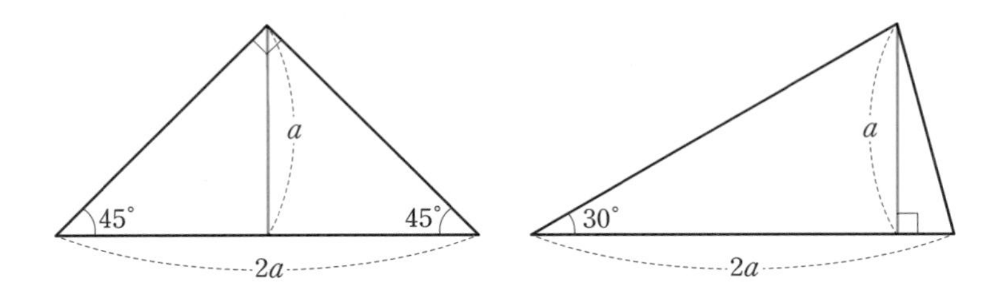

두 도형의 밑변을 $2a$라고 하면 두 도형의 높이는 모두 a로 같습니다. 물론 두 도형의 넓이도 같습니다. 이 사실을 문제에 적용해봅시다. 다음과 같이 점 A를 지나며 $\overline{BD}$와 평행인 선이 $\overline{CD}$의 연장선과 만나는 점을 A′이라고 하면 삼각형 BA′D는 ∠A′BD가 30° 인 이등변삼각형이 됩니다.

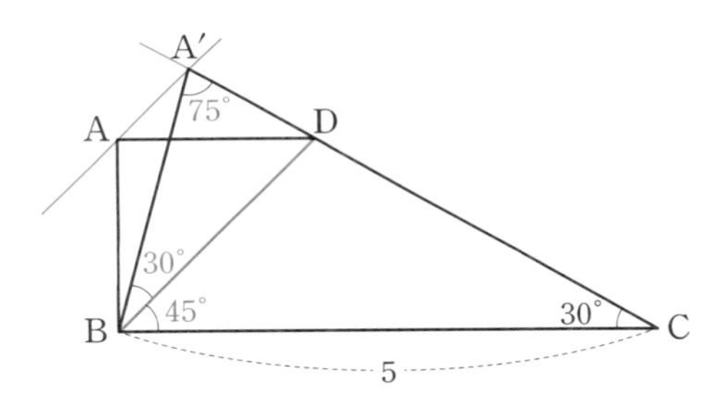

직각이등변삼각형 ABD와 이등변삼각형 BA′D의 넓이가 같기 때문에 이제 큰 이등변삼각형 CBA′의 넓이를 구하면 문제를 해결할 수 있습니다. 정리하면 한 변의 길이가 5이고 각이 30° 인 이등변삼각형의 넓이를 구하는 것입니다.

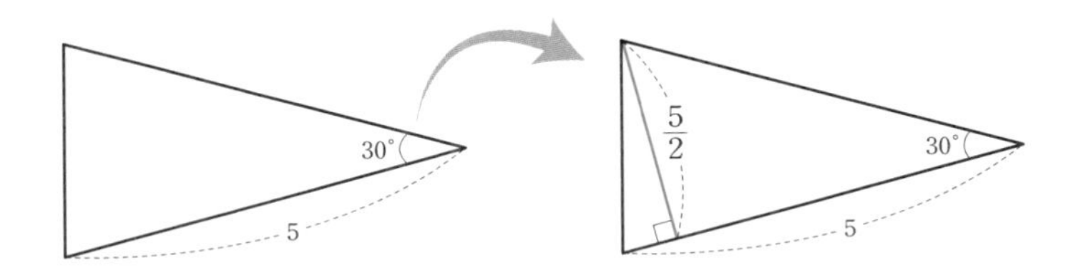

각이 30° 인 이등변삼각형의 넓이는 12장의 [문제 91]에서 풀었습니다. 결론만 이야기하면 밑변이 5이고 높이가 $\frac{5}{2}$인 이등변삼각

형입니다. 따라서 넓이는 $5\times\frac{5}{2}\times\frac{1}{4}=\frac{25}{2}$입니다.

수학 시험을 볼 때는 빠르고 정확하게 계산하여 한정된 시간 안에 답을 구해야 합니다. 하지만 수학 공부를 할 때에는 하나의 답을 빠르게 낼 필요가 없습니다. 수학 문제를 풀 때처럼 공부한다면 별다른 도움이 되지 않을 겁니다. 하나의 문제를 다양하게 생각해보고, 깊게 관찰하며 문제를 푼다면 제대로 공부할 수 있습니다. 시간만 낭비하는 계산에 열중하기보다 다양하게 생각하고 상상하는 '진짜' 공부를 해보면 좋겠습니다.

계산도 잘하고 상상도 잘하는 법

우리는 계산도 잘하고 상상도 잘해야 하는데요, 무작정 빠르게 계산하는 데만 열중하고 여유 있게 상상하는 과정을 시간 낭비로 여긴다면 진짜 재미있는 수학을 배우는 기회를 놓칠 수 있습니다. 수학 실력도 크게 늘지 않죠. 일상도 마찬가지입니다. 빨리빨리 능률적으로 일을 처리하는 것도 필요하고 주위를 둘러보며 더 넓은 생각으로 새로운 것을 상상하는 것도 필요하죠. 열심히 하는데 결과가 평범하다면, 무작정 더 빠르게 진행하는 계획보다 여유롭게 상상하는 시간이 필요할지도 모릅니다. 문제를 풀어보며 좀 더 이야기해봅시다.

문제 101 다음 사각형 ABCD의 넓이를 구하세요.

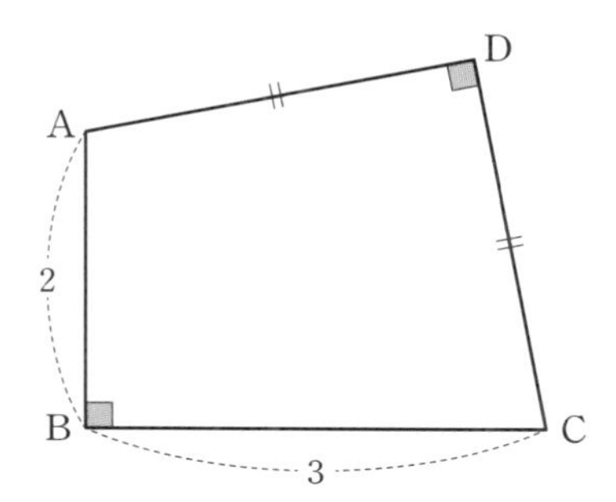

이 문제도 빠르게 계산부터 하는 사람은 피타고라스의 정리를 적용하여 열심히 계산하겠지요. $\overline{AC}$를 연결하는 선을 긋고 피타고라스의 정리로 길이를 구한 뒤, $\overline{AD}$와 $\overline{CD}$를 x라는 변수로 두고 또 피타고라스의 정리를 이용해 그 값을 찾을 겁니다.

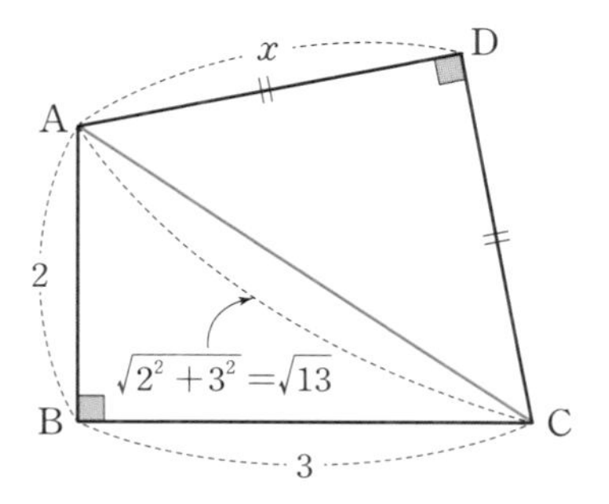

이렇게 하면 다음과 같은 식으로 x의 값을 구할 수 있습니다.

$$x^2+x^2=13,\ x^2=\frac{13}{2}$$

사각형 ABCD의 넓이는 삼각형 ABC의 넓이와 삼각형 ACD의 넓이의 합입니다. 삼각형 ABC의 넓이는 $\frac{1}{2}\times2\times3=3$이고, 삼각형 ACD의 넓이는 $\frac{x^2}{2}=\frac{13}{4}$입니다. 따라서 사각형 ABCD의 넓이는 $3+\frac{13}{4}+\frac{(12+13)}{4}=\frac{25}{4}$입니다.

이 문제를 다른 방법으로 풀어봅시다. 다음과 같이 이 도형을 복사하여 붙여보세요.

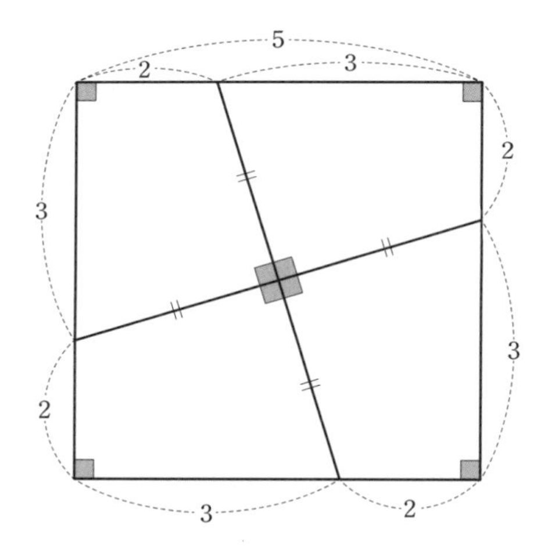

이렇게 같은 도형 네 개를 붙이면 한 변의 길이가 5인 정사각형이 됩니다. 따라서 정사각형의 넓이는 25이고, 도형 하나의 넓이는 $\frac{25}{4}$입니다.

붙이기를 선호하는 사람이 있는 반면, 나누기를 선호하는 사람도 있습니다. 후자의 경우 다음과 같이 $\overline{BD}$를 그어보세요. 그리고 삼각형 ABD를 잘라서 다음과 같이 $\overline{AD}=\overline{CD}$가 되도록 갖다 붙이는 겁니다. $\angle A$와 $\angle C$의 합이 180°이고 $\overline{BD}=\overline{B'D}$이므로 DBB′은 직각이등변삼각형이 됩니다.

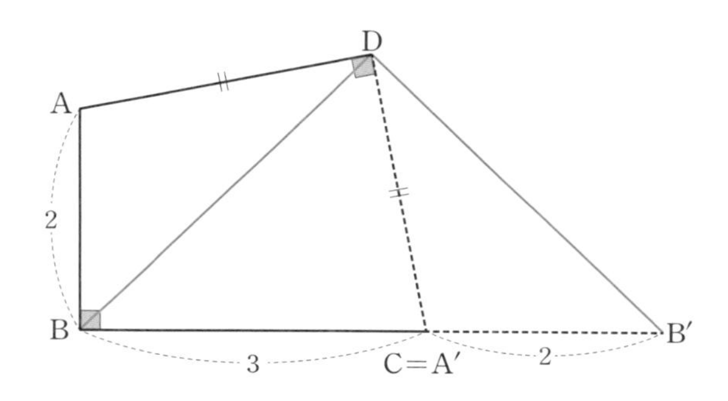

우리는 이제 빗변의 길이가 5인 직각이등변삼각형의 넓이만 구하면 됩니다. 직각이등변삼각형의 넓이는 같은 도형 네 개를 붙이면 계산할 수 있습니다.

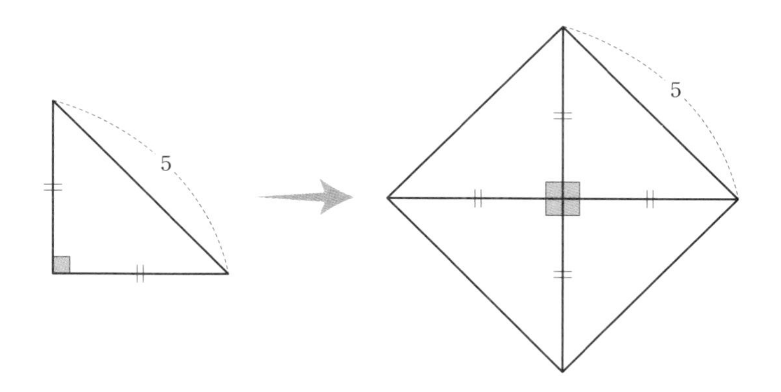

해당 직각이등변삼각형 네 개를 붙이면 한 변의 길이가 5인 정

사각형이 만들어집니다. 따라서 정사각형의 넓이는 25이고, 직각이등변삼각형의 넓이는 $\frac{25}{4}$입니다. 즉 우리가 구하고자 하는 도형의 넓이는 $\frac{25}{4}$입니다. 단순 계산만 하는 대신 다양한 시각으로 여러 가지 상상을 하며 문제를 푸는 수학의 재미를 경험하기 바랍니다.

여러분은 작은 것으로 나눠서 분석하는 것과 넓은 그림으로 상상하는 것 중 무엇이 익숙하나요? 둘 중 하나의 방법을 골라 문제를 풀면 된다고 생각하기보다는 두 가지 접근에 모두 익숙해지는 것이 좋습니다. 왜냐하면 같은 문제여도 문제의 조건이 다르게 제시되는 경우가 있기 때문이죠. 조건에 따라 더 쉽게 접근할 수 있는 방법을 선택할 수 있어야 합니다. 같은 문제처럼 보이지만 제시된 조건이 다른 문제를 한번 보시죠.

문제 102 **다음과 같이 사각형 ABCD의 넓이가 169일 때, x의 길이를 구하세요.**

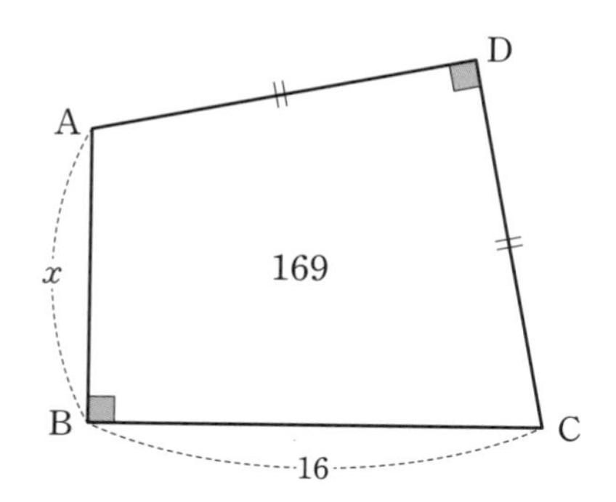

이 문제는 [문제 101]과 같은 도형이지만, 제시된 조건이 다르고 구하는 x도 다릅니다. 이 문제에 제시된 숫자 16, 169는 [문제 101]에서 제시한 숫자보다 크기 때문에 복잡한 계산을 하기도 부담스럽습니다. 그래서 이 문제는 분석보다는 상상으로 접근할 필요가 있습니다. [문제 101]의 풀이와 마찬가지로 도형 네 개를 복사하여 붙여보겠습니다.

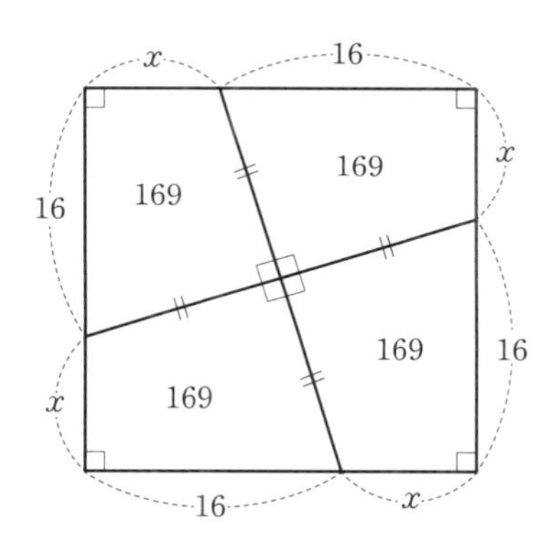

이 그림은 다음과 같이 계산할 수 있습니다.

$$169 \times 4 = 13^2 \times 2^2 = 26^2$$

따라서 우리가 찾는 x는 $16 + x = 26$, 즉 $x = 10$입니다.

문제 103 다음 그림에서 $\overline{AB}=6$일 때, 색칠된 부분의 넓이를 구하세요.

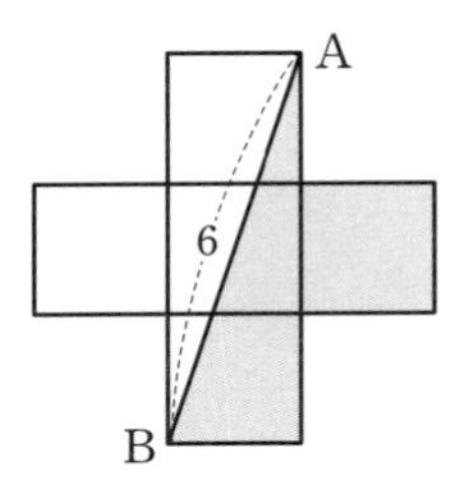

이 문제를 계산으로 푼다면, 정사각형 하나의 길이를 a라 두고 피타고라스의 정리를 이용하여 다음과 같은 식을 세울 수 있습니다.

$$a^2+(3a)^2=6^2$$

즉 $a=\frac{6}{\sqrt{10}}$입니다. 정사각형 하나의 넓이는 a^2이고 색칠된 부분의 넓이는 $\frac{5}{2}\times a^2$입니다. 따라서 색칠된 부분의 넓이는 다음과 같습니다.

$$\frac{5}{2}\times a^2=\frac{5}{2}\times\frac{36}{10}=9$$

이 문제를 계산이 아닌 상상으로 접근해봅시다. 주어진 도형을 바닥에 까는 타일처럼 다음과 같이 붙여볼 수 있습니다.

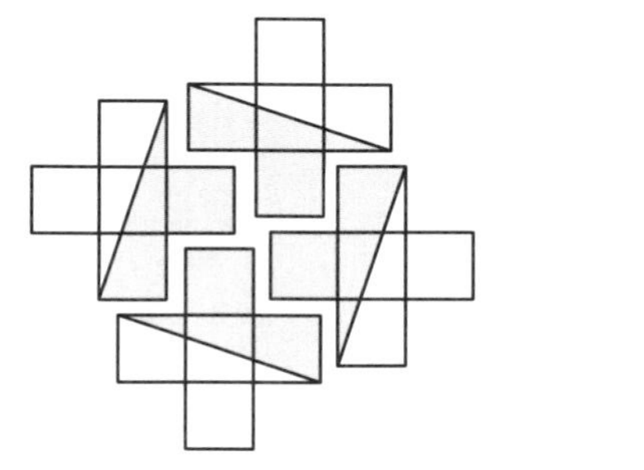

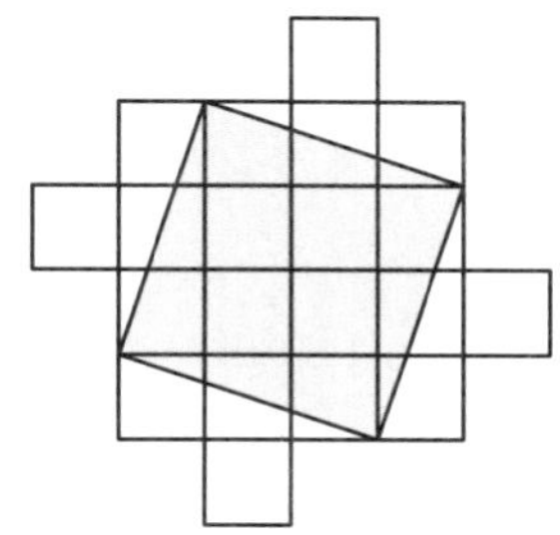

주어진 도형 네 개를 이렇게 붙이면 한 변의 길이가 6인 정사각형이 만들어집니다. 따라서 우리가 찾는 넓이는 $6\times6\times\frac{1}{4}=9$입니다.

이 문제는 또 다른 분석적인 방법으로 풀 수 있는데요, 하나의 문제를 다양하게 풀어보는 경험이 좋은 공부가 되기 때문에 소개합니다. 이 문제에서 색칠된 부분의 넓이는 정사각형 $2+\frac{1}{2}=\frac{5}{2}$개의 넓이로 해석할 수 있습니다.

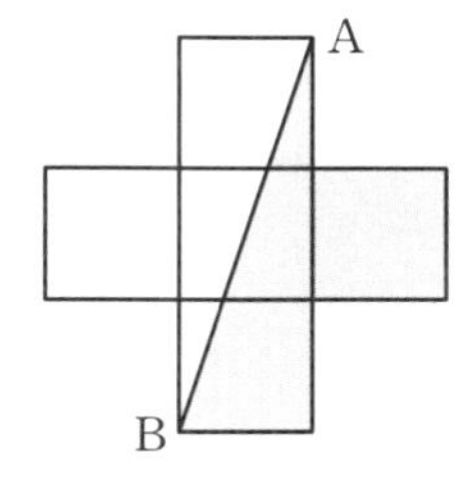

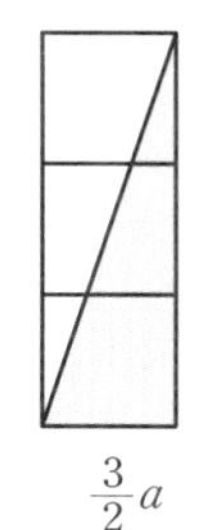

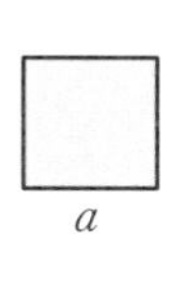

정사각형 한 개의 넓이의 $\frac{5}{2}$를 구하면 됩니다. 정사각형의 넓이는 다음과 같이 구할 수 있습니다.

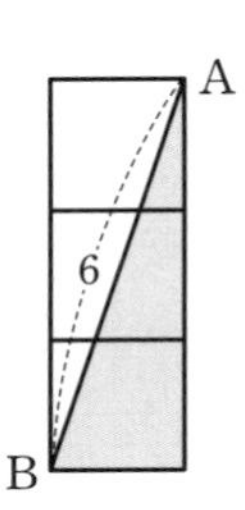

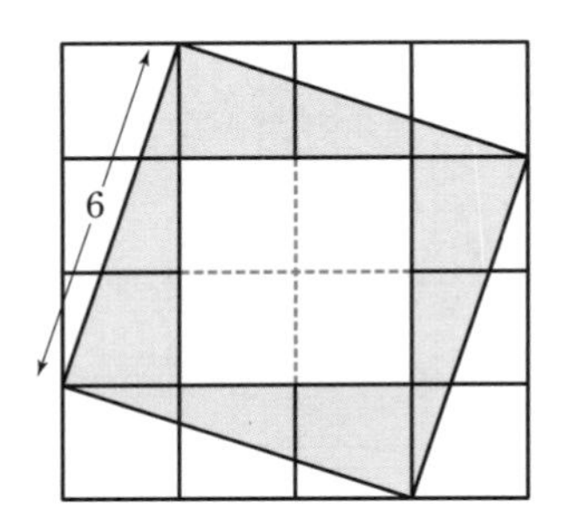

색칠된 삼각형의 넓이는 정사각형 넓이의 $\frac{3}{2}$입니다. 왼쪽의 도형을 오른쪽과 같이 붙여보면 한 변의 길이가 6인 큰 정사각형이 만들어지는데, 큰 정사각형에는 색칠된 삼각형 네 개와 정사각형 네 개가 있습니다. 따라서 정사각형 하나의 넓이를 a라고 하면 다음과 같은 식을 세울 수 있습니다.

$$6^2=\left(\frac{3}{2}\times 4+4\right)a$$
$$a=\frac{36}{10}=\frac{18}{5}$$

따라서 색칠된 부분의 넓이는 다음과 같이 구할 수 있습니다.

$$\frac{5}{2}a=\frac{5}{2}\times\frac{18}{5}=9$$

문제 104 길이가 12, 16, 20인 직각삼각형 ABC의 내부에 정사각형이 접해 있는 다음 그림에서 정사각형의 넓이를 구하세요.

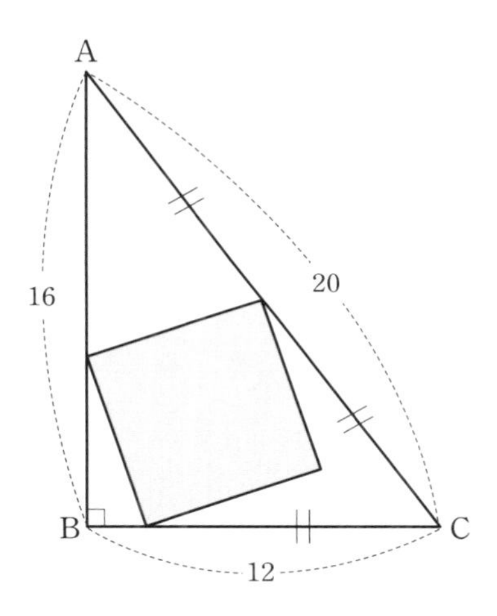

정사각형의 한 꼭짓점이 $\overline{AC}$를 반으로 나누기 때문에 각각의 길이는 10입니다. 또한 $\overline{AC}$와 정사각형의 꼭짓점이 만나는 D에서 $\overline{AB}$와 수직으로 만나는 수평선을 그어봅시다. 이렇게 놓고 보면 삼각형 AED와 삼각형 ABC가 닮음비 1:2로 닮음이라는 것을 알 수 있습니다. 따라서 $\overline{DE}=6$입니다. 또한 ∠EFD와 ∠BFG의 합이 90°이기 때문에 삼각형 DEF는 삼각형 BFG와 합동입니다. ∠EDF와 ∠BFG가 같고, 정사각형의 한 변을 빗변으로 합니다. 관련 정보를 모두 표시해보면 다음과 같습니다.

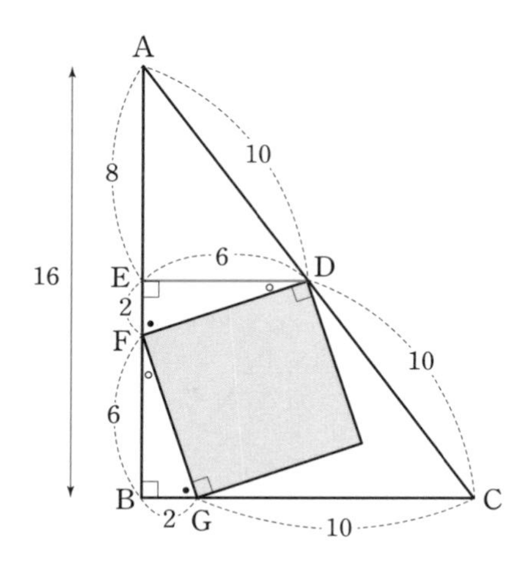

이제 정사각형의 넓이를 구하는 데 필요한 정보는 모두 확보했는데요, 실제로 정사각형의 넓이를 두 가지 방법으로 계산해봅시다. 첫 번째 방법은 피타고라스의 정리를 이용하는 것입니다. 정사각형의 한 변은 삼각형 BGF와 DEF의 빗변입니다. 피타고라스의 정리에 따라 정사각형의 한 변을 x로 두고 다음과 같이 계산합시다.

$$x^2=2^2+6^2=40$$

이때 x^2이 정사각형의 넓이이므로 우리가 구하는 값은 40입니다.

두 번째 방법은 피타고라스의 정리를 쓰지 않는 것입니다. 피타고라스의 정리를 배우기 않은 초등학생의 지식으로 계산을 해봅시다. 다음과 같이 $\overline{DG}$를 그으면 사다리꼴 BGDE가 나타납니다.

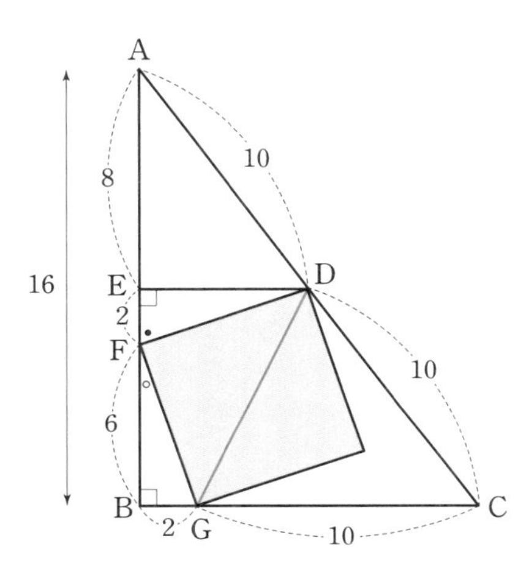

사다리꼴 BGDE의 넓이는 합동인 두 직각삼각형 BGF와 DEF의 넓이에 우리가 구하는 정사각형 넓이의 $\frac{1}{2}$을 더한 값입니다. 합동인 두 삼각형의 넓이는 각각 $\frac{1}{2}\times 2\times 6=6$이고, 사다리꼴의 넓이는 $\frac{1}{2}\times(2+6)\times 8=32$입니다. 따라서 정사각형 절반의 넓이는 $32-12=20$이고, 정사각형의 넓이는 40입니다.

피타고라스의 정리를 적용하면 계산을 좀 더 쉽게 할 수 있습니다. 하지만 사다리꼴을 찾아서 문제를 해결하는 경험을 할 수 없습니다. 문제를 다양한 방법으로 풀다 보면 문제해결능력이 자랍니다. 그러므로 쉽게 뚝딱 계산하는 것보다 다양하게 여러 가지를 생각해보는 것이 공부에 도움이 된다는 사실을 기억하기 바랍니다.

3부

정답의 틀을 깨는 문제해결의 기술

Euclidean geometry

14장

꼼수의 기술

모범 답안은 없다

수학 문제를 풀다 보면 모범 답안을 볼 수 있습니다. 선생님이 풀어주는 방법 또는 교과서에 나오는 방법을 모범 답안이라고 하는데요, 한 가지 기억할 것은 모범 답안만이 정답은 아니라는 사실입니다. 수학 문제는 다양한 방법으로 푸는 것이 좋습니다. 다양한 방법으로 풀면 풀수록 수학 실력이 향상됩니다. 그러니 모범 답안을 비롯해 다양한 방법을 경험해보세요.

이 책도 하나의 문제에 대해 여러 풀이를 소개하고 있는데요, 하나의 문제를 다양하게 접근하여 여러 가지 방법으로 풀어보는 것이 수학 실력을 향상하는 길이기 때문입니다. 수학 시험을 본다면 하나의 방법으로 빠르게 문제의 답을 찾아야겠죠. 하지만 수학 공부를 하는 중이라면 하나의 문제를 다양한 방법으로 풀어보세요. 더 많은, 더 다양한 방법으로 풀어볼수록 공부가 더 잘됩니다. 모범적으로도 풀어보고, 꼼수를 써서 풀어보기도 하세요. 특히 편법처럼 보이는 꼼수 풀이를 많이 하다 보면 센스가 상승합니다. 수학적인 센스는 수학 공부에서 매우 중요한데요, 문제를 통해 좀 더 살펴보겠습니다.

문제 105 **다음 그림에서 색칠된 삼각형의 넓이를 구하세요.**

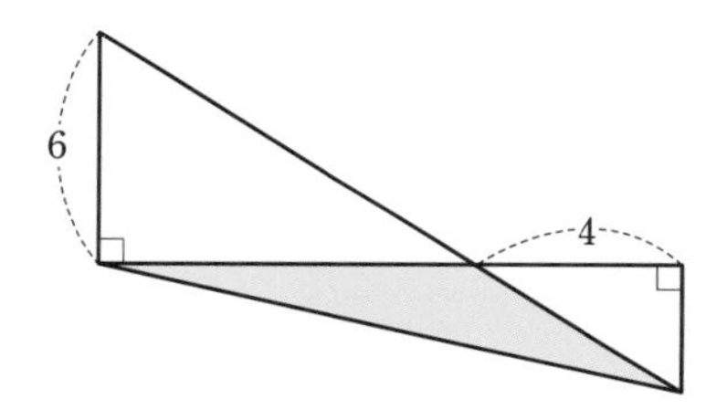

어떤 사람은 이 문제를 보고 5초 만에 답을 냈다고 합니다. 무작정 계산을 한 것이 아니라, 통찰력 있는 아이디어를 떠올린 것이죠. 이 문제는 두 가지 방법으로 풀어보겠습니다. 먼저 모범 답안은 두 직각삼각형 ABC와 EDC가 닮았다는 점을 이용합니다.

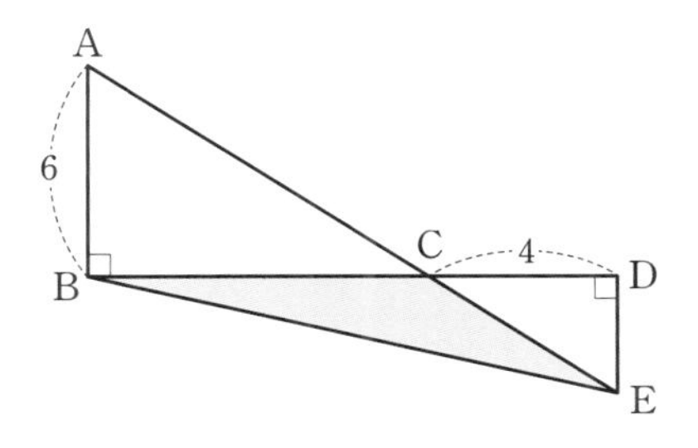

$\overline{AB}:\overline{BC}=\overline{ED}:\overline{DC}$입니다. 즉 다음과 같이 계산할 수 있습니다.

$$6:\overline{BC}=\overline{ED}:4$$
$$\overline{BC}\times\overline{ED}=6\times 4$$

삼각형 BCE의 넓이는 $\overline{BC}$와 $\overline{ED}$를 곱한 값의 $\frac{1}{2}$입니다. 따라서 삼각형 BCE의 넓이는 $\frac{1}{2}\times 6\times 4=12$입니다.

다음으로 이렇게도 생각해볼까요? 먼저 다음 그림을 한번 보시죠. 삼각형 ABC와 삼각형 ABD는 밑변이 같고 높이가 같기 때문에 넓이가 같습니다. 동그라미 친 부분은 두 삼각형의 공통 부분입니다. 따라서 S 영역과 S' 영역의 넓이는 같습니다.

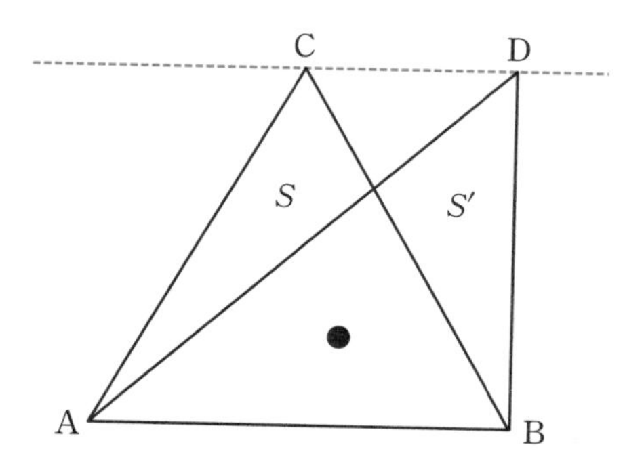

이런 생각으로 문제를 다시 한번 살펴봅시다. 다음과 같이 A와 D를 연결하는 선을 그어서 삼각형 ACD를 만들어보세요. 이제 삼각형 ABE와 ABD를 한번 비교해봅시다. 이 두 삼각형은 모두 $\overline{AB}$가 밑변이고 $\overline{AB}$와 $\overline{DE}$가 평행하기 때문에 높이가 같습니다. 따라서 두 삼각형 ABE와 ABD는 넓이가 같고, 넓이가 같은 두 삼각형의 공통 부분 ABC을 뺀 두 삼각형 BCE와 ACD도 넓이가 같다는 것을 알 수 있습니다.

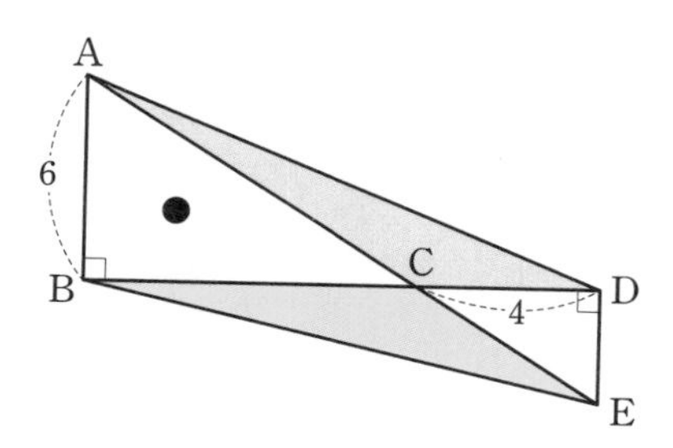

삼각형 ACD는 밑변이 4이고, 높이가 6입니다. 따라서 삼각형 ACD의 넓이는 $\frac{1}{2} \times 4 \times 6 = 12$이고, 이것은 우리가 찾는 삼각형

BCE의 넓이입니다.

문제 106 다음 그림에서 색칠된 직사각형의 넓이를 구하세요.

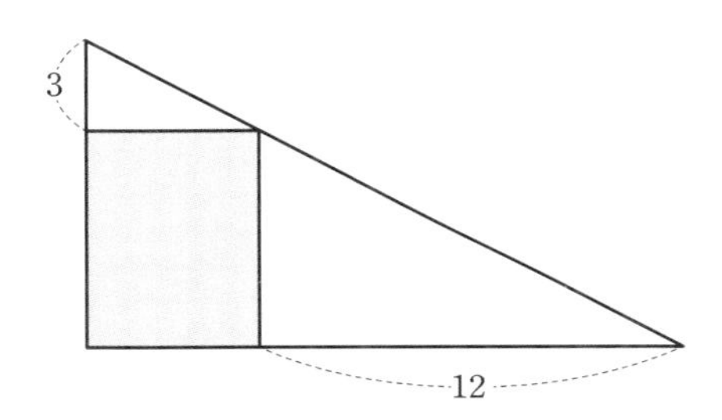

이 문제도 두 가지 방법으로 해결할 수 있습니다. 먼저 계산을 빠르게 한다면 다음과 같이 두 삼각형 ADF와 FEC가 닮았다는 것을 이용하여 닮음비의 관계에서 $\overline{DF}$와 $\overline{FE}$의 곱을 찾을 수 있습니다. 직사각형의 넓이는 가로세로 길이를 곱한 값이기 때문에 $\overline{DF} \times \overline{FE}$가 바로 직사각형의 넓이입니다.

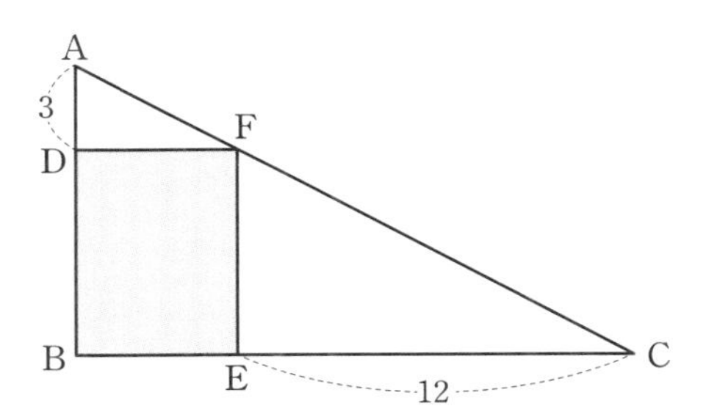

다음과 같이 닮음비를 계산하면, 직사각형 DBEF의 넓이는 36입니다.

$$3 : \overline{DF} = \overline{FE} : 12$$

$$\overline{DF} \times \overline{FE} = 3 \times 12$$

그런데 이 문제를 이렇게 한번 살펴볼까요? 주어진 직각삼각형은 다음과 같이 직사각형의 대각선을 기준으로 나눠지는 부분이라고 생각할 수 있습니다.

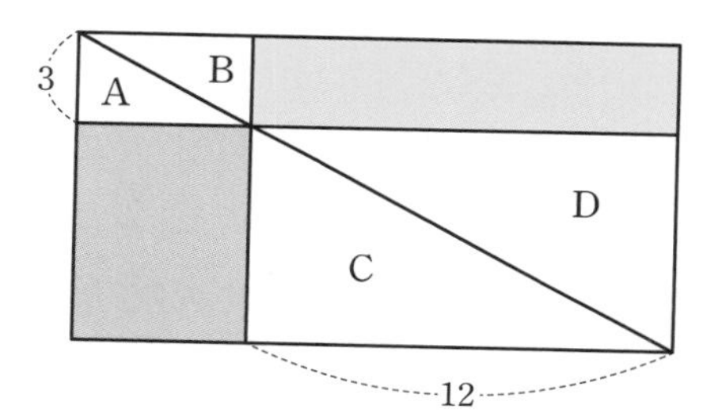

위 그림에 따르면 A=B이고 C=D입니다. 따라서 색칠된 두 영역의 넓이는 같습니다. 위 직사각형의 넓이는 $3 \times 12 = 36$이기 때문에 우리가 구하는 사각형의 넓이도 36입니다.

센스를 발휘하는 꼼수 풀이

[문제 105]과 [문제 106]을 보고 "3초 안에 답을 낼 수 있습니다"라고 말하는 사람들이 있는데요, 우리가 꼼수라고 말한 방법으로

답을 찾는 거죠. 모범 답안과 꼼수라고 표현하긴 했지만, 사실 꼼수로 생각하기도 중요합니다. 그만큼 문제 상황을 깊이 이해하는 것이고 문제해결의 아이디어도 있는 것이니까요. 중요한 것은 문제를 다양한 관점으로 이해하고, 문제해결의 센스를 키우는 것입니다. 한 가지 주의해야 할 점은 논리적인 엄밀성이나 확실한 판단의 근거 없이 '대충 이렇게 될 거 같다'는 생각으로 찍듯이 문제를 풀면 안 된다는 것입니다. 꼼수 풀이여도 논리적인 완벽함과 확실한 판단의 근거가 있어야 합니다. 꼼수 풀이는 대충 찍기가 아니라 센스를 발휘하여 일반적인 접근보다 더 빠른 지름길을 찾는 방법을 의미한다는 것을 기억하기 바랍니다.

문제 107 다음 그림에서 $\overline{AB}$의 길이를 구하세요.

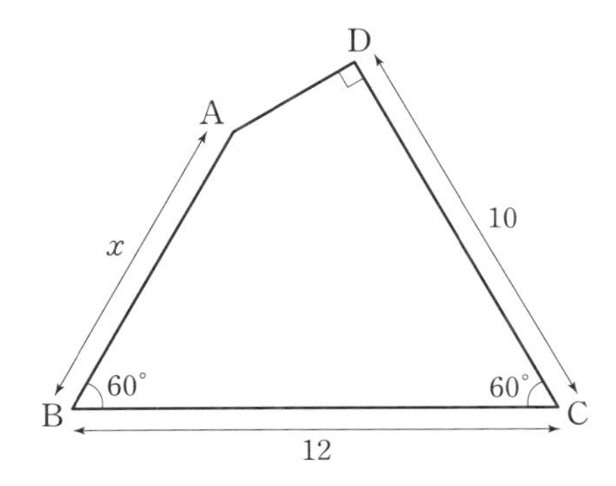

이 문제를 풀기 위해 다음과 같은 보조선을 그어봅시다. 먼저 A를 지나면서 $\overline{BC}$와 평행인 선이 $\overline{CD}$와 만나는 점을 E, E를 지나면서 $\overline{AB}$와 평행인 선이 $\overline{BC}$와 만나는 점을 F라고 해볼까요?

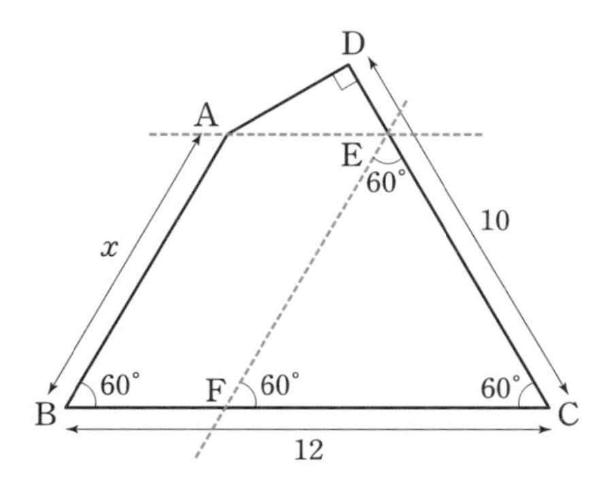

이렇게 평행선을 그으면 삼각형 EFC는 정삼각형입니다. $\angle$AEF는 60° 이고, 직각삼각형 AED는 세 각이 30°, 60°, 90° 인 직각삼각형입니다. 정삼각형 EFC의 한 변을 a라고 하면, AED가 (30°, 60°, 90°) 직각삼각형이므로 길이의 비에 따라 $\overline{\mathrm{DE}}=10-a$ 이고 $\overline{\mathrm{AE}}=2(10-a)$입니다.

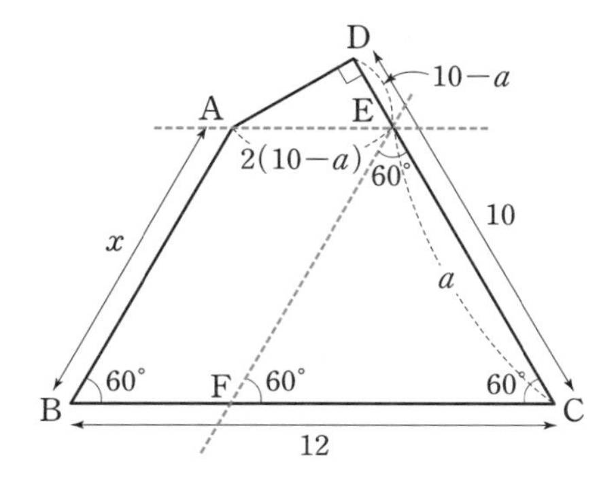

여기에서 $\overline{\mathrm{BF}}=2(10-a)=12-a$이므로 $20-2a=12-a$, 즉 $a=8$입니다. 따라서 ABFE가 평행사변형이고 우리가 찾는 $\overline{\mathrm{AB}}=a=8$입니다.

이 문제를 다음 방법으로도 풀어봅시다. 없는 부분을 상상하는 방법입니다. 문제에는 존재하지 않지만, 다음과 같은 (30°, 60°, 90°) 직각삼각형 OAD를 그려보면 전체 삼각형 OBC는 정삼각형이 되고, $\overline{OD}=2$, $\overline{OA}=4$입니다.

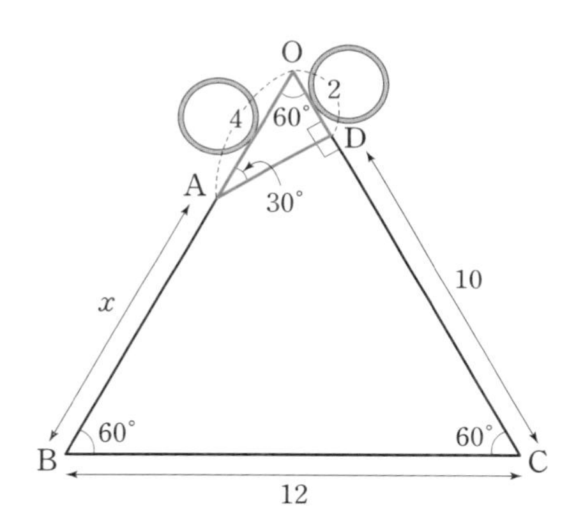

따라서 $x+4=12$, 즉 $x=8$입니다.

문제 108 다음 그림에서 삼각형 ABE의 넓이를 구하세요.

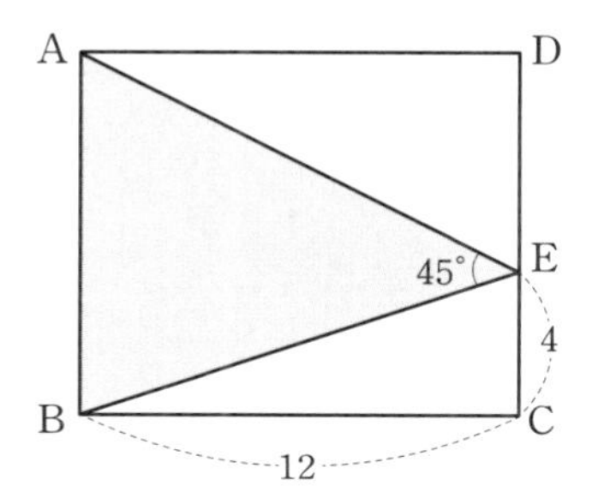

이 문제를 두 가지 방법으로 풀어봅시다. 첫 번째 방법은 모범 답안입니다. $\angle$AEB의 크기가 45°이므로 세 각이 45°, 45°, 90°인 직각삼각형을 떠올릴 수 있습니다. 다음 그림처럼 점 A에서 $\overline{\mathrm{BE}}$에 수선의 발 H를 내려 만들어지는 삼각형 AEH는 (45°, 45°, 90°) 직각삼각형으로 직각이등변삼각형입니다.

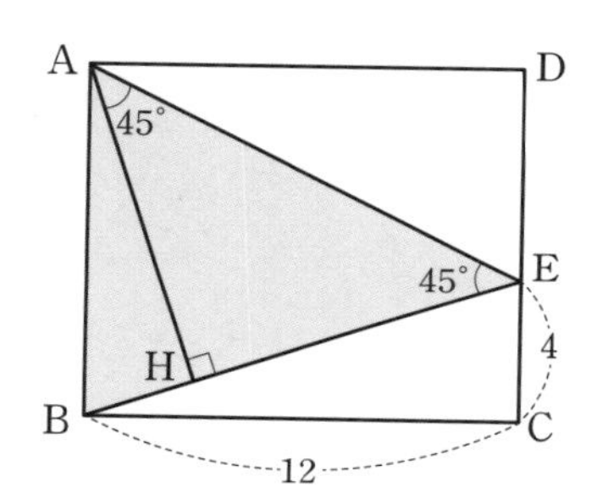

삼각형 ABH와 삼각형 BEC는 닮음이기 때문에 $\overline{\mathrm{AH}}:\overline{\mathrm{BH}}=\overline{\mathrm{BC}}:\overline{\mathrm{CE}}=12:4=3:1$입니다. 즉 $\overline{\mathrm{BH}}$의 길이를 a라고 하면, $\overline{\mathrm{AH}}=3a$입니다. 또한 삼각형 AEH가 직각이등변삼각형이므로 $\overline{\mathrm{HE}}=3a$입니다.

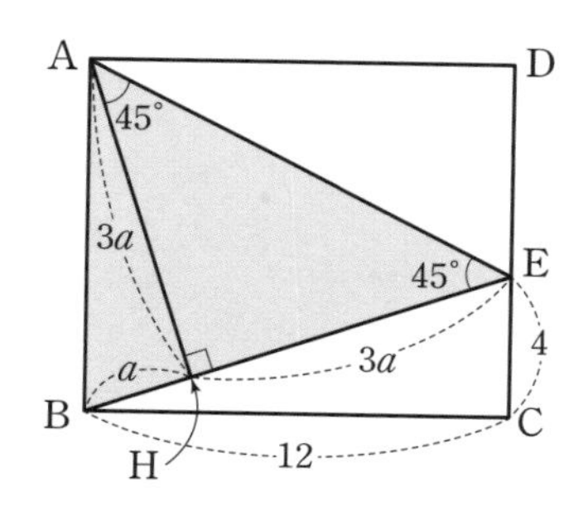

삼각형 ABE의 밑변은 $a+3a=4a$, 높이는 $3a$이므로 넓이는 $\frac{1}{2}\times 4a\times 3a=6a^2$입니다. 이제 a^2의 값만 찾으면 답을 구할 수 있겠군요. 직각삼각형 BCE에 피타고라스의 정리를 적용하면 풀립니다.

$$4^2+12^2=4^2\times a^2$$
$$1^2+3^2=a^2$$

$a^2=10$이므로 삼각형 ABE의 넓이는 $6a^2=60$입니다.

이 문제를 다른 방법으로 풀어볼까요? 직각삼각형 BCE와 똑같은 삼각형을 옆에 붙여봅시다.

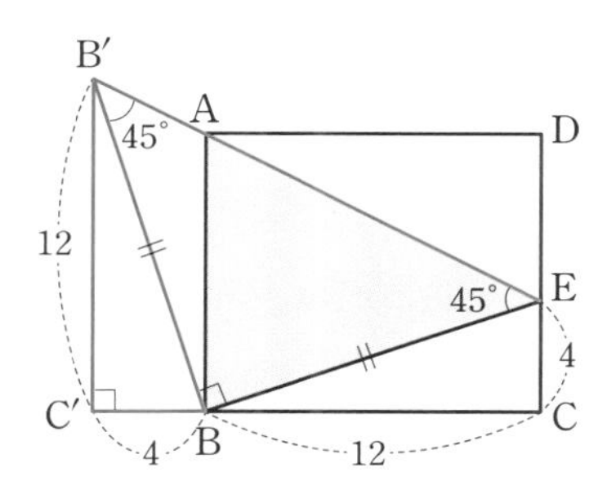

이렇게 놓으면 사다리꼴 B′C′CE의 넓이를 계산할 수 있습니다.

$$\mathrm{B'C'CE}=\frac{1}{2}\times(4+12)\times 16=128$$

사다리꼴 B′C′CE의 넓이에서 직각삼각형 B′C′B와 직각삼각형

BCE의 넓이를 빼면 직각이등변삼각형 B′BE의 넓이입니다. 이 넓이는 다음과 같이 계산할 수 있습니다.

$$B'BE = 128 - 2 \times \frac{1}{2} \times 4 \times 12 = 80$$

직각이등변삼각형 B′BE의 넓이를 더 살펴봅시다. 직각이등변삼각형 B′BE는 삼각형 B′BA와 삼각형 ABE로 나눌 수 있고 두 삼각형의 넓이는 다음과 같이 쓸 수 있습니다.

$$\frac{1}{2} \times \overline{AB} \times 4 + \frac{1}{2} \times \overline{AB} \times 12 = 80$$
$$8 \times \overline{AB} = 80$$

따라서 $\overline{AB} = 10$이고, 우리가 찾는 삼각형 ABE의 넓이는 $\frac{1}{2} \times 10 \times 12 = 60$입니다.

첫 번째 방법은 피타고라스의 정리를 이용하는 것이고, 두 번째 방법은 기본 지식만으로 문제를 해결하는 것입니다. 더 많은 지식과 개념을 사용하는 방법보다 기초 내용만으로 문제를 해결하는 방법이 더 다양한 시각으로 문제에 접근하게 합니다. 문제해결능력을 향상한다는 측면에서는 후자가 더 나은 방법입니다.

문제 109 삼각형 ABC에서 $\overline{AD}$가 ∠A를 이등분합니다. 즉 ∠BAD=∠CAD입니다. 다음 그림에서 $\overline{AB} = 5$이고 $\overline{AC} = 8$일 때, 삼각형 ABD와 삼각형 ACD

의 넓이의 비를 구하세요.

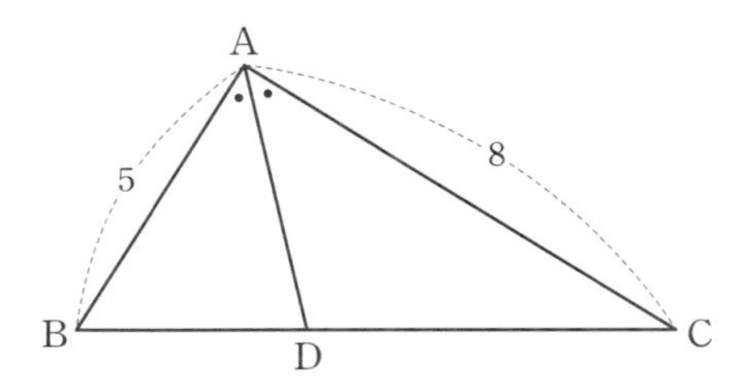

삼각형의 넓이는 $\frac{1}{2}\times$(밑변)$\times$(높이)이므로 밑변이나 높이 중 하나를 기준으로 비율을 비교하면 넓이의 비를 쉽게 구할 수 있습니다. $\overline{AD}$가 $\angle BAC$를 이등분하기 때문에 삼각형 ABD를 $\overline{AD}$를 기준으로 접어서 삼각형 ACD에 포개면 $\overline{AB}$는 $\overline{AC}$ 위에 놓입니다.

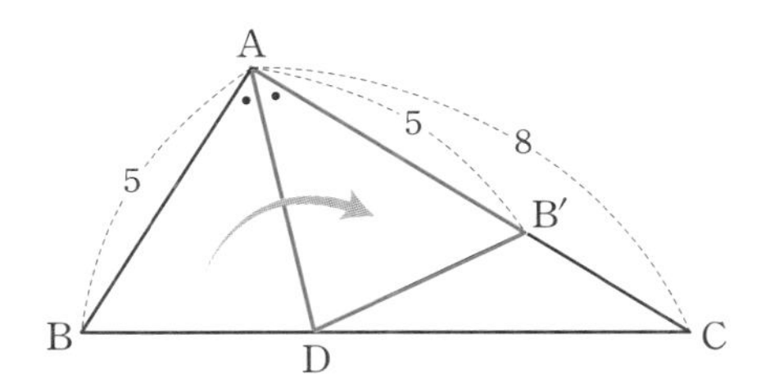

삼각형 ADB′과 삼각형 ACD의 넓이의 비는 높이가 같기 때문에 밑변의 비인 $\overline{AB'}:\overline{AC}=5:8$입니다. 삼각형 ADB′과 삼각형 ABD의 넓이가 같으므로 삼각형 ABD와 삼각형 ACD의 넓이의 비도 5:8입니다. $\angle BAD$와 $\angle DAC$가 같도록 삼각형 ABD를 삼각형 ACD에 포개어지게 접어서 넓이를 비교해보자는 상상을 먼저 하는 것이 이 문제를 해결하는 핵심 포인트입니다.

다른 풀이 방법은 다음과 같이 점 E를 만드는 것입니다. 점 E는 $\overline{AB}$의 연장선 위에 있고, $\overline{CE}$는 $\overline{AD}$와 평행입니다. 이때 삼각형 BDA와 삼각형 BCE는 닮음입니다. 또한 동위각과 엇각의 크기가 같기 때문에 삼각형 ACE는 이등변삼각형이 되고, $\overline{AC}=\overline{AE}=8$입니다.

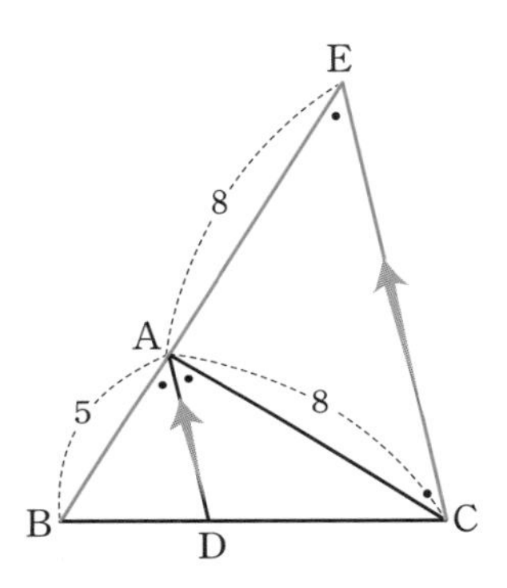

$\overline{AB}:\overline{AE}=5:8$이기 때문에 $\overline{BD}:\overline{DC}=5:8$입니다. 따라서 삼각형 ABD의 넓이와 삼각형 ACD의 넓이의 비도 5:8입니다.

문제 110 다음 그림에서 정사각형의 넓이를 구하세요.

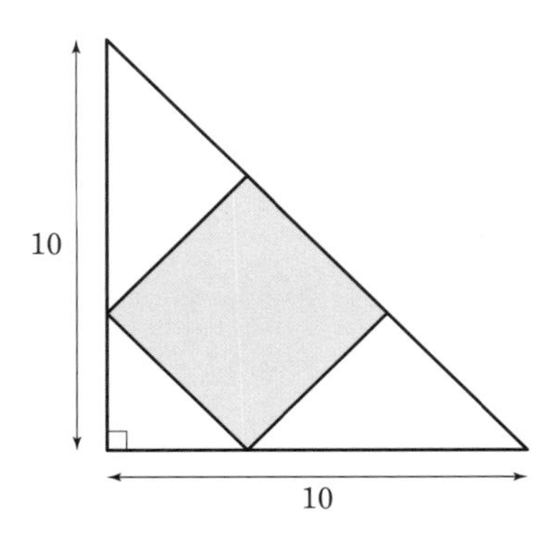

이 문제를 두 가지 방법으로 풀어봅시다. 첫 번째 방법은 모범적으로 계산을 하는 것인데요, 교과서에서 주로 볼 수 있는 방법입니다. 먼저 다음과 같이 대칭이 되는 선을 하나 긋습니다. 직각이등변삼각형이 주어졌기 때문에 작은 직각삼각형도 직각이등변삼각형입니다. 정사각형의 한 변의 길이를 a라고 하면 다음과 같이 표시할 수 있습니다.

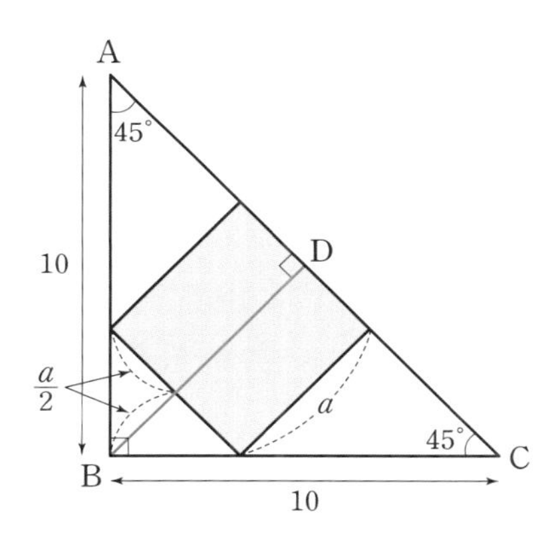

$\overline{BD}=\overline{AD}=\frac{3}{2}a$입니다. 직각삼각형 ABD에 피타고라스의 정리를 적용하면 다음과 같이 계산할 수 있습니다.

$$\left(\frac{3}{2}a\right)^2+\left(\frac{3}{2}a\right)^2=10^2$$
$$\frac{9}{2}a^2=10^2$$
$$a^2=\frac{200}{9}$$

따라서 우리가 구하는 정사각형의 넓이는 $\frac{200}{9}$ 입니다.

이 문제를 다음과 같은 방법으로도 풀어봅시다. 먼저 주어진 도형을 나눠봅니다.

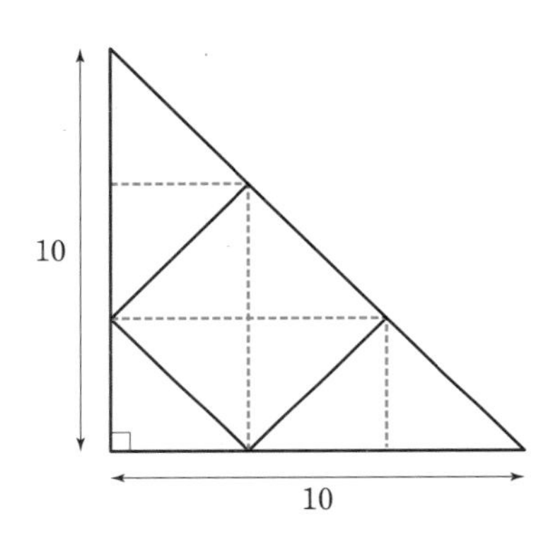

이렇게 나누면 전체 직각이등변삼각형은 모양과 크기가 같은 작은 직각이등변삼각형 아홉 개로 이루어집니다. 우리가 구하는 정사각형은 아홉 개 중 네 개로, 즉 전체 넓이의 $\frac{4}{9}$입니다. 여기에서 큰 직각이등변삼각형의 넓이는 $\frac{1}{2}\times 10\times 10=50$입니다. 따라서 정사각형의 넓이는 $50\times\frac{4}{9}=\frac{200}{9}$ 입니다.

15장

상상의 기술

더 넓은 부분을 상상하기

유클리드기하학의 매력 중 하나는 문제에 제시되지 않은 것을 상상하며 풀어갈 때 나타납니다. 우리에게는 대개 전체 상황의 일부분만 주어집니다. 그래서 연장선이나 보조선을 그어보며 상황을 약간 확장해보는 것만으로 문제해결의 아이디어가 얻어지곤 합니다. 없는 선을 그어보고 때로는 문제 속의 도형을 복사하듯 옆에 그려보는 등 능동적이고 적극적으로 접근해서 문제를 해결하는 겁니다. 문제를 풀면서 관련 내용을 살펴봅시다.

문제 111 다음 그림에서 오각형 ABCDE의 넓이를 구하세요.

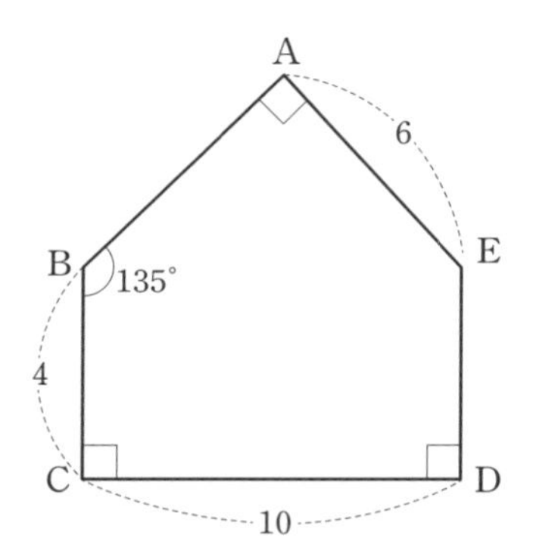

오각형의 내각의 합은 540°=180°×3입니다. 따라서 ∠E의 크기는 540°−(90°×3+135°)=135°입니다. 또한 180°−135°=45°입니다. 이 관계를 파악해보면 우리는 다음과 같이 두 개의 직각이등변삼각형을 생각할 수 있습니다. 직각이등변삼각형의 두 변의 길이가 같기 때문에 다음과 같은 정보를 파악할 수 있습니다.

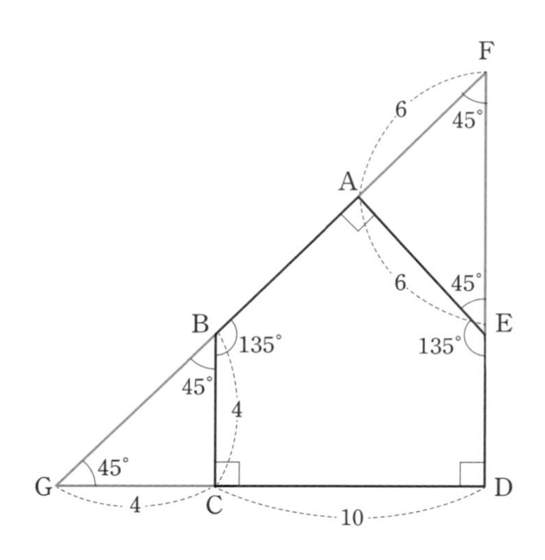

큰 삼각형 FGD 역시 직각이등변삼각형입니다. 한 변의 길이가 14이므로 큰 직각이등변삼각형의 넓이는 $\frac{1}{2}\times14\times14=98$이고, 작은 두 개의 이등변삼각형의 넓이는 각각 $\frac{1}{2}\times4\times4=8$, $\frac{1}{2}\times6\times6=18$입니다. 따라서 우리가 구하는 오각형의 넓이는 $98-(8+18)=72$입니다.

한 가지 짚고 넘어갈 점이 있는데요, 자신의 상상력을 앞세우며 눈대중으로 논리에 맞지 않는 계산을 하면 안 됩니다. 예를 들어 이 문제에 다음과 같이 B와 E를 연결하는 선을 긋고 BCDE가 직사각형이라고 생각하며 문제를 푸는 것입니다.

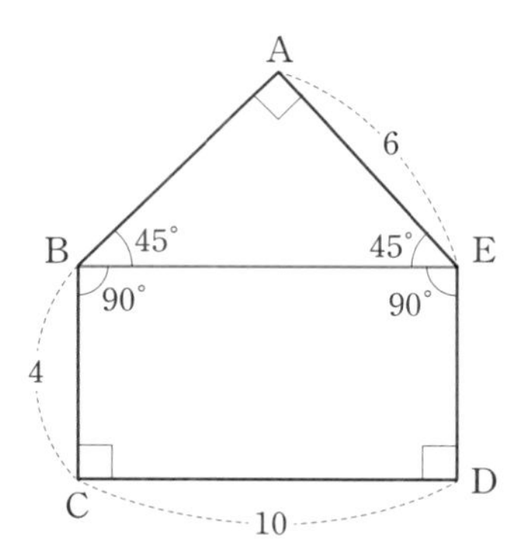

이렇게 자기 맘대로 설명하면 논리적으로 맞지 않습니다. ABE가 직각이등변삼각형인데, $\overline{AB}=\overline{AE}=6$이고, $\overline{BE}=10$일 수는 없습니다. 이것은 직각이등변삼각형의 각 변의 길이의 비를 생각하면 논리적으로 맞지 않습니다. 제멋대로의 논리로 수학 문제를 풀 수 없다는 사실을 기억하기 바랍니다.

문제 112 다음 그림에서 삼각형 ABC의 넓이를 구하세요.

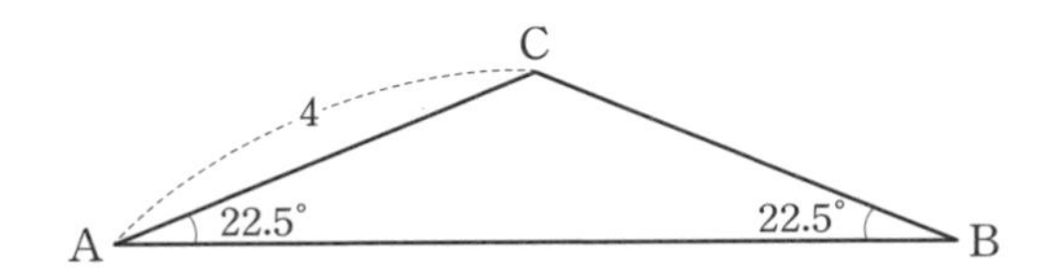

일단 이 삼각형은 이등변삼각형입니다. 문제를 해결하기 위해 정보를 수집하면 외각정리에 따라 $\angle$C의 외각이 45°라는 것을 알 수 있습니다. 45°는 우리에게 익숙한 각도인데요, 이 각을 활용하기 위해 다음과 같이 직각이등변삼각형을 그리고 그와 관련된 정보를 써봅시다.

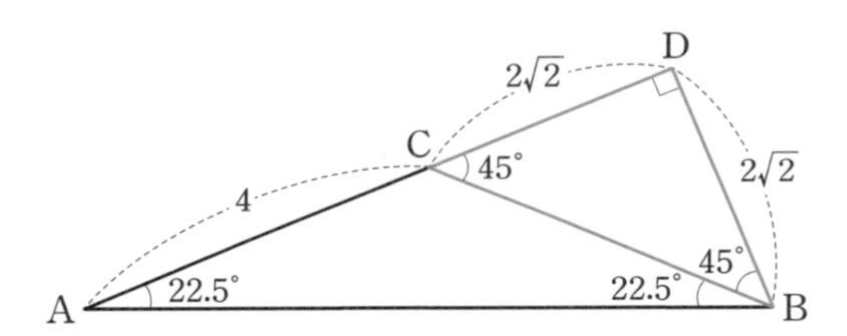

직각이등변삼각형의 한 변의 길이는 $4\times\frac{\sqrt{2}}{2}=2\sqrt{2}$입니다. 삼각형 ABC는 $\overline{AC}=4$이므로 밑변이 4일 때 높이가 $2\sqrt{2}$인 삼각형입니다. 따라서 삼각형 ABC의 넓이는 $\frac{1}{2}\times4\times2\sqrt{2}=4\sqrt{2}$입니다.

문제 113 다음 그림에서 각 x의 크기를 구하세요.

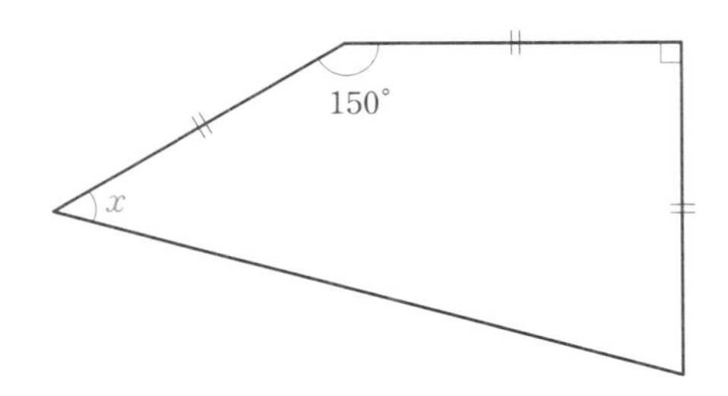

아래 그림처럼 사각형 BCDE가 정사각형이 되도록 점 E를 잡아봅시다. 그러면 ∠ADC가 150°이므로 삼각형 ADE에서 ∠ADE는 60°이고, $\overline{AD}$와 $\overline{DE}$는 같습니다. 따라서 삼각형 ADE는 정삼각형이며 모든 각의 크기는 60°입니다.

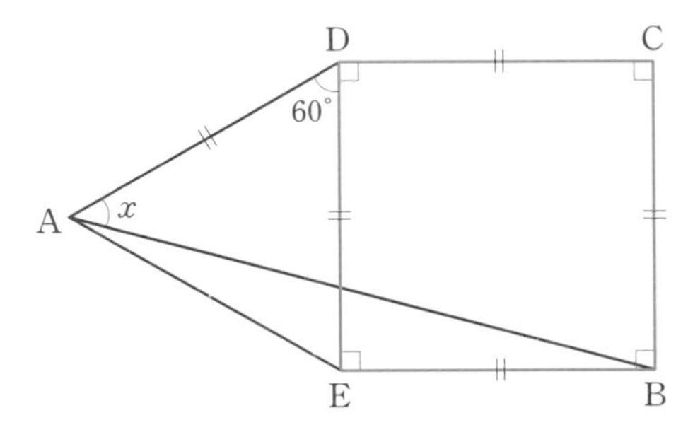

삼각형 AED가 정삼각형이기 때문에 $\overline{AE}=\overline{EB}$이고, 삼각형 AEB는 이등변삼각형이라는 것을 알 수 있습니다. 따라서 ∠BAE=∠ABE=15°이고, 우리가 구하는 x의 크기는 60°−15°=45°입니다.

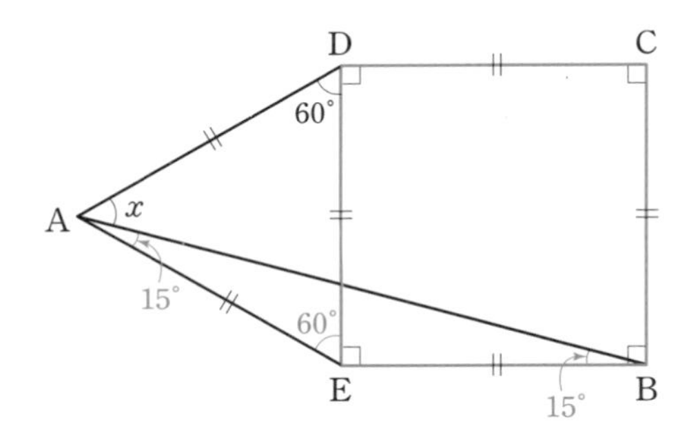

문제 114 다음 그림에서 x의 크기를 구하세요.

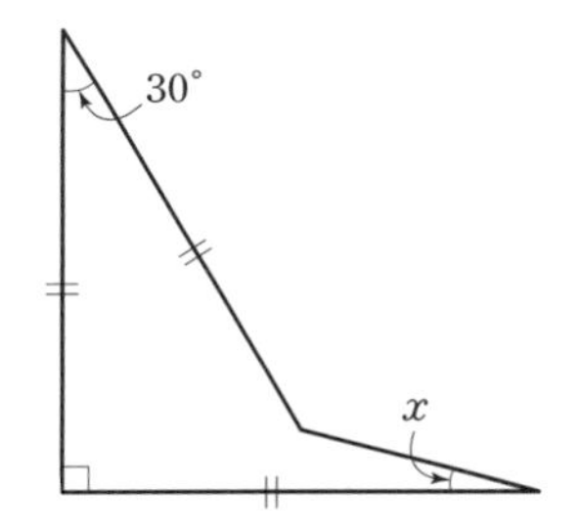

주어진 도형이 정사각형의 일부분처럼 보입니다. 일단 이 도형을 포함하는 정사각형을 그리면 문제의 조건에 따라 다음 정삼각형을 만들 수 있습니다.

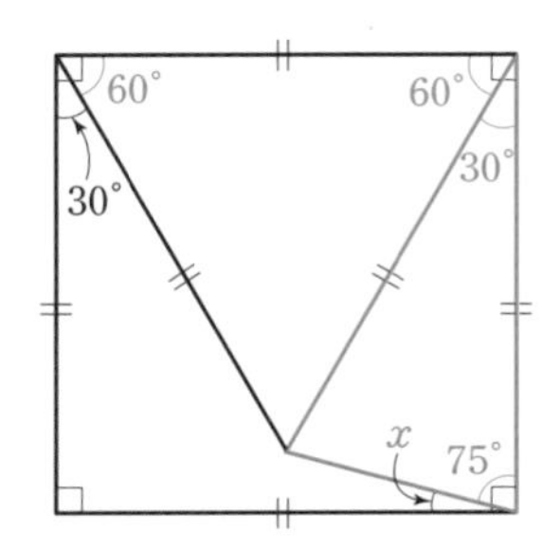

이렇게 놓고 보면 이등변삼각형을 발견할 수 있는데, 이 이등변삼각형은 x의 값을 알려줍니다. 하나의 꼭짓점이 30°인 이등변삼각형의 나머지 두 각은 각각 75°이고, $75^\circ + x = 90^\circ$입니다. 따라서 $x = 15^\circ$입니다.

가설과 검증

과학 연구의 중요한 방법 중 하나는 가설과 검증입니다. 어떤 가설을 세우고, 조사나 실험을 하며 그 가설이 맞았는지 틀렸는지 검증하는 거죠. 만약 가설이 맞았다면 그 가설은 새로운 이론이 됩니다. 수학적 사고에서도 가설과 검증을 활용하는데요, 유클리드기하학 문제를 풀면서 새로운 부분을 상상할 때에는 가설을 세운다고 생각하며 접근합니다. 새로운 가설로 접근했는데, 문제가 전혀 해결되지 않을 수도 있습니다. 가설이 항상 참으로 증명되지는 않는 것처럼요. 다양한 가설을 세우고 조사하고 검증하며 그중 하나를 새로운 이론으로 채택하는 경험을 해보세요. 내가 상상한 모든 것이 문제해결에 유용하게 쓰이는 것은 아니지만, 많은 상상을 하다 보면 그중 꼭 쓸모 있는 아이디어를 찾을 겁니다. 아이디어를 발견하면 그것을 중심으로 문제를 풀면 됩니다.

문제 115 다음 그림에서 도형의 넓이를 구하세요.

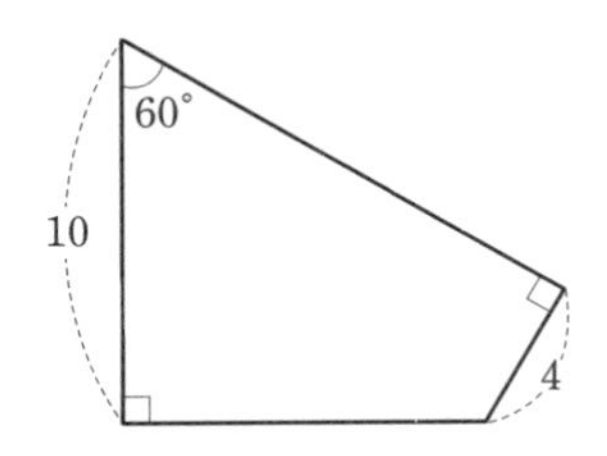

주어진 도형의 나머지 부분을 상상해봅시다. 우리에게 친숙한 $(30°, 60°, 90°)$ 직각삼각형을 생각해보죠.

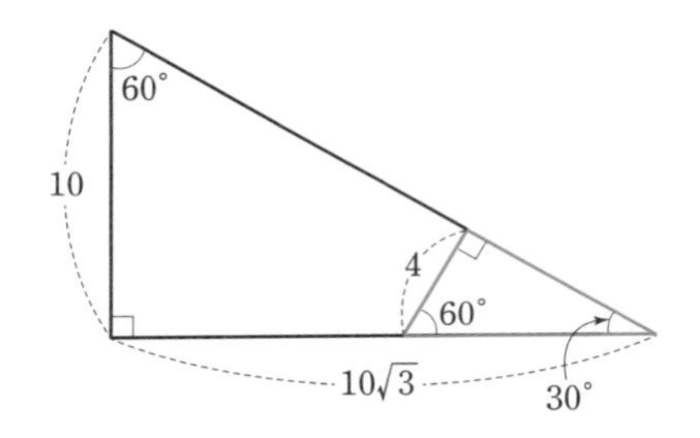

$(30°, 60°, 90°)$ 직각삼각형의 세 변의 길이는 $1:\sqrt{3}:2$의 비를 갖기 때문에 길이를 파악할 수 있습니다.

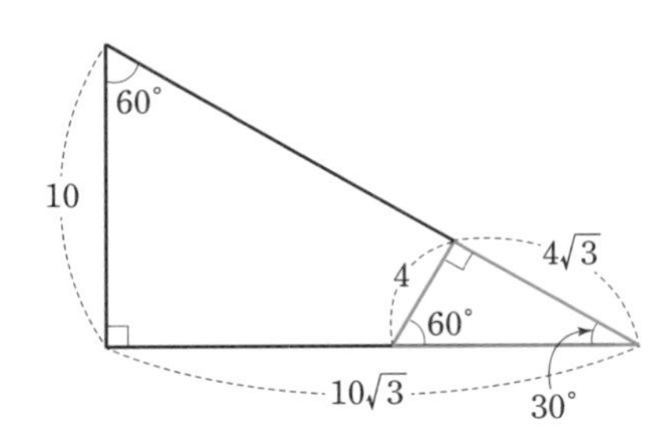

우리가 구하는 사각형의 넓이는 큰 직각삼각형에서 작은 직각삼각형을 뺀 넓이입니다. 따라서 다음과 같이 계산할 수 있습니다.

$$\frac{1}{2}\times 10\times 10\sqrt{3}-\frac{1}{2}\times 4\times 4\sqrt{3}=42\sqrt{3}$$

문제 116 **다음 그림에서 $\overline{AB}:\overline{CD}=1:2$이고, $\overline{AD}=8$, $\angle ADC=75°$일 때, 사각형 ABCD의 넓이는 얼마일까요?**

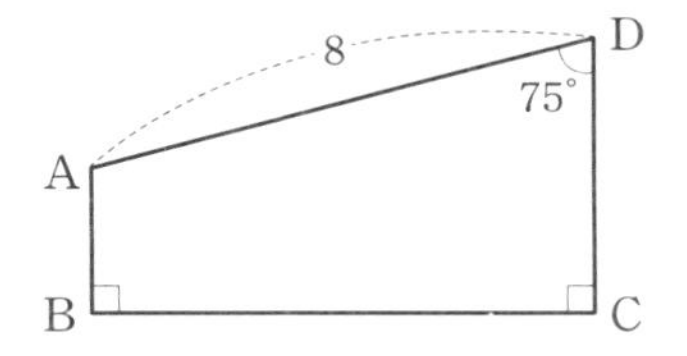

이 문제에서도 사각형 ABCD를 포함하는 직각삼각형을 만들어볼까요? $\angle D$가 $75°$이므로 세 각이 $15°$, $75°$, $90°$인 직각삼각형을 생각해볼 수 있습니다. 새롭게 그린 삼각형도 직각삼각형이 되는데, $\overline{AB}:\overline{CD}=1:2$이므로 작은 직각삼각형과 전체 큰 직각삼각형의 길이의 비도 $1:2$가 됩니다. 이것을 표시해보면 다음과 같습니다.

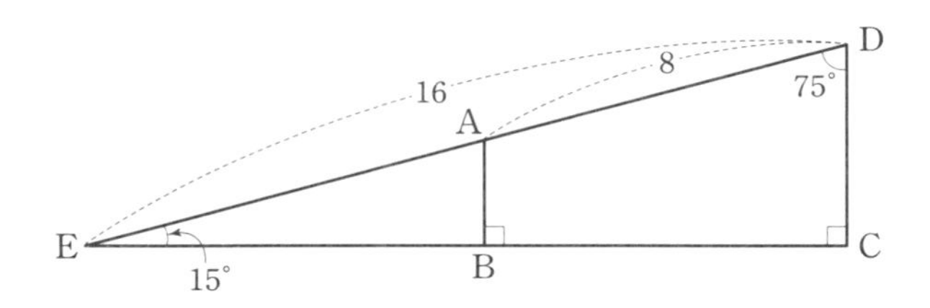

사각형 ABCD의 넓이는 삼각형 ECD의 넓이에서 삼각형 EAB의 넓이를 빼면 구할 수 있습니다. 그리고 삼각형 ECD와 EAB는 모두 각이 $(15°, 75°, 90°)$인 닮은 직각삼각형입니다.

먼저 직각삼각형 ECD의 넓이를 구해봅시다. ECD를 복사하여 붙이면 각이 $30°$인 이등변삼각형을 생각할 수 있습니다. 이 이등변삼각형의 넓이는 다음과 같이 꼭짓점 D에서 밑변으로 수직이 되는 선분을 그리면 $(30°, 60°, 90°)$인 직각삼각형이 만들어지고, 길이의 비에 따라 높이가 8이라는 것을 통해 구할 수 있습니다.

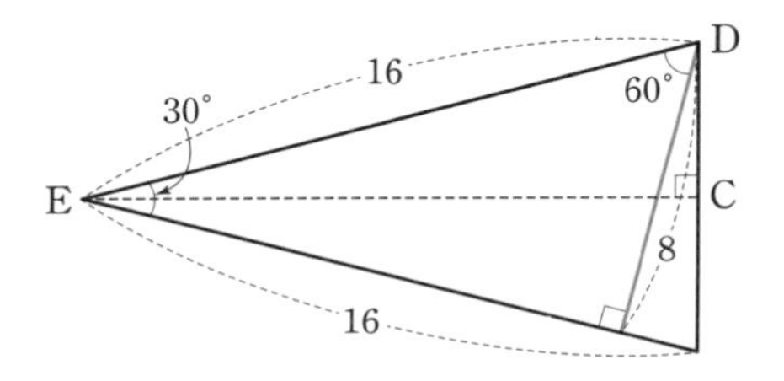

이등변삼각형의 넓이는 $\frac{1}{2} \times 16 \times 8 = 64$이고, 우리가 구하는 직각삼각형 ECD의 넓이는 $\frac{64}{2} = 32$입니다. 작은 직각삼각형 EAB도 같은 방법으로 넓이를 구할 수 있습니다.

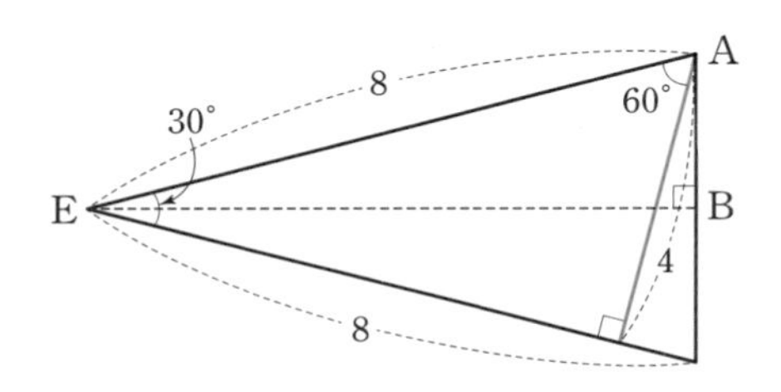

이등변삼각형의 넓이는 $\frac{1}{2} \times 8 \times 4 = 16$이고, 우리가 구하는 직각삼각형 EAB의 넓이는 $\frac{16}{2} = 8$입니다. 따라서 우리가 구하는 사각형 ABCD의 넓이는 $32 - 8 = 24$입니다.

각이 30°인 이등변삼각형의 넓이를 구하는 문제를 앞 장에서도 풀어봤는데요, 하나하나 계단을 밟고 올라가는 것처럼 수학 문제 하나를 해결한 경험이 그 문제와 전혀 상관없어 보이는 다른 수학 문제를 풀 때에도 도움이 됩니다. 그래서 수학 문제를 풀 때에는 대충 답만 구하기보다는 한 문제에 대해서도 다양한 접근 방법을 활용해 최대한 많은 아이디어를 찾아보기 바랍니다. 그 아이디어가 전혀 엉뚱한 문제를 풀 때에도 특별하게 적용될 수 있으니까요.

문제 117 다음 그림에서 $\overline{CD}$를 구하세요.

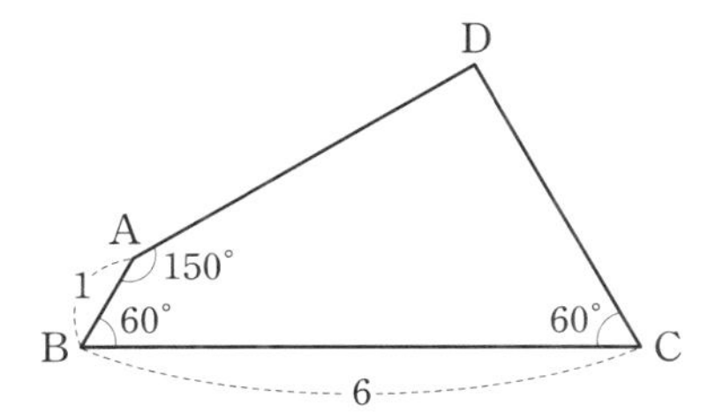

주어진 그림은 두 방향으로 확장시킬 수 있는데요, 먼저 문제의 조건에서 ∠D는 90°라는 것을 알 수 있습니다. 각을 표시해보면 다음과 같은 첫 번째 확장을 생각할 수 있습니다.

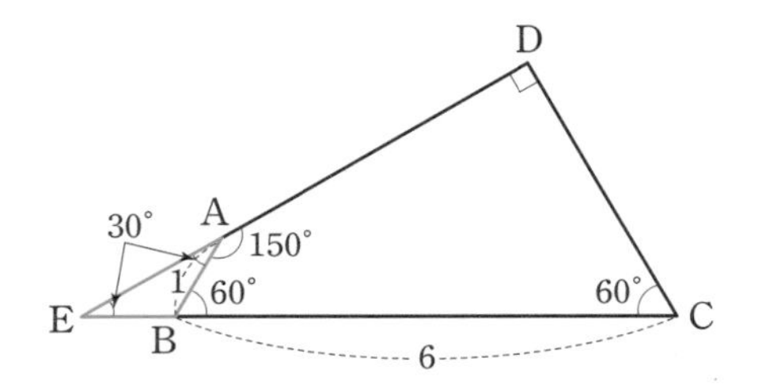

이렇게 만든 삼각형 ABE는 두 각이 각각 30°입니다. 따라서 이등변삼각형이고 $\overline{AB}=\overline{EB}=1$입니다. 즉 $\overline{EC}=\overline{EB}+\overline{BC}=1+6=7$입니다. ECD는 (30, 60°, 90°) 직각삼각형이므로 길이의 비가 $1:\sqrt{3}:2$입니다. 여기에서 $\overline{EC}=7$이므로 $\overline{CD}=\frac{7}{2}$입니다.

사각형 ABCD는 다음과 같은 방향으로 확장해볼 수도 있습니다.

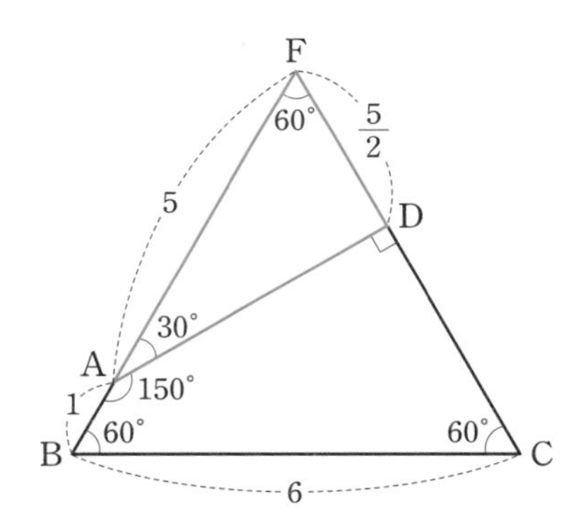

이렇게 만든 삼각형 ADF는 (30°, 60°, 90°) 직각삼각형이고, 길이의 비가 $1:\sqrt{3}:2$입니다. 또한 삼각형 BCF는 정삼각형이고, 한 변의 길이는 6입니다. 따라서 $\overline{AF}=5$, $\overline{DF}=\frac{5}{2}$입니다. 여기에서 $\overline{CF}=\overline{CD}+\overline{DF}=x+\frac{5}{2}=6$이므로 $x=\frac{7}{2}$입니다.

16장

전환의 기술

유연하게 생각하기

퀴즈를 하나 풀어볼까요? 다음과 같은 성냥개비 방정식에서 성냥개비 한 개만 움직여 올바른 식으로 고치는 겁니다. 방법이 세 가지라고 하니 모두 찾아보시죠.

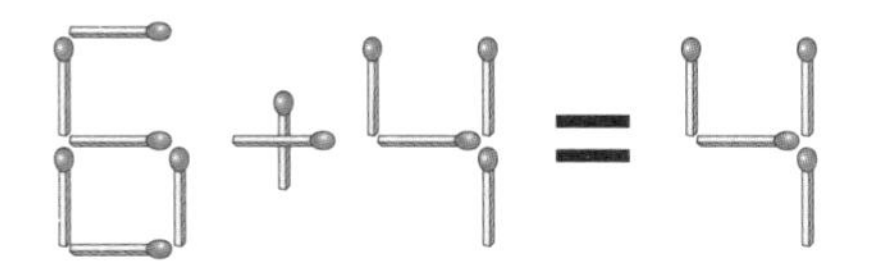

이런 퀴즈는 수학 문제와 상관이 없습니다. 하지만 이런 퀴즈는 다양한 생각을 할 수 있게 한다는 측면에서 수학 문제를 푸는 기술

을 배우는 데 도움이 됩니다. 그러니 유연한 생각으로 문제를 풀어 보세요.

답을 소개하면 다음과 같습니다.

8+4=4 8+4=4 6+4=9

정답을 확인하셨습니까? 이제 이런 유연한 생각으로 유클리드기하학 문제를 풀어봅시다.

문제 118 **다음 그림에서 색칠된 두 삼각형의 넓이의 합을 구하세요.**

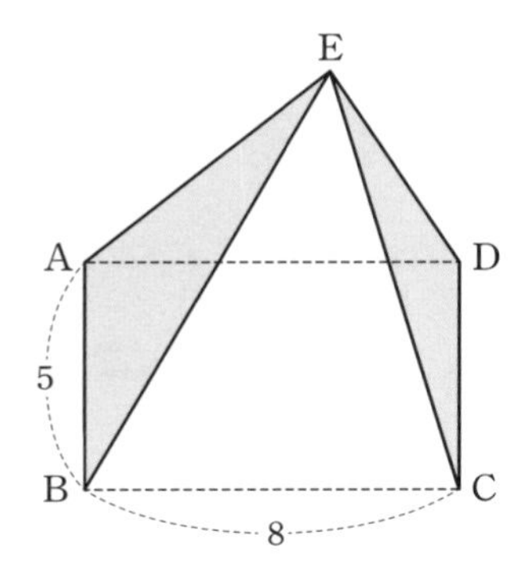

이 문제는 상황을 이해하면 아주 쉽게 답을 구할 수 있는데, 유

연하게 생각하지 못하면 답을 찾기 매우 어렵습니다. 문제를 이렇게 이해해봅시다. 삼각형의 넓이는 $\frac{1}{2}\times$(밑변)$\times$(높이)입니다. 그래서 밑변과 높이가 같은 삼각형은 형태가 달라도 넓이가 같습니다. 그럼 주어진 그림에서 다음과 같이 색칠된 삼각형과 넓이가 같은 삼각형을 한번 찾아보겠습니다.

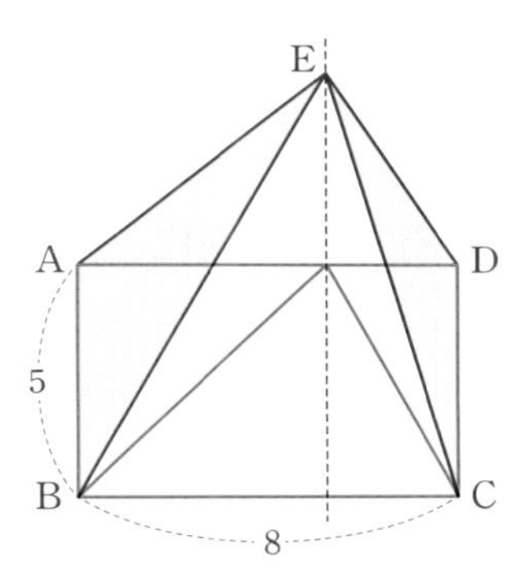

새로 찾은 삼각형은 색칠된 삼각형과 밑변이 같고 높이가 같기 때문에 넓이가 같습니다. 이 두 삼각형은 직사각형을 정확히 반으로 나누고 있습니다. 따라서 삼각형 두 개의 넓이의 합은 $5\times8\times\frac{1}{2}=20$이고, 이것이 우리가 찾는 색칠된 삼각형의 넓이의 합입니다.

하나의 문제를 풀면 우리는 그 문제와 관련된 상황을 경험하게 됩니다. 게임에서 경험치를 쌓으면 레벨이 올라가는 것처럼, 그런 생각의 경험은 우리의 문제해결능력을 키웁니다. [문제 118]의 경험을 활용하는 문제를 하나 풀어봅시다.

문제 119 다음 그림에서 정육각형의 넓이가 24일 때, 색칠된 삼각형의 넓이를 구하세요.

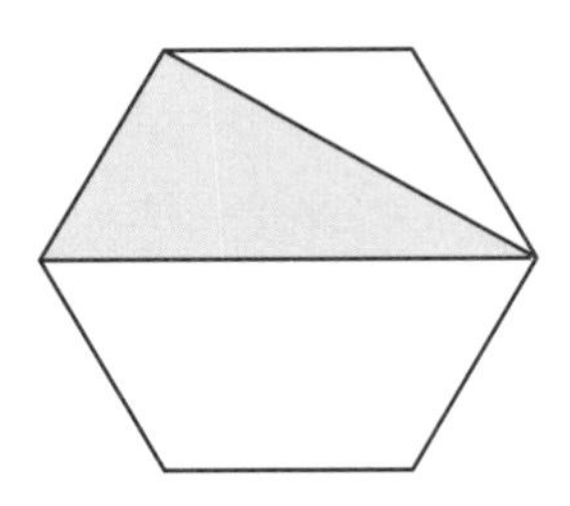

해당 부분이 정육각형에서 차지하는 비율을 먼저 살펴봅시다. 일단 색칠된 삼각형이 위치한 정육각형 윗부분을 살펴보면 될 것 같습니다. 색칠이 되지 않은 삼각형을 한번 볼까요? 이렇게 생각해보는 겁니다. 흰색 바탕에 색칠된 삼각형이 있는 게 아니라, 유색 바탕에 흰색 삼각형이 있다고 보는 겁니다. 흰색 삼각형을 보면 밑변과 높이가 같은 다음 삼각형을 생각할 수 있습니다.

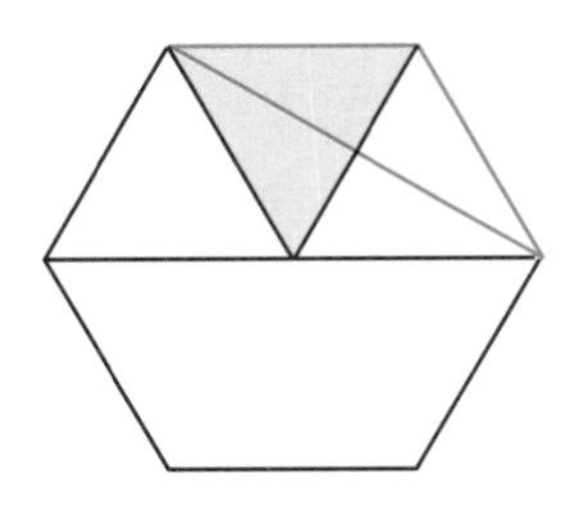

이렇게 놓고 보면 흰색 삼각형은 정육각형을 반으로 나눈 윗부분의 $\frac{1}{3}$이라는 것을 알 수 있습니다. 따라서 색칠된 삼각형은 정육각형을 반으로 나눈 윗부분의 $\frac{2}{3}$이고, 이것은 정육각형 전체의 $\frac{2}{6}$

입니다. 정육각형의 넓이가 24이므로 우리가 찾는 삼각형의 넓이는 8입니다.

문제 120 **다음 그림에서 정육각형의 넓이가 3일 때, 색칠된 사각형의 넓이를 구하세요.**

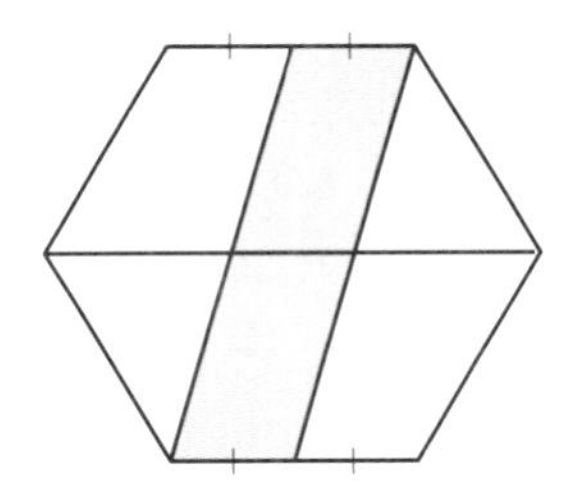

문제에서 색칠된 부분은 비스듬하게 기울어진 사각형인데요, 이렇게 비스듬하게 기울어진 사각형의 넓이는 수직인 직사각형의 넓이와 같습니다.

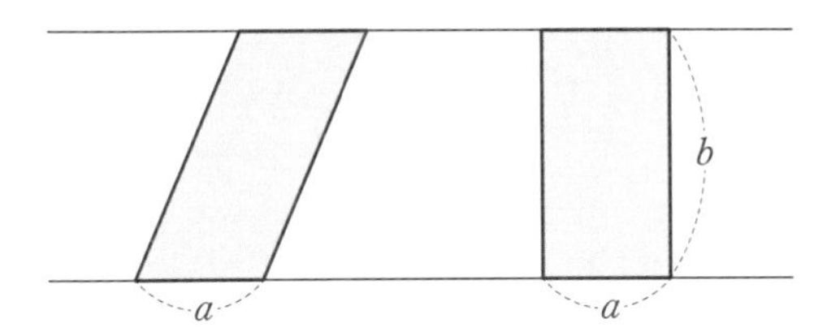

따라서 우리가 찾는 사각형의 넓이는 다음 직사각형의 넓이와 같습니다. 이것을 정육각형에 표시해보면 다음과 같고, 색칠된 부분을 나누어 붙이면 오른쪽 그림의 색칠된 부분과 넓이가 같다는 것을 알 수 있습니다.

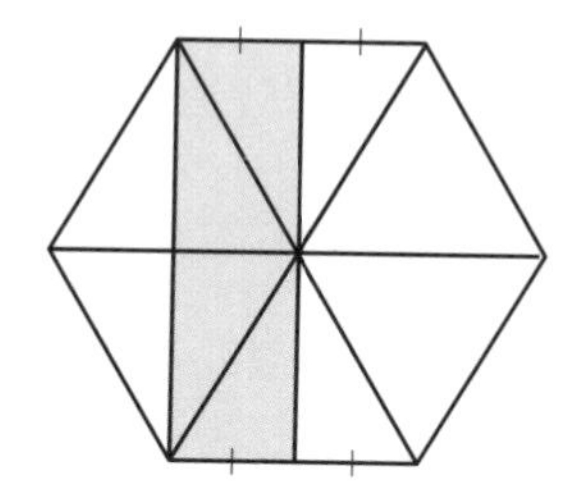

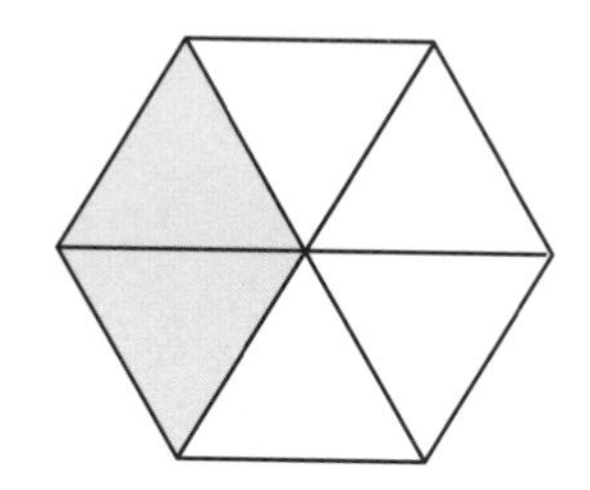

이렇게 관계를 파악하면 색칠된 부분이 전체 정육각형의 $\frac{1}{3}$이라는 것이 보입니다. 정육각형의 넓이가 3이므로 색칠된 부분의 넓이는 1입니다.

돌리고 뒤집어서 다른 시각에서 보기

다른 관점으로 바라보는 한 가지 방법은 실제로 고개를 돌려서 문제를 보는 겁니다. 문제를 옆으로 돌려서 보기도 하고 때로는 뒤집어서 보기도 하는 거죠. 문제를 통해 이해해봅시다.

문제 121 다음 그림에서 x의 길이를 구하세요.

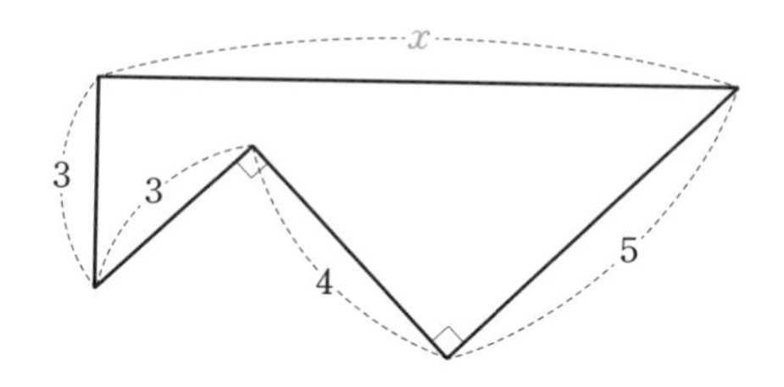

주어진 문제에 다음과 같이 선을 그어볼까요? $\overline{AE}$를 계산하여 피타고라스의 정리를 적용하면 x의 길이를 구할 수 있습니다.

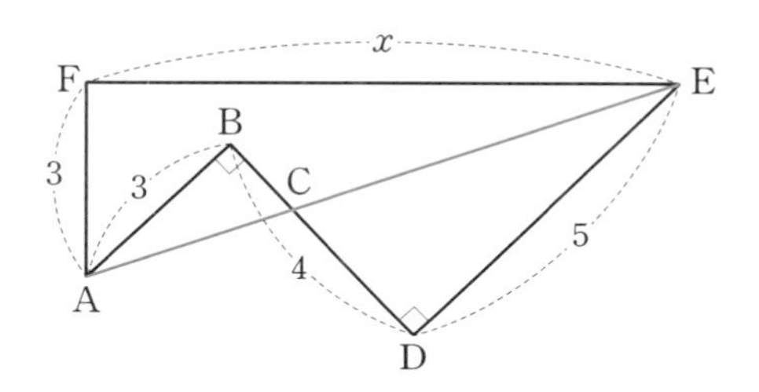

빨간색 선의 길이를 구하기 위해 문제를 약간 돌려보겠습니다.

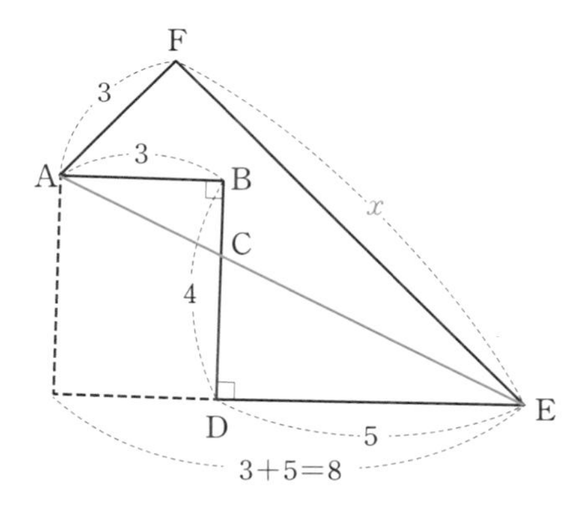

$$\overline{AE}^2=4^2+8^2=80$$

문제에서 삼각형 AEF 역시 직각삼각형이므로 $\overline{AE}^2=3^2+x^2$입니다. 따라서 $3^2+x^2=80$, 즉 $x=\sqrt{71}$입니다.

문제 122 다음 그림에서 색칠된 부분의 넓이를 구하세요.

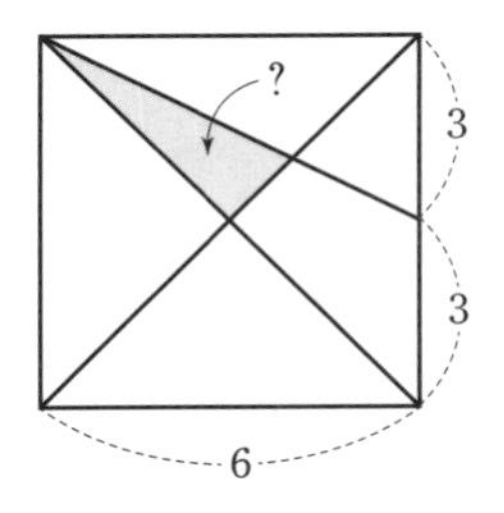

이 문제 역시 약간 고개를 돌려보면 좋습니다. 고개를 오른쪽으로 90° 돌리면 보이지 않았던 닮은 삼각형 두 개가 보입니다. 이 문제의 전략은 이렇습니다. 색칠된 부분의 넓이는 다음 그림의 1번 삼각형에서 2번 삼각형의 넓이를 빼면 찾을 수 있습니다. 1번 삼각형의 넓이는 닮음을 이용하여 구합니다.

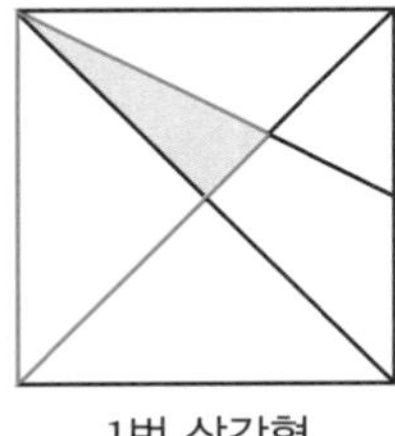

1번 삼각형

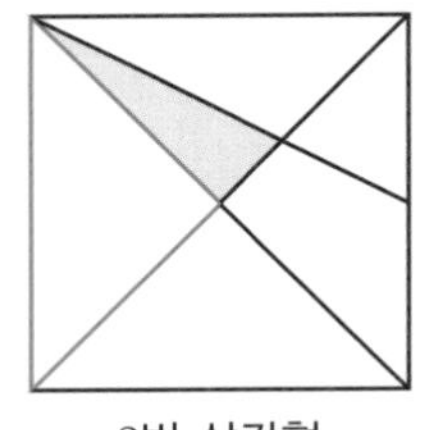

2번 삼각형

2번 삼각형은 전체 정사각형의 $\frac{1}{4}$로, 밑변이 6이고 높이가 3입니다. 따라서 넓이가 $\frac{1}{2} \times 6 \times 3 = 9$입니다. 이제 1번 삼각형의 넓이만 구하면 문제는 해결됩니다. 1번 삼각형은 다음과 같이 마주보는 삼각형과 2:1의 비율로 닮았습니다. 고개를 오른쪽으로 90° 돌려서 보면 더 쉽게 눈에 들어옵니다.

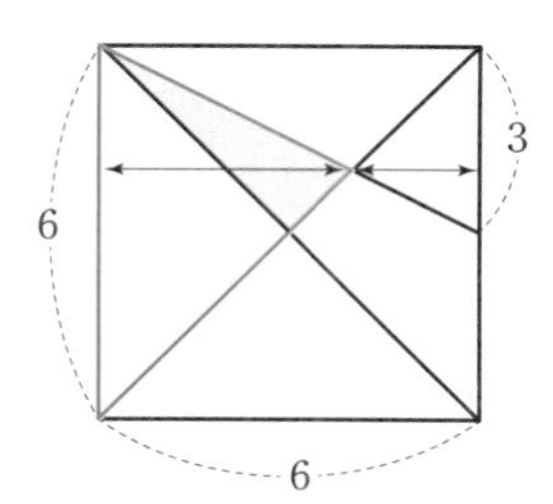

두 삼각형의 닮음비가 2:1이므로, 높이의 비율도 2:1입니다. 여기에서 두 삼각형의 높이는 각각 $6\times\frac{2}{3}$와 $6\times\frac{1}{3}$로, 즉 1번 삼각형의 높이는 $6\times\frac{2}{3}=4$이고, 넓이는 $\frac{1}{2}\times6\times4=12$입니다. 따라서 우리가 구하는 색칠된 부분의 넓이는 $12-9=3$입니다.

문제 123 다음 그림에서 $\overline{AB}$, $\overline{CD}$, $\overline{EF}$가 평행일 때, $\overline{EF}$의 길이를 구하세요.

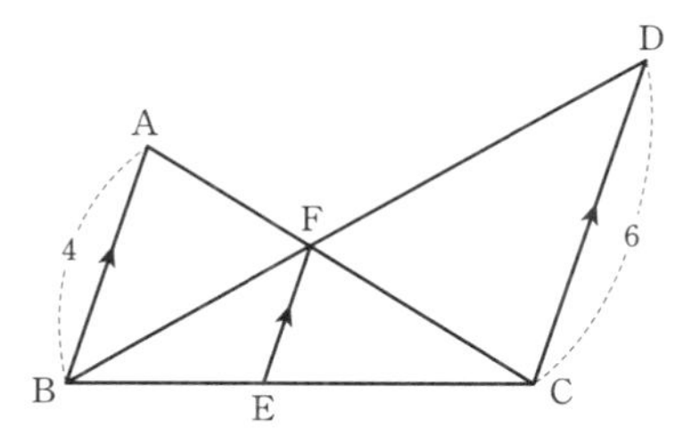

이 문제는 도형의 닮음을 활용하는 문제인데, 다양한 시각으로 몇 개의 닮음을 찾아야 합니다. 먼저 다음과 같이 삼각형 ABF와 삼각형 CDF의 닮음을 생각할 수 있습니다. 닮음비는 4:6=2:3이므로 다음과 같이 $\overline{AF}$, $\overline{CF}$ 그리고 $\overline{BF}$, $\overline{DF}$의 길이를 표시해봅시다.

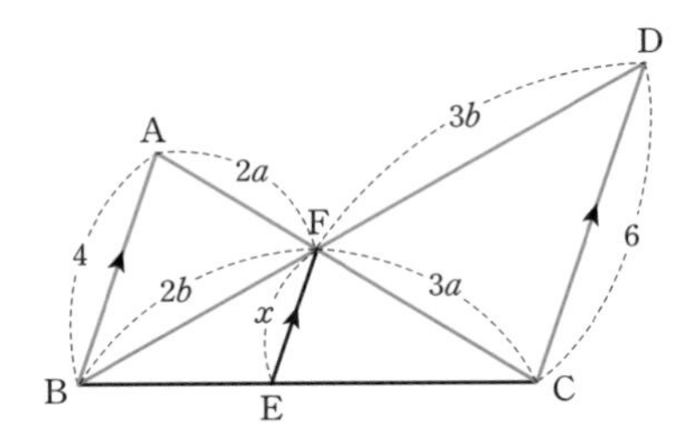

다른 관점에서 또 다른 닮음을 찾을 수 있습니다. 다음과 같은 두 가지 닮음입니다.

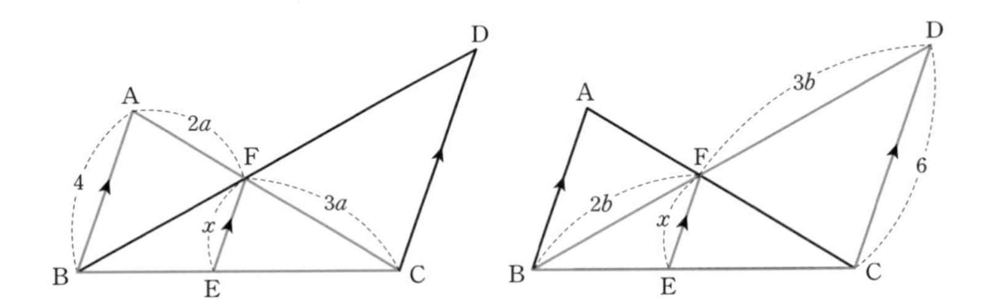

삼각형 CAB와 삼각형 CFE가 닮음이고 닮음비는 5∶3입니다.

$$5a:4=3a:x$$

삼각형 BCD와 삼각형 BEF 역시 닮음이고 닮음비가 5∶2입니다.

$$5b:6=2b:x$$

두 식을 정리하면 다음과 같은 관계가 나옵니다.

$$12a = 5a \times x$$

$$12b = 5b \times x$$

따라서 $12(a+b) = 5(a+b) \times x$, 즉 $x = \frac{12}{5}$입니다.

문제 124 다음 그림에서 $\overline{DB}$의 길이를 구하세요.

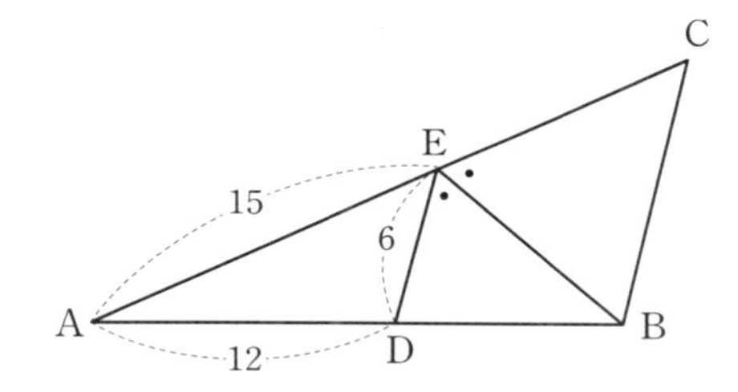

삼각형 BDE와 똑같은 삼각형을 $\overline{BE}$와 맞닿도록 다음과 같이 삼각형 BEF를 만들어봅시다.

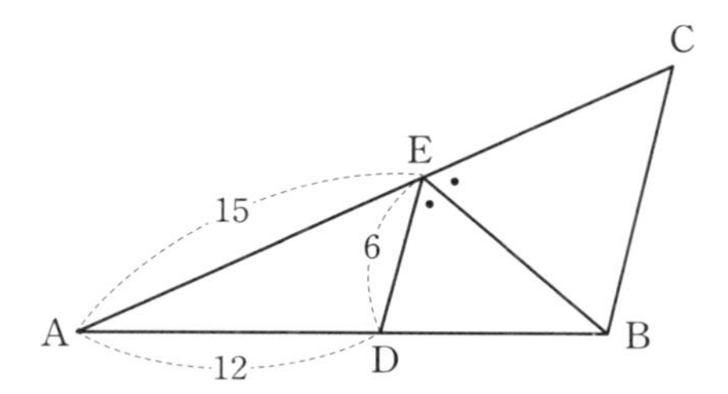

복사하여 붙였기 때문에 $\overline{EF} = \overline{ED} = 6$입니다. $\overline{AC}$를 기준으로 삼각형 ABE와 삼각형 EBF를 비교해보면 두 삼각형은 높이가 같기 때문에 밑변의 비가 바로 넓이의 비입니다.

$\overline{AE}:\overline{EF}=15:6=5:2$이므로 삼각형 ABE와 삼각형 EBF의 넓이의 비는 $5:2$입니다.

삼각형 ABE는 삼각형 ADE와 삼각형 DBE로 나눌 수 있고, DBE의 넓이는 삼각형 EBF의 넓이와 같습니다. 여기에서 삼각형 ADE와 삼각형 DBE의 넓이의 비는 $3:2$입니다. 마찬가지로 이 두 삼각형은 높이가 같기 때문에 넓이의 비가 바로 밑변의 비입니다. 따라서 $\overline{AD}:\overline{DB}=3:2$이고, $\overline{AD}=12$이므로 $\overline{DB}=8$입니다.

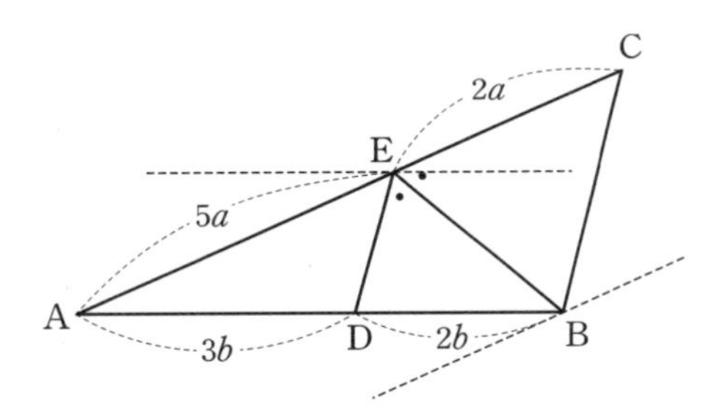

다음 퀴즈를 한번 풀어보시죠. 차가 주차된 구역의 숫자는 무엇일까요?

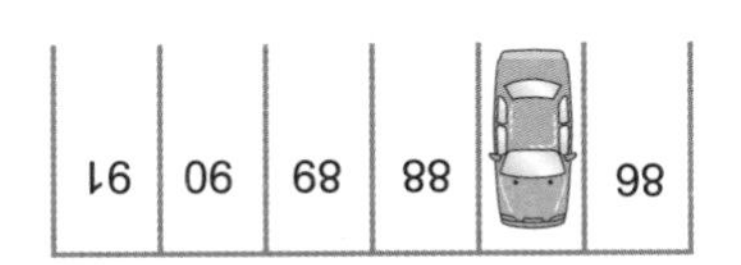

이 퀴즈는 그냥 봐서는 풀기 어려운 문제입니다. 하지만 책을 거꾸로 돌려서 문제를 보면 간단하게 해결됩니다. 책을 거꾸로 돌리면 이렇게 보일 겁니다.

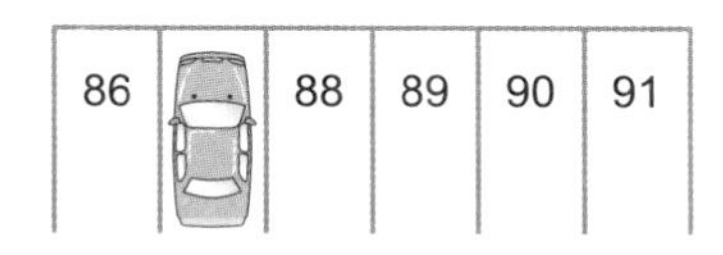

발상의 전환만으로 자동차가 가리고 있는 숫자가 87이라는 것을 한눈에 알 수 있습니다. 이렇게 관점을 바꾸는 것만으로 알 수 없던 문제의 해답을 찾는 경우가 많습니다.

17장

찾기의 기술

유클리드기하학, 이것만 알아두자

우리가 학습한 유클리드기하학의 기본 지식을 한번 정리해봅시다. 지금 살펴보는 기본 지식만 있으면 유클리드기하학의 모든 문제에 접근할 수 있습니다. 풀지 못한다면 지식이 없기 때문이 아니라 아이디어가 없는 것입니다. 자세한 설명보다는 그림을 통해 살펴봅시다.

각에 대한 기본 내용

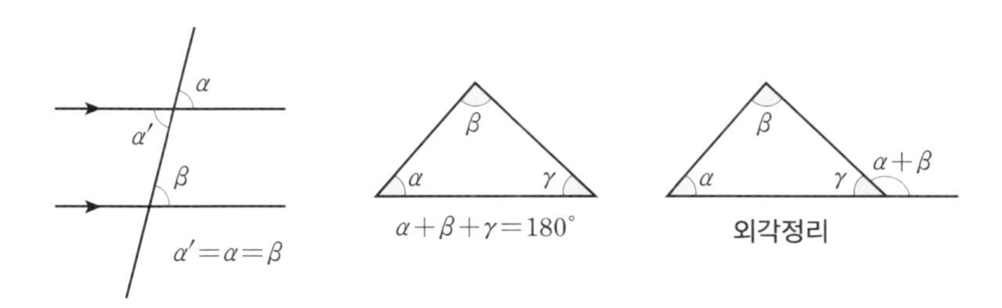

삼각형의 닮음

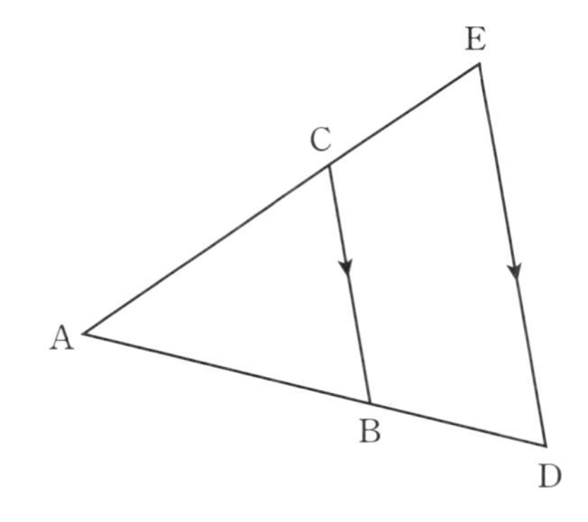

삼각형 ABC와 삼각형 ADE가 닮음이라면

$$\overline{AB} : \overline{AD} = \overline{AC} : \overline{AE} = \overline{BC} : \overline{DE}$$

$$\frac{\overline{AD}}{\overline{AB}} = \frac{\overline{AE}}{\overline{AC}} = \frac{\overline{DE}}{\overline{BC}}$$

문제해결의 아이디어: 닮은 삼각형을 찾으라!

삼각형의 넓이

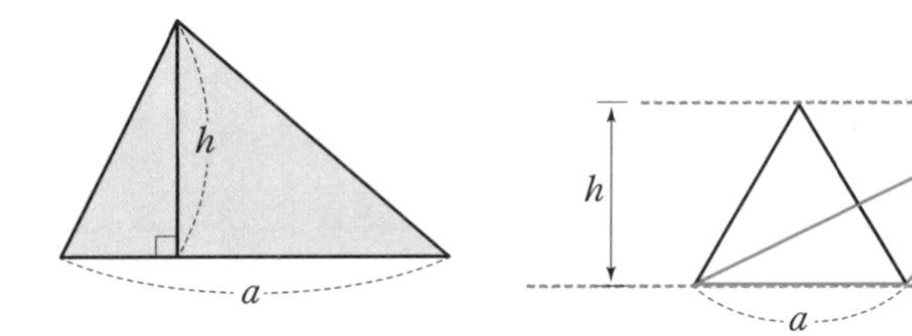

$S=\frac{1}{2}\times a\times h$ 밑변이 같고, 높이가 같은 삼각형은 넓이가 같다

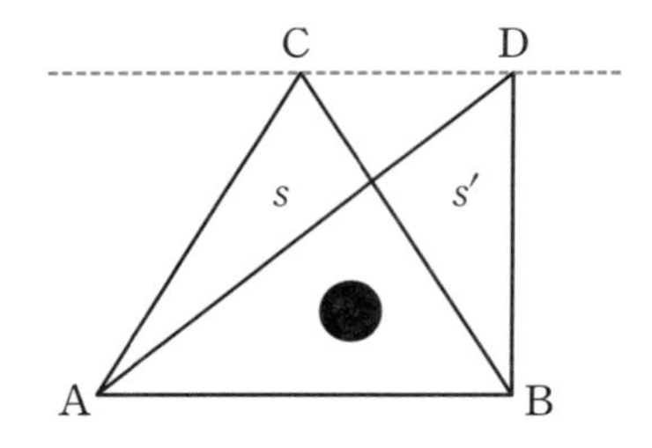

$S=S'$, 삼각형의 넓이가 같다

문제해결의 아이디어: 넓이가 같은 삼각형을 찾으라!

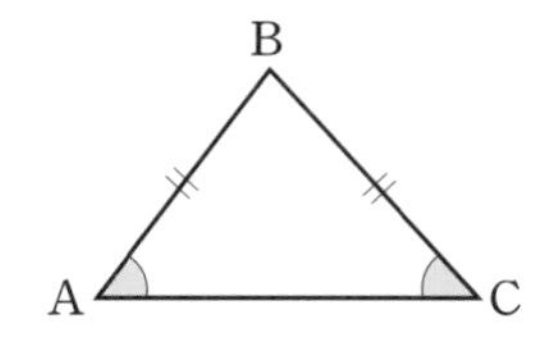

$$\overline{AB}=\overline{BC} \Leftrightarrow \angle BAC=\angle BCA$$

문제해결의 아이디어: 이등변삼각형을 찾으라!

피타고라스의 정리

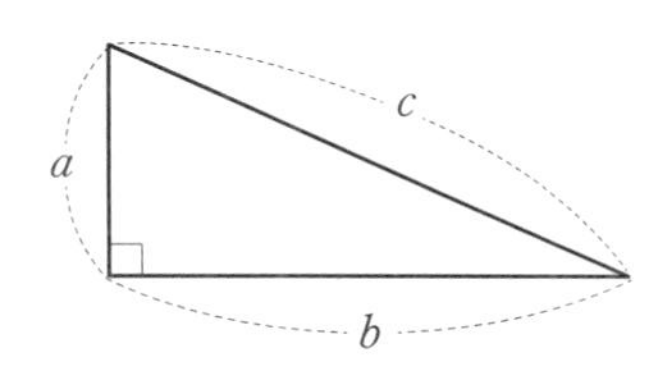

$$a^2+b^2=c^2$$

문제해결의 아이디어: 직각삼각형을 찾으라!

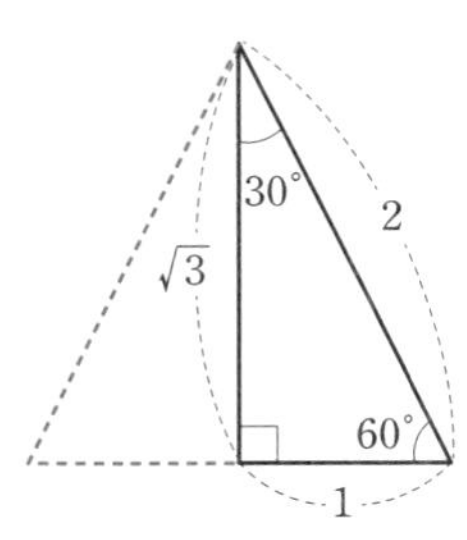

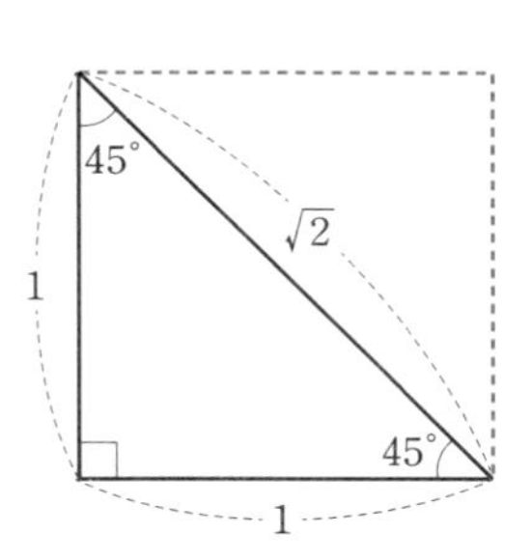

문제해결의 아이디어: 30°, 45°, 60°, 90°를 찾으라!

특별한 도형만 찾는다면 풀지 못할 문제는 없다

문제 125 다음 그림에서 $\overline{AD}+\overline{BC}=20$, $\overline{AC}=16$일 때, $\overline{BD}$의 길이를 구하세요.

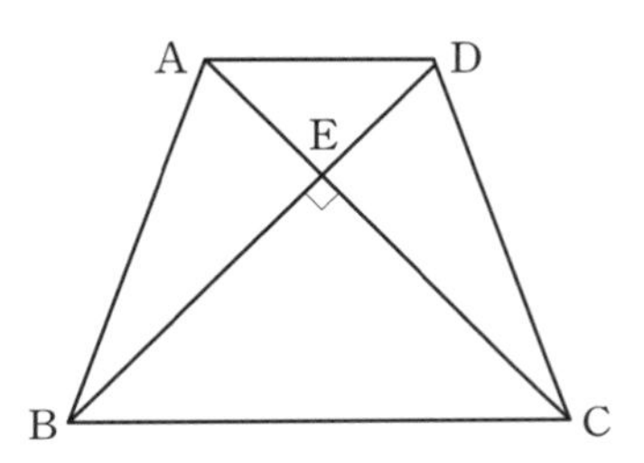

선분의 길이를 더한 값은 평행선을 그으면 알 수 있습니다.

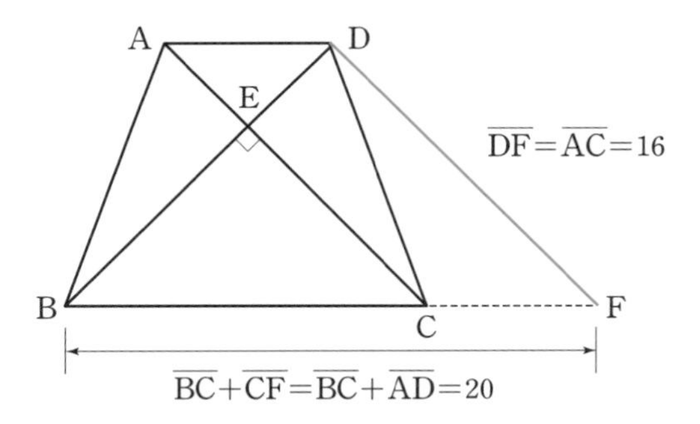

삼각형 BDF는 직각삼각형입니다. $\overline{BF}=20$, $\overline{DF}=16$이므로 직각삼각형 BDF는 길이의 비가 3:4:5인 직각삼각형입니다. 3:4:5의 비율에 4를 곱하면, 12:16:20인 직각삼각형이 됩니다. 따라서 $\overline{BD}=12$입니다.

문제 126 다음 그림에서 정사각형 ABCD의 한 변의 길이가 12일 때, $\angle$EBF의 크기를 구하세요.

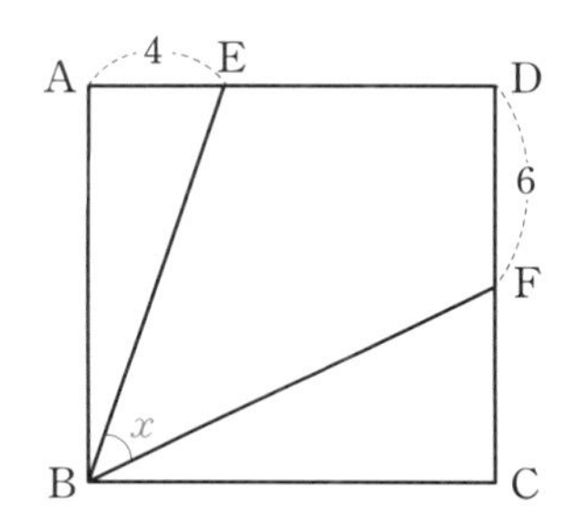

이 문제를 두 가지 방법으로 풀어봅시다. 일단 필요한 정보를 그림에 적으면 다음과 같은 직각삼각형 DEF를 볼 수 있습니다.

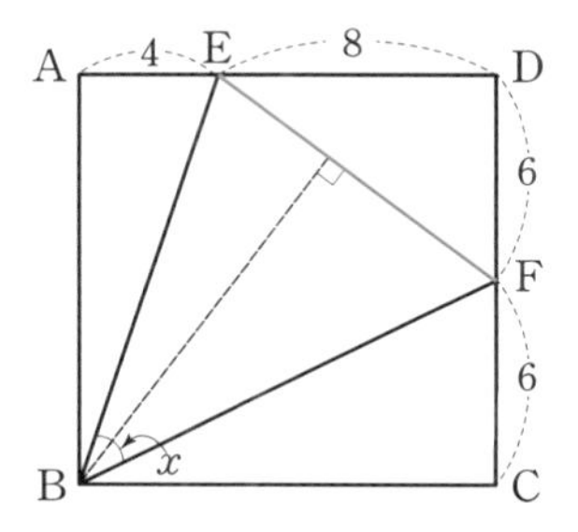

두 변의 길이가 6, 8인 직각삼각형은 우리에게 익숙한 세 변의 길이가 3, 4, 5인 직각삼각형과 동일한 길이의 비를 갖습니다. 각 변의 길이가 6, 8, 10인 직각삼각형이죠. 여기에서 $\overline{EF}=10$이므로 $\overline{AE}+\overline{CF}=10$입니다. 이것은 삼각형 ABE와 삼각형 BCF가 삼각형 BEF와 포개진다는 것을 의미합니다. 따라서 $\angle$EBF는 직각인

$\angle$ABC를 반으로 나누는 각이므로 $\angle$EBF$=45^\circ$ 입니다.

두 번째 풀이는 문제의 도형을 확장해서 그려보는 것입니다. 다음과 같이 그려봅시다.

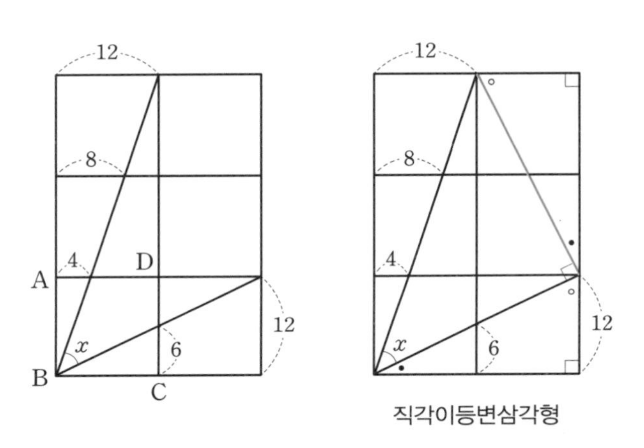

확장하여 그려보면 직각이등변삼각형이 만들어집니다. 따라서 우리가 찾는 각 $x=45^\circ$ 입니다.

문제 127 다음 그림에서 $\overline{BD}$의 길이를 구하세요.

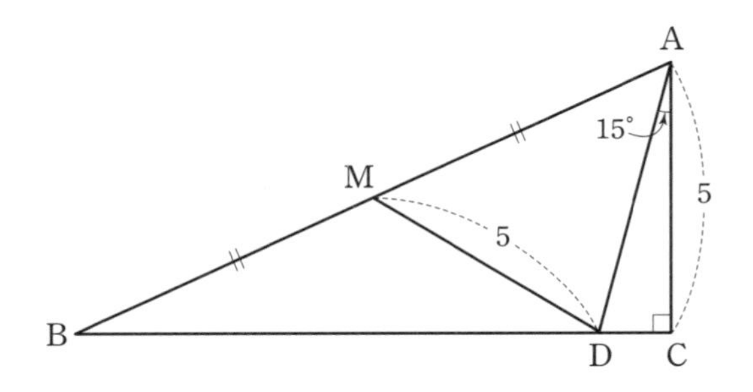

문제에 드러나 있지는 않지만, 필요한 정보를 얻기 위해 닮음 도형을 찾아봅시다. 다음과 같이 M에서 선분 $\overline{BD}$로 수직으로 선을 그어보면, 삼각형 ABC와 삼각형 MBE는 닮음이고 닮음비는 2:1입니다. 따라서 $\overline{ME}=\frac{5}{2}$입니다.

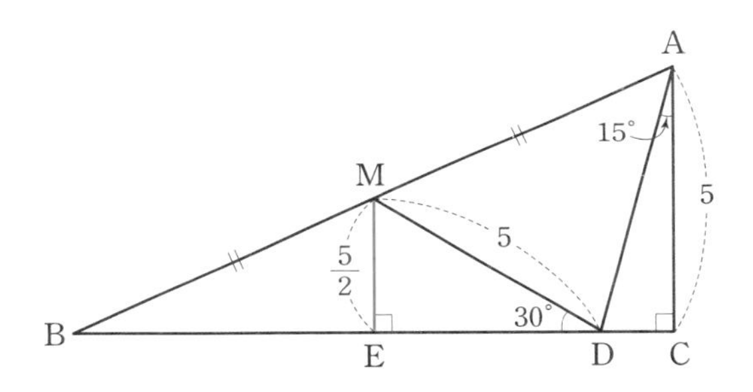

$\overline{MD}=5$이고 $\overline{ME}=\frac{5}{2}$이므로 직각삼각형 MED는 우리가 알고 있는 (30°, 60°, 90°) 직각삼각형입니다. 이제 또 하나의 닮은 도형을 의도적으로 만들어봅시다. 다음과 같이 $\overline{MD}$와 평행인 $\overline{AF}$를 그어보면, 삼각형 ABF와 삼각형 MBD가 닮음이고 닮음비는 2:1입니다. 따라서 $\overline{BD}=\overline{DF}$이고, $\overline{MD}=5$이므로 $\overline{AF}=10$입니다.

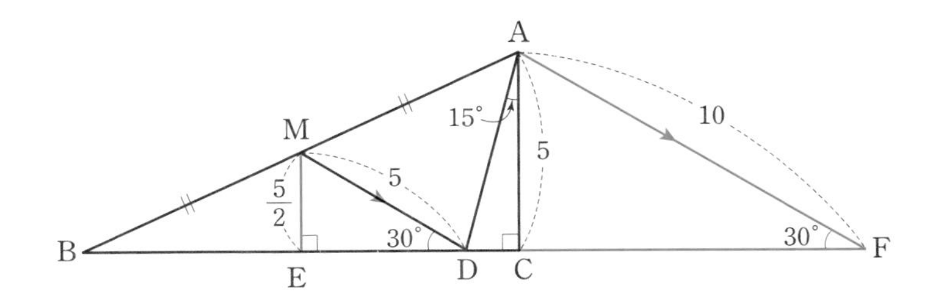

이제 각도를 살펴보면, ∠FAD는 15°+60°=75° 입니다.

$\angle ADF$ 역시 75° 입니다. 여기에서 삼각형 FAD는 이등변삼각형이고, $\overline{DF}=\overline{AF}=10$입니다. 삼각형 ABF와 삼각형 MBD가 닮음이고 닮음비는 $2:1$입니다. 따라서 우리가 구하는 $\overline{BD}=\overline{DF}=10$입니다.

문제 128 다음 그림에서 색칠된 부분의 넓이를 구하세요.

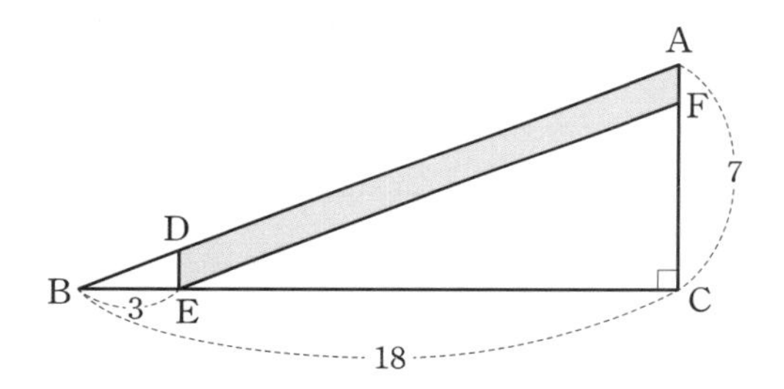

삼각형 ABC와 삼각형 DBE는 닮음입니다. 따라서 $\overline{DE}$의 값은 다음과 같이 계산할 수 있습니다.

$$\overline{BC}:\overline{AC}=\overline{BE}:\overline{DE}$$
$$18:7=3:\overline{DE}$$
$$\overline{DE}=\frac{7}{6}$$

결론적으로 색칠된 부분은 다음의 조건을 따릅니다.

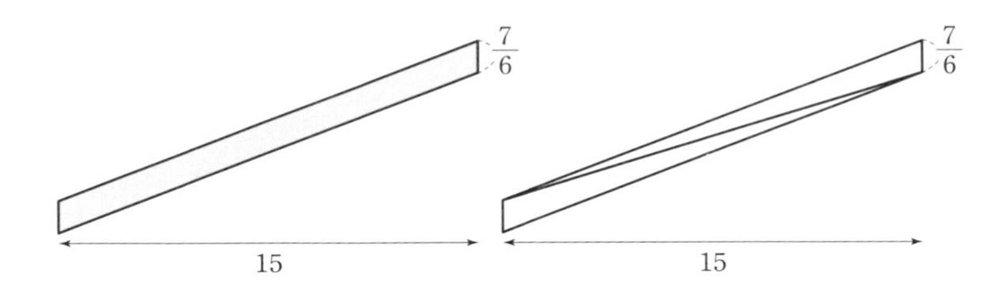

주어진 도형의 넓이는 $\frac{7}{6}\times 15=\frac{35}{2}$입니다. 이 계산이 약간 의심스럽다면 해당 도형을 삼각형 두 개로 나눈다고 생각해보세요. 삼각형의 넓이는 $\frac{1}{2}\times$(밑변)$\times$(높이)입니다. 이렇게 봐도 의심이 가시지 않는다면 다음과 같이 직접 계산을 해봐도 좋습니다.

다음 그림에서 제시된 직사각형의 넓이는 $a\times(b+c)$입니다. 또한 직사각형의 넓이는 세 개의 영역의 넓이를 합한 값입니다. 색칠된 부분의 넓이를 S라고 하면 세 영역의 넓이는 $\frac{1}{2}\times a\times b+S+\frac{1}{2}\times a\times b=S+ab$입니다.

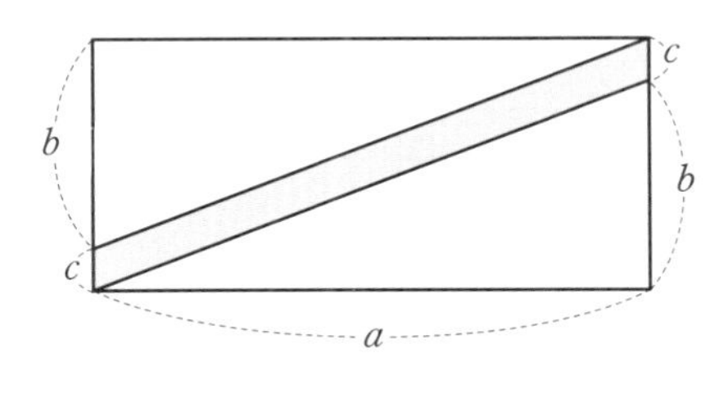

$$a\times(b+c)=S+ab$$

$$S=ac$$

직관적으로 위의 결과가 와닿지 않을 수 있습니다. 다음 상황을 한번 보시죠. 세 길의 폭이 모두 같을 때, 가장 넓은 길은 무엇일까요?

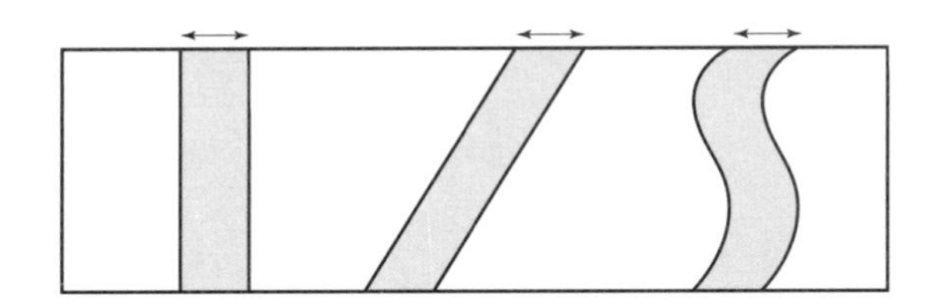

이 문제의 정답은 "넓이가 모두 같다"입니다. 다음과 같이 가로로 선을 그어보면 모든 선에서 폭이 같기 때문입니다.

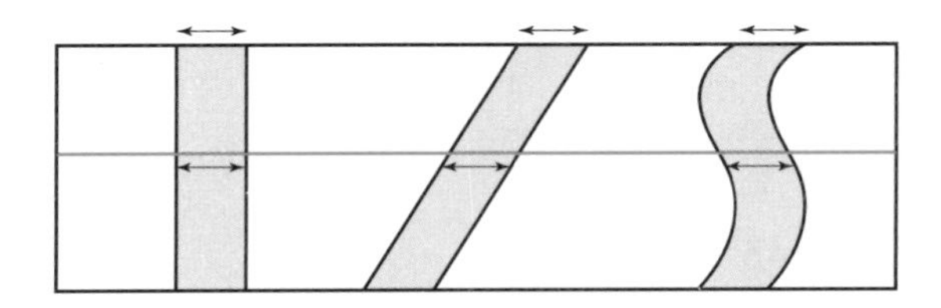

물리적으로는 다음과 같이 동전을 쌓은 것으로 이해하기도 합니다. 같은 개수의 동전을 쌓았다면 부피가 같습니다. 따라서 옆에서 보이는 단면의 넓이도 같은 것이죠.

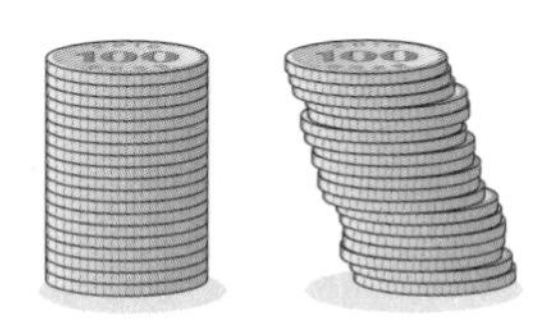

문제 129 다음 그림에서 색칠된 부분의 넓이를 구하세요.

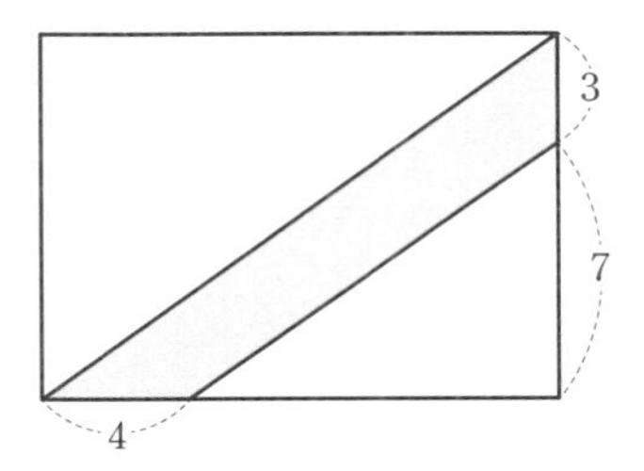

색칠된 부분을 연장하여 평행사변형의 모습을 그리면 다음과 같습니다.

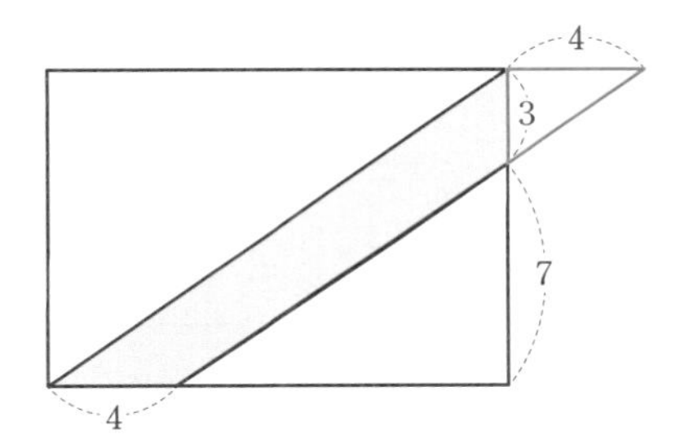

따라서 색칠된 부분은 폭이 4이고 높이가 10인 평행사변형에서 밑변이 4이고 높이가 3인 삼각형을 제외한 도형이라고 볼 수 있습니다. 따라서 다음과 같이 넓이를 계산할 수 있습니다.

$$4 \times 10 - \frac{1}{2} \times 4 \times 3 = 34$$

문제 130 다음 그림에서 두 직각삼각형의 넓이의 합을 구하세요.

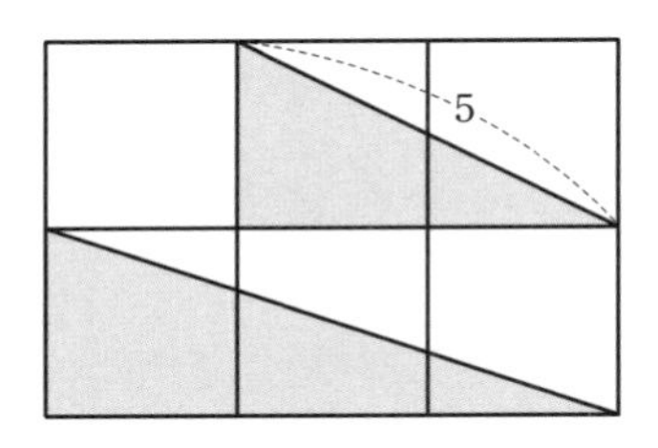

이 문제를 세 가지 방법으로 풀어봅시다. 첫 번째 방법은 피타고라스의 정리를 이용하여 계산하는 것입니다. 작은 정사각형의 한 변의 길이를 a라고 하면 주어진 조건에 피타고라스의 정리를 적용하여 다음과 같이 계산할 수 있습니다.

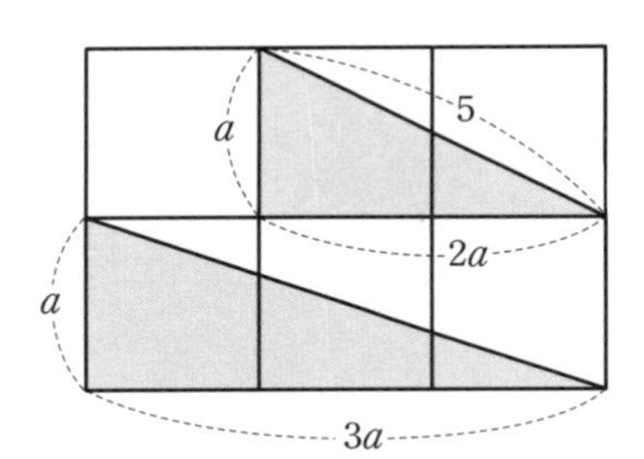

$$a^2+4a^2=5^2$$
$$a=\sqrt{5}$$

색칠된 두 삼각형의 넓이의 합은 다음과 같습니다.

$$\frac{1}{2}\times a\times 2a+\frac{1}{2}\times a\times 3a=\frac{5}{2}\times a^2=\frac{25}{2}$$

두 번째 방법은 색칠된 부분을 나눠서 넓이의 비를 각각 살펴보는 것입니다. 먼저 다음과 같이 색칠된 두 삼각형의 넓이는 각각 정사각형 하나의 넓이 그리고 정사각형 $\frac{3}{2}$의 넓이와 같습니다.

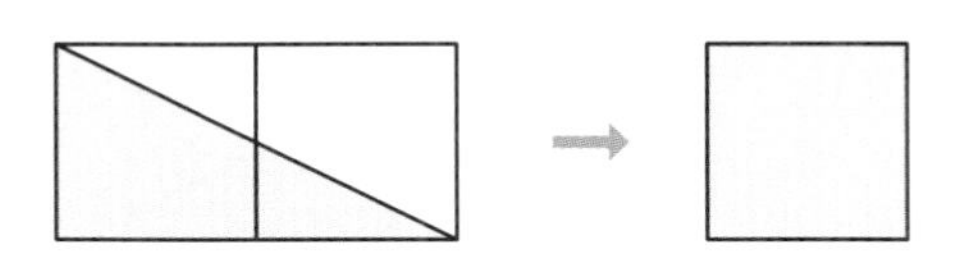

두 정사각형의 $\frac{1}{2}$ = 정사각형

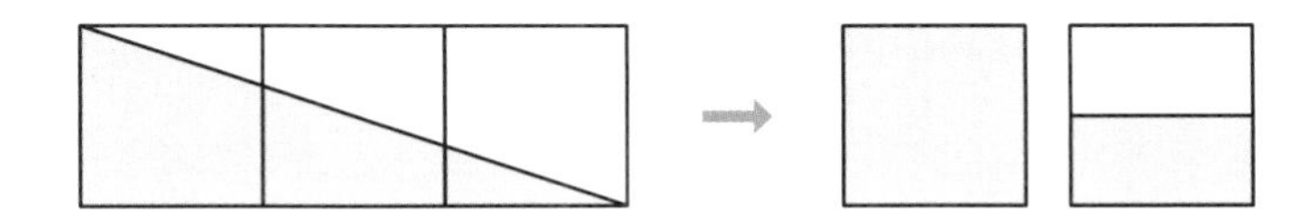

세 정사각형의 $\frac{1}{2}=\frac{3}{2}$개의 정사각형

따라서 색칠된 두 부분의 넓이의 합은 정사각형 $\frac{5}{2}$개의 넓이입니다. 이제 우리는 정사각형 하나의 넓이를 구하면 됩니다. 우선 오른쪽과 같이 이 도형을 네 개 붙여봅시다.

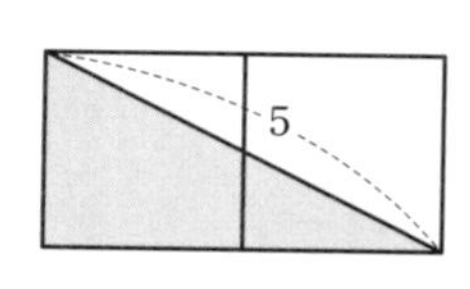

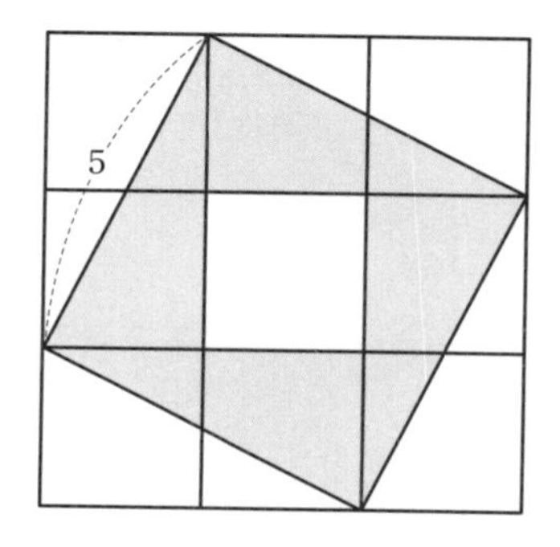

이렇게 붙여보면 한 변의 길이가 5인 정사각형의 넓이는 색칠된 삼각형 네 개와 가운데 정사각형 하나의 넓이와 같습니다. 색칠된 삼각형 하나의 넓이는 작은 정사각형 하나의 넓이와 같다고 했습니다. 여기에서 한 변의 길이가 5인 정사각형은 작은 정사각형 다섯 개의 넓이와 같습니다. $25=5\times x$이므로 작은 정사각형 하나의 넓이는 5입니다. 문제에서 주어진 도형은 정사각형 $\frac{5}{2}$개의 넓이와 같습니다. 따라서 우리가 찾는 색칠된 부분의 넓이는 $5\times\frac{5}{2}=\frac{25}{2}$입니다.

이 문제를 푸는 세 번째 방법은 계산하기보다 먼저 상황을 재구성하는 것입니다. 문제에 주어진 두 도형은 다음과 같이 다시 배치할 수 있습니다.

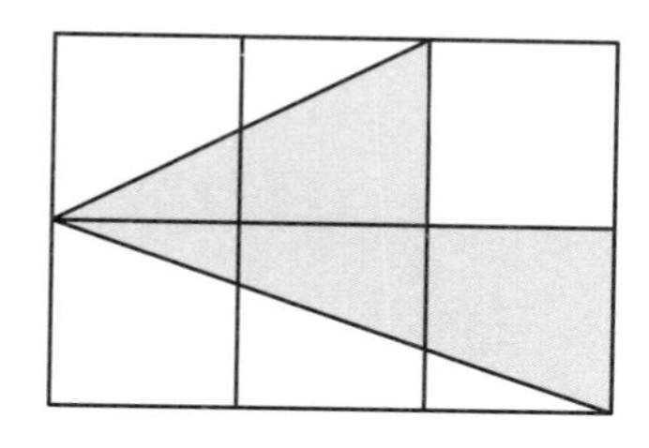

이렇게 배치한 후 다음과 같이 선을 그어보면 합동인 두 삼각형을 생각할 수 있습니다. 둘이 합동이므로 다음과 같이 바꿔서 넓이를 계산해도 넓이가 같습니다.

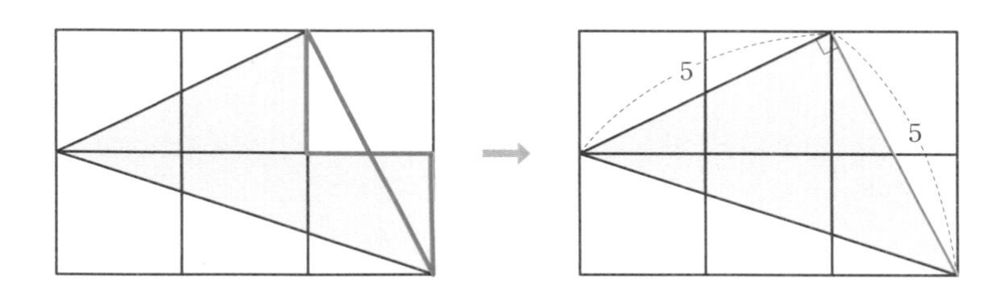

이렇게 재구성하면 한 변의 길이가 5인 직각이등변삼각형의 넓이로 두 직각삼각형의 넓이의 합을 구할 수 있습니다. 따라서 넓이는 $\frac{25}{2}$입니다.

문제 131 다음 그림에서 정사각형의 넓이를 구하세요.

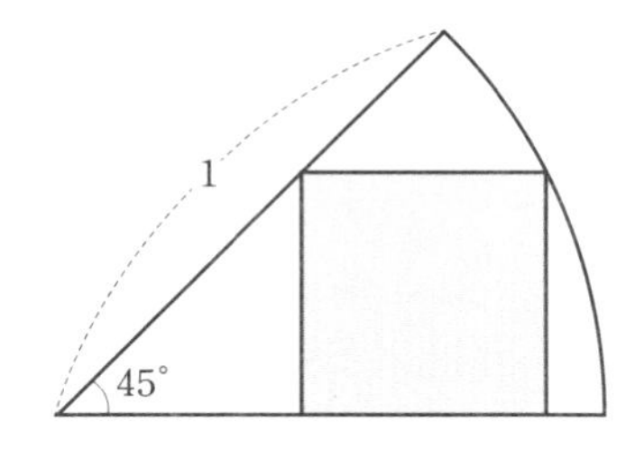

이 문제는 다음과 같이 정사각형의 한 변의 길이를 a라고 놓고 관계식을 만들어서 해결할 수 있습니다. 주목할 것은 부채꼴의 중심각이 45°이므로 직각이등변삼각형을 생각하면 다음과 같이 정

보를 파악할 수 있다는 것입니다.

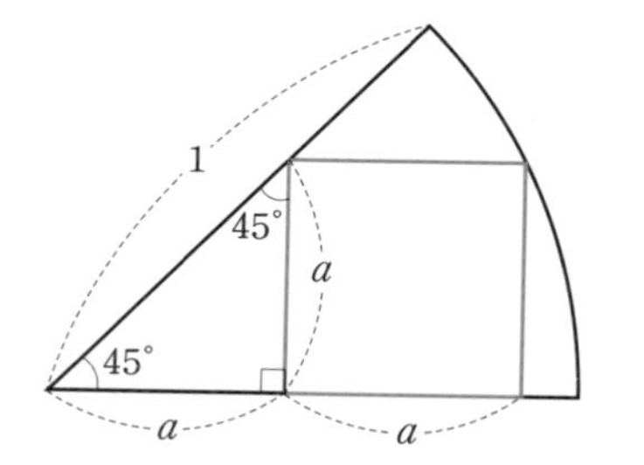

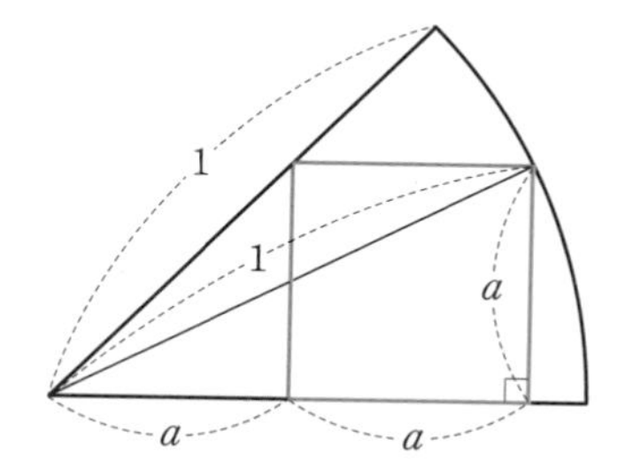

피타고라스의 정리를 적용하면 쉽게 계산할 수 있습니다.

$$a^2+(2a)^2=1^2$$

$$a^2=\frac{1}{5}$$

정사각형의 넓이는 $\frac{1}{5}$입니다. 여기에서 또 하나 관련된 질문을 해보자면 "피타고라스의 정리를 쓰지 않고 계산할 수 있을까?"입니다. 사실 피타고라스의 정리와 같은 공식을 적용하면 우리는 더 이상 상상할 필요가 없습니다. 이 문제를 이제 피타고라스의 정리 없이 풀어봅시다. 위의 단계에서 최종적으로 우리는 다음과 같은 상황에서 정사각형의 넓이를 구해야 합니다.

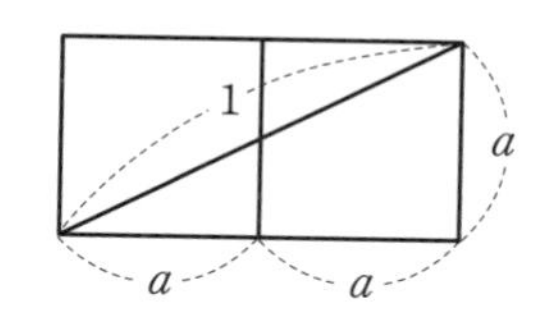

정사각형 두 개를 관통하는 대각선의 길이가 1일 때, 그 정사각형의 넓이를 구하는 문제인데요, 정사각형 두 개가 연결된 도형을 다음과 같이 붙여보겠습니다.

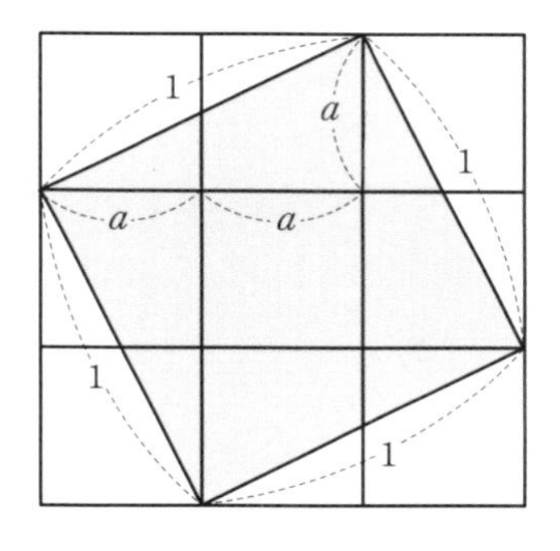

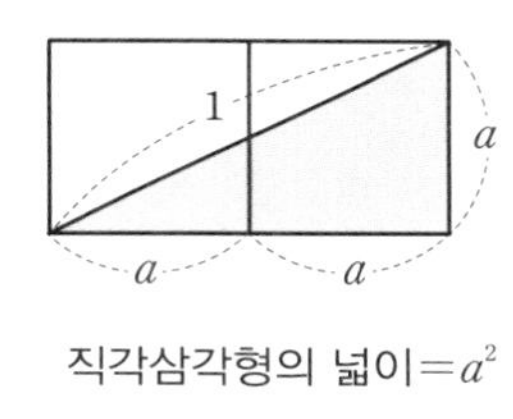

직각삼각형의 넓이$=a^2$

이렇게 그려보면 가로세로 길이가 1인 정사각형에 넓이가 a^2인 직각삼각형 네 개와 정사각형 한 개가 있는 것을 볼 수 있습니다. 따라서 $5a^2=1$이고, 우리가 찾는 정사각형의 넓이 a^2은 $\frac{1}{5}$입니다.

18장

조작의 기술

적극적으로 문제에 개입하기

문제를 풀 때에는 아이디어가 떠오르기만을 수동적으로 기다리기보다는 적극적으로 문제에 개입해야 합니다. 유클리드기하학 문제의 경우 연장선을 그어보기도 하고, 보조선을 그어보기도 하고, 때로는 한 부분을 떼어내어 다른 부분에 붙여보기도 하는 등 적극적인 활동이 필요합니다. 특히 특정한 부분을 오려서 적당한 위치에 붙여보는 상상으로 문제가 해결되기도 하는데요, 이렇게 문제를 풀면 학습자는 매우 짜릿한 쾌감을 느끼게 됩니다. 연습을 할 때 종이에 실제로 그려보고 오려서 붙여보며 문제를 풀어보세요. 내 손으로 직접 종이를 만져가며 문제를 풀어보면 문제를 보는 안목도 높아지고 상상력도 커집니다.

문제 132 다음 그림에서 사다리꼴의 넓이를 구하세요.

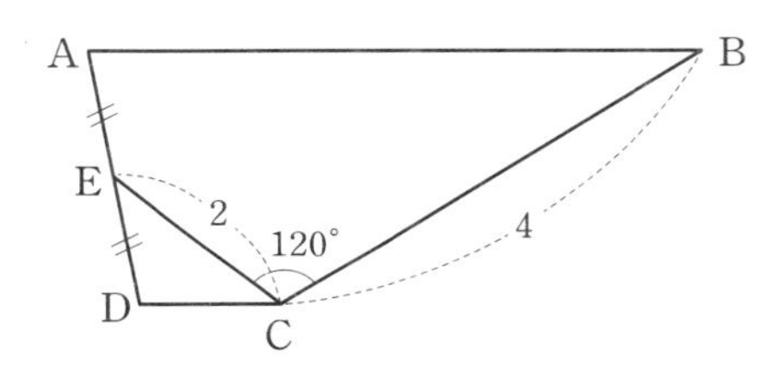

문제에서 주어진 사다리꼴 내부의 삼각형 EDC는 $\overline{AE}=\overline{ED}$이므로 삼각형 EDC를 잘라서 $\overline{AE}$와 $\overline{ED}$가 맞닿도록 붙여볼 수 있습니다. 이렇게 붙이면 다음과 같은 삼각형이 됩니다.

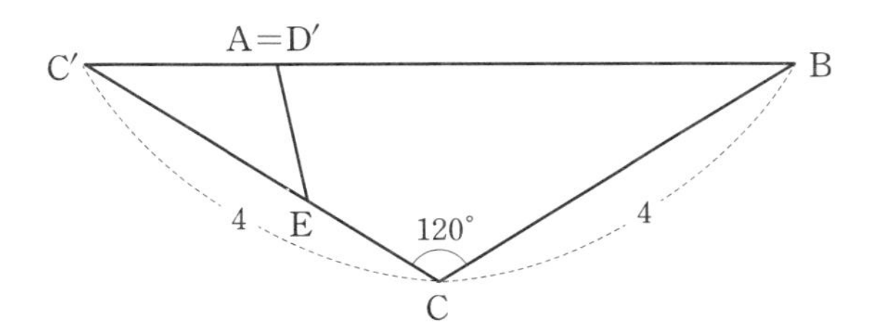

이제 [문제 132]은 이등변삼각형의 넓이를 구하는 문제가 되었습니다. 이등변삼각형의 넓이를 구하기 위해 이등변삼각형을 다음과 같이 반으로 잘라봅시다.

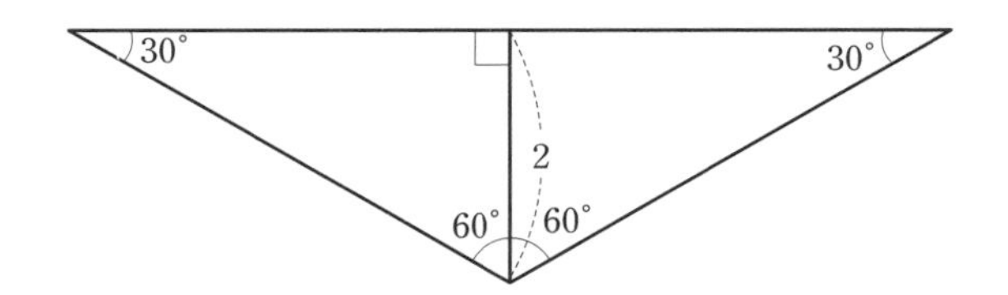

세 각이 30°, 60°, 90°인 직각삼각형의 변의 길이의 비가 $1:\sqrt{3}:2$이므로 이 삼각형의 높이는 2이고 밑변은 $2\sqrt{3}$입니다. 이등변삼각형의 넓이는 직각삼각형 두 개의 넓이이므로 $4\sqrt{3}$입니다.

문제의 조건 살펴보기

사다리꼴로 주어진 문제를 잘라 붙여서 이등변삼각형을 만들었습니다. 두 각이 30°인 이등변삼각형이기 때문에 반을 자르면 우리가 알고 있는 세 각이 30°, 60°, 90°인 직각삼각형이 나옵니다. 이 문제에서 '오려 붙여보자'는 생각을 할 수 있었던 것은 $\overline{AE}=\overline{ED}$라는 조건에 주목했기 때문입니다. 문제의 조건은 그냥 주어지지 않습니다. 모두 문제를 해결하는 과정에 활용되죠. 그래서 늘 문제의 조건을 유심히 살펴봐야 합니다.

문제 133 다음 그림에서 $\overline{AM}=\overline{BM}$, $\overline{DM}=6$, $\overline{CM}=8$, $\overline{BC}=8$일 때, 사각형 ABCD의 넓이를 구하세요.

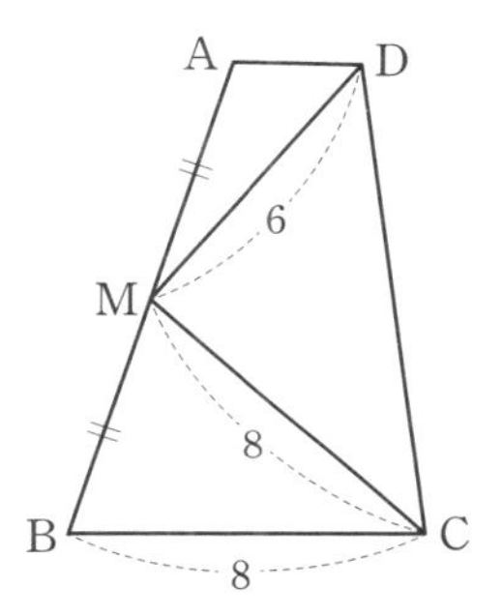

문제의 조건 중 우리가 눈여겨봐야 할 것은 $\overline{AM}=\overline{BM}$이라는 겁니다. M을 중심으로 보면 각 $\angle AMD+\angle BMC=90°$입니다. 따라서 삼각형 AMD를 잘라서 $\overline{AM}$과 $\overline{BM}$이 맞닿도록 붙이면 전체는 다음과 같은 삼각형이 됩니다.

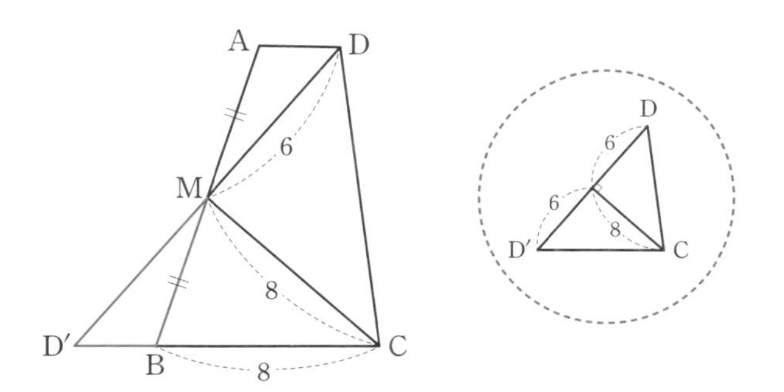

이렇게 오려 붙여보면 우리가 구하는 사각형의 넓이는 삼각형 DCD′의 넓이가 됩니다. 여기에서 삼각형 DCD′의 넓이는 $\frac{1}{2}\times12\times8=48$입니다.

문제 134 다음 그림에서 $\overline{AB}=\overline{AD}$이고, $\angle D+\angle B=180°$, $\overline{AC}=10$, $\angle ACB=15°$일 때, 사각형 ABCD의 넓이를 구하세요.

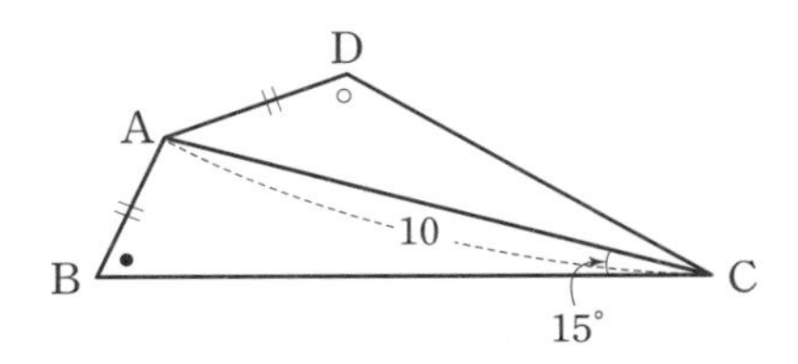

문제의 조건에서 $\overline{AB}=\overline{AD}$이고 $\angle D+\angle B=180°$라는 것은 삼각형 ACD를 잘라서 $\overline{AB}$와 $\overline{AD}$가 맞닿도록 붙이면 $\overline{BC}$와 $\overline{DC}$가 같은 직선 위에 놓이게 된다는 것을 의미합니다. 그림으로 표시해 보면 다음과 같습니다.

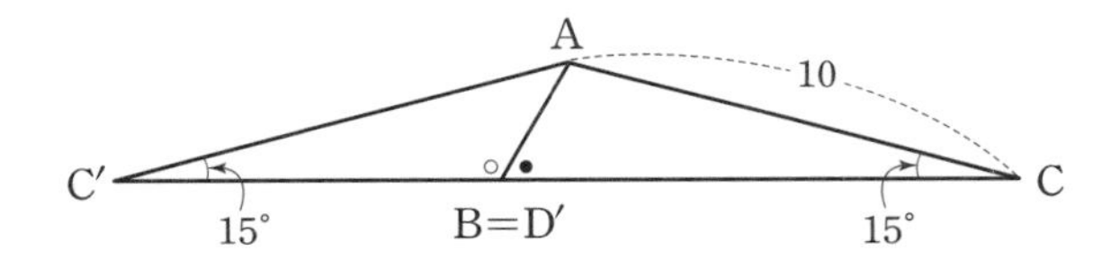

$\overline{AC}$를 잘라서 붙였기 때문에 $\overline{AC}=\overline{AC'}$이고, 이등변삼각형이기 때문에 $\angle AC'B=15°$입니다. 이제 우리의 문제는 이등변삼각형 ACC′의 넓이를 구하는 것입니다. 이등변삼각형 ACC′의 넓이를 구하기 위해 다음과 같이 이어지는 직각삼각형을 생각해봅시다.

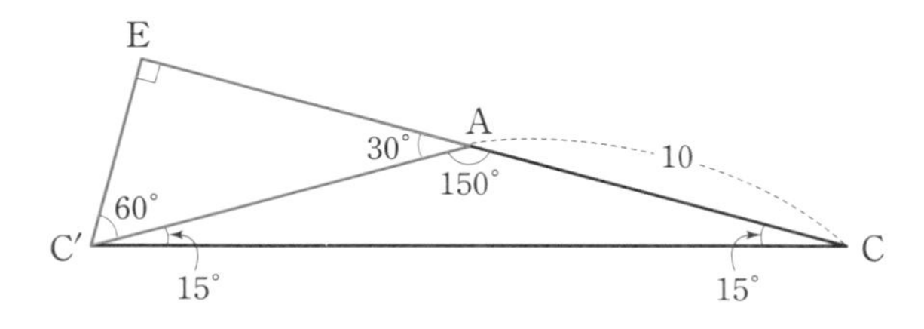

문제의 조건에서 $\overline{\mathrm{AC}}=10$이므로, $\overline{\mathrm{AC'}}=10$, $\overline{\mathrm{EC'}}=5$입니다. 따라서 삼각형 ACC′의 넓이는 다음과 같이 계산할 수 있습니다.

$$S=\frac{1}{2}\times\overline{\mathrm{EC'}}\times\overline{\mathrm{AC}}=\frac{1}{2}\times5\times10=25$$

삼각형 ACC′의 밑변과 높이를 $\overline{\mathrm{EC'}}$와 $\overline{\mathrm{AC}}$로 두는 것이 이해가 가지 않을 수도 있는데요, 그런 경우에는 다른 방법으로 이해하면 좋습니다. 직각삼각형 ECC′의 넓이에서 직각삼각형 AEC′의 넓이를 빼는 것으로 삼각형 ACC′의 넓이를 계산하여 앞의 결과와 같은지 확인해보면 됩니다. $\overline{\mathrm{EC'}}=5$이므로, $\overline{\mathrm{EA}}=5\sqrt{3}$입니다. 이 계산을 해보면 다음과 같이 결과가 같습니다.

$$\begin{aligned}S&=\frac{1}{2}\times\overline{\mathrm{EC'}}\times\overline{\mathrm{EC}}-\frac{1}{2}\times\overline{\mathrm{EC'}}\times\overline{\mathrm{EA}}\\&=\frac{1}{2}\times5\times(10+5\sqrt{3})-\frac{1}{2}\times5\times5\sqrt{3}\\&=\frac{1}{2}\times5\times10=25\end{aligned}$$

문제 135 다음 그림에서 x의 크기를 구하세요.

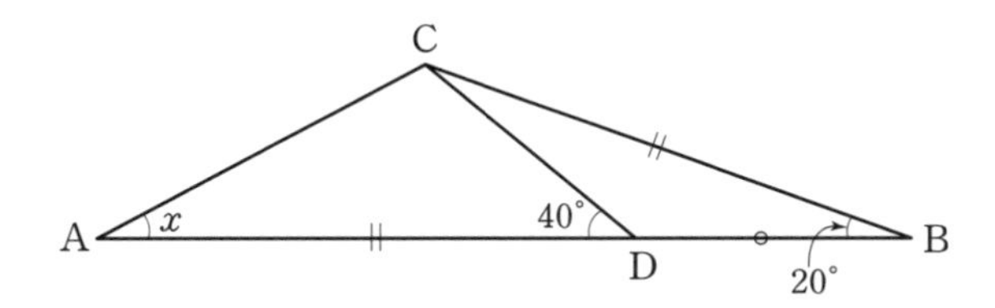

먼저 $\angle CDA = 40^\circ$이므로 외각정리에 따라 $\angle DCB = 20^\circ$이고, 삼각형 BCD는 이등변삼각형입니다. 따라서 $\angle BDC = 140^\circ$입니다. $\overline{AD} = \overline{BC}$라는 문제의 조건을 생각하면 삼각형 BCD를 오려서 $\overline{BC}$와 $\overline{AD}$가 맞닿도록 삼각형 ACD에 붙일 수 있습니다. 이렇게 오려 붙인 삼각형을 B′C′D′이라고 하면 다음 그림과 같이 나타낼 수 있습니다.

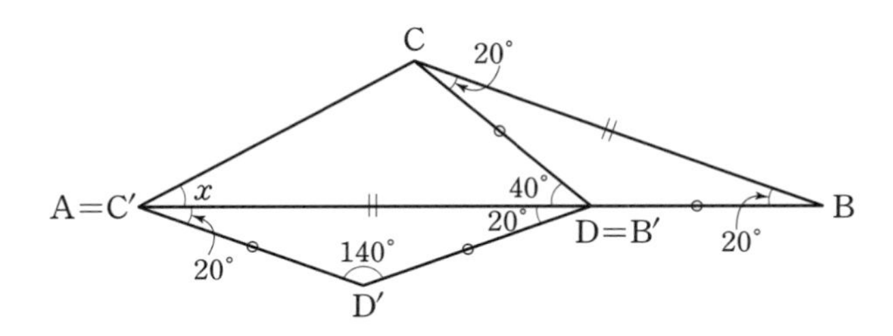

여기에서 우리는 $\overline{CD} = \overline{D'B'}$이라는 사실과 $\angle CDD' = 60^\circ$라는 사실에서 다음과 같은 정삼각형 CDD′을 떠올릴 수 있습니다.

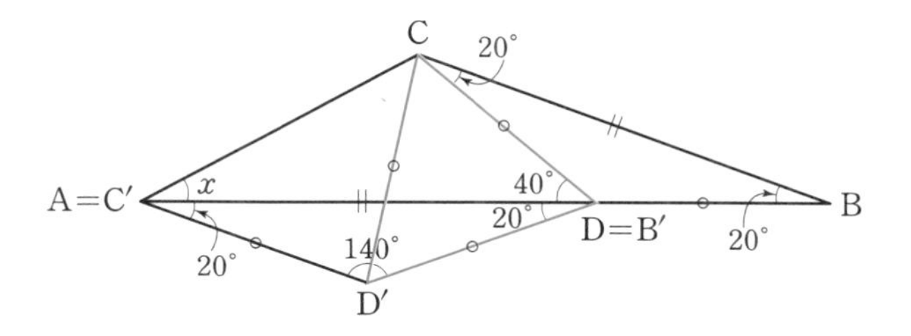

이제 삼각형 ACD′을 살펴봅시다. ACD′은 $\overline{AD'}=\overline{CD'}$이므로 이등변삼각형입니다. $\angle AD'D$는 140°이기 때문에 $\angle AD'C=80°$입니다. 여기에서 이등변삼각형의 나머지 두 각은 $(180°-80°)\div2=50°$입니다. 따라서 $x+20°=50°$, $x=30°$입니다.

문제 136 **다음 그림에서 원 위에 정삼각형 ABC가 있고, 원 위의 한 점 P에 대해 $\overline{BP}=3$, $\overline{PC}=5$일 때, $\overline{AP}$의 길이를 구하세요.**

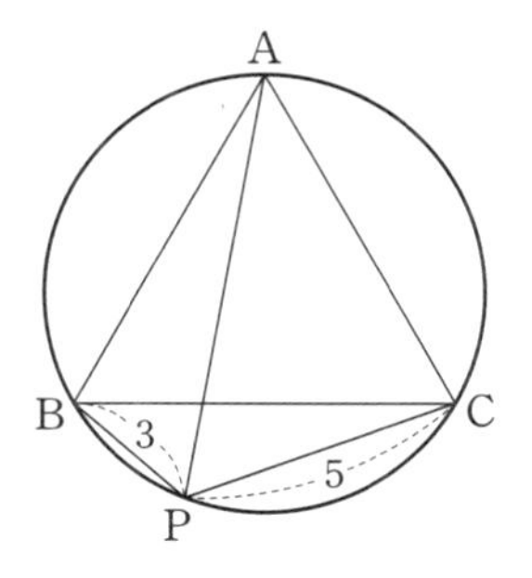

사각형 ABPC는 원에 내접하는 사각형입니다. 원에 내접하는 사각형에서 대각선으로 위치한 두 각을 더하면 180°입니다. 이것을 하나의 단서로 삼을 수 있습니다. 다음과 같이 삼각형 ABP를 잘라서 $\overline{AB}$를 $\overline{AC}$에 맞닿게 붙이면 $\angle ABP + \angle ACP = 180°$이기 때문에 점 P, 점 C, 점 P′은 일직선 위에 놓이게 됩니다.

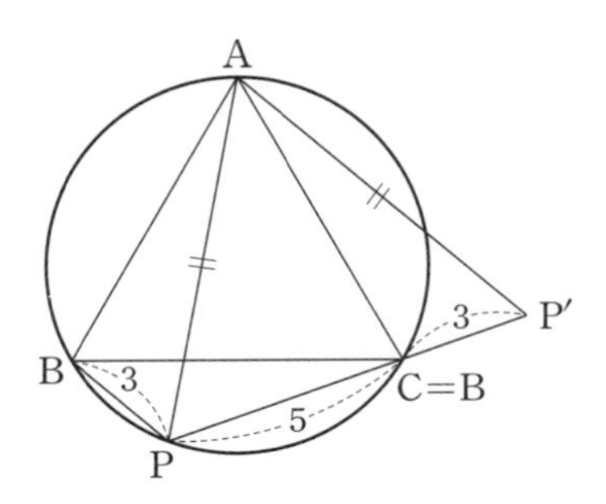

삼각형 ABC는 정삼각형이기 때문에 $\angle BAC = 60° = \angle PAP'$입니다. APP′은 이등변삼각형인데, $\angle PAP' = 60°$이므로 삼각형 APP′은 정삼각형입니다. 따라서 세 변의 길이가 같으므로 우리가 찾는 $\overline{AP} = \overline{PP'} = 5 + 3 = 8$입니다.

도형을 오려서 붙여보며 적극적으로 문제를 해결해야 한다는 점을 강조했습니다. 그런데 한 가지 주의할 사항이 있습니다. '아무것이나 대충 잘라서 붙이면 되겠지'라는 안일한 생각을 해서는 안 됩니다. 예를 들어 [문제 136]에서 삼각형 ABP를 잘라 붙였을 때 APP′이 삼각형이 된 이유는 사각형 ABPC가 원에 내접하는 사각형이기 때문입니다. 사각형이 원에 내접할 때, 대각선에 위치한 두 각의 합은 180°입니다. 17장에서 학습한 내용인데요, $\angle B + \angle C = 180°$가 아니면 삼각형 ABP를 잘라 $\overline{AB}$를 $\overline{AC}$에 맞닿게 붙여도 APP′은 삼각형이 되지 않습니다. 창의적으로 다양한 상상을 해보는 것도 중요하고, 그것이 실제로 맞는지 근거를 찾아 논리적으로 생각해보는 것도 필요합니다.

문제 137 정사각형 ABCD 안에 삼각형 AEF가 있는 다음 그림에서 $\angle AEF$는 얼마일까요? 그리고 $\overline{EC}+\overline{CF}+\overline{FE}$는 얼마일까요?

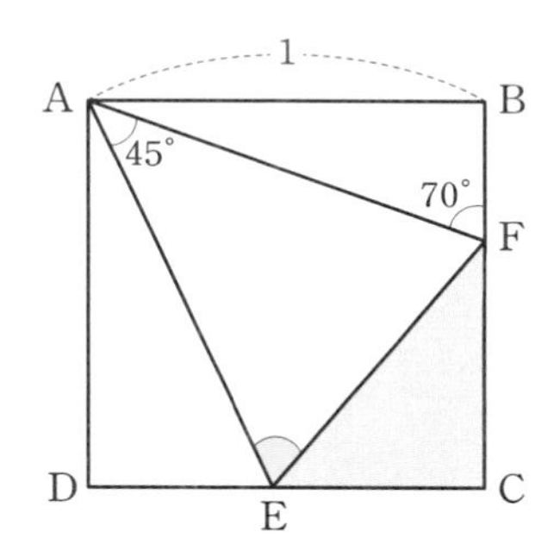

먼저 $\angle AEF$의 크기를 구해봅시다. 문제의 조건으로 $\angle A$의 크기를 다음과 같이 나눠서 생각할 수 있습니다. 여기에 다음과 같이 삼각형 ABF와 합동인 삼각형을 복사하여 왼쪽에 붙여봅시다.

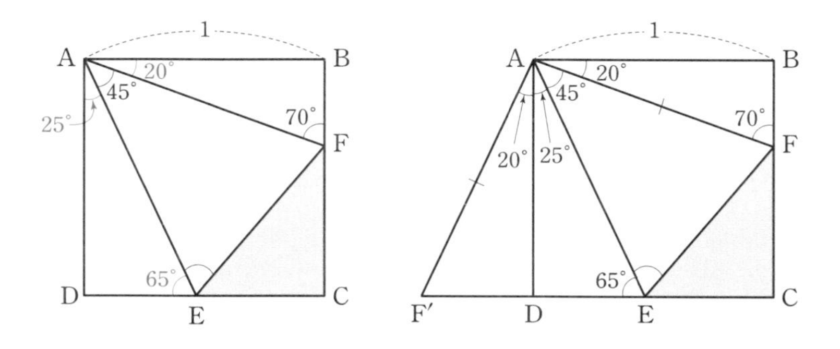

이렇게 붙여본 뒤, 작은 삼각형 두 개를 다음과 같이 하나의 삼

각형으로 생각해볼까요?

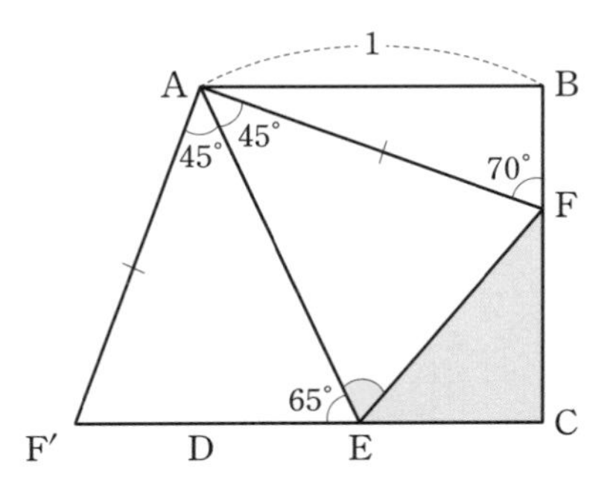

삼각형 AF′E와 AFE가 합동이라는 것을 알 수 있습니다. AF′E를 잘라서 AFE에 붙이면 똑같이 포개지는 거죠. 따라서 ∠AEF는 ∠AEF′과 같으므로 65° 입니다.

두 번째로 삼각형 ECF의 둘레의 길이인 $\overline{\mathrm{EC}}+\overline{\mathrm{CF}}+\overline{\mathrm{FE}}$의 값을 계산해봅시다. 삼각형 ABF를 복사하여 붙인 그림을 다시 보면, $\overline{\mathrm{EF}}=\overline{\mathrm{EF'}}$이고, $\overline{\mathrm{BF}}=\overline{\mathrm{DF'}}$입니다.

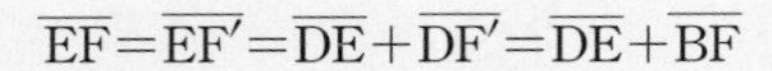

$$\overline{\mathrm{EF}}=\overline{\mathrm{EF'}}=\overline{\mathrm{DE}}+\overline{\mathrm{DF'}}=\overline{\mathrm{DE}}+\overline{\mathrm{BF}}$$

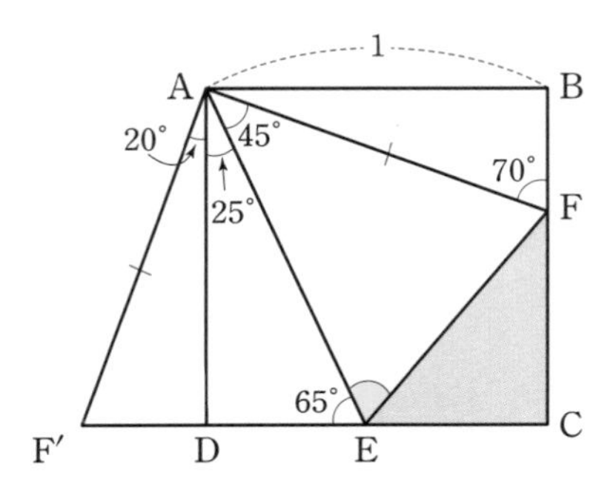

따라서 $\overline{EC}+\overline{CF}+\overline{FE}=\overline{F'E}+\overline{EC}+\overline{CF}=\overline{BF}+\overline{DE}+\overline{EC}+\overline{CF}$ $=2$입니다.

문제 138 다음 그림에서 각 x의 크기를 구하세요.

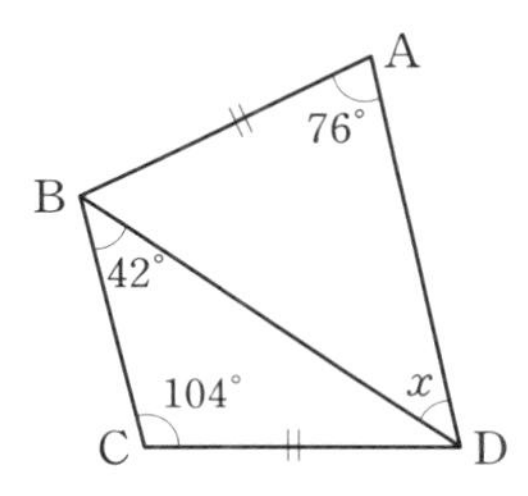

이 문제를 두 가지 방법으로 풀어봅시다. 첫 번째 방법은 원에 관한 내용을 활용하는 것입니다. 원에 내접하는 사각형은 대각선으로 마주 보는 각의 크기를 더하면 180°가 됩니다. 문제의 도형도 대각선으로 마주 보는 각도의 합이 180°입니다. 따라서 이 도형에 외접하는 원이 존재한다는 것을 알 수 있습니다. 그 원을 그려보면 다음과 같습니다.

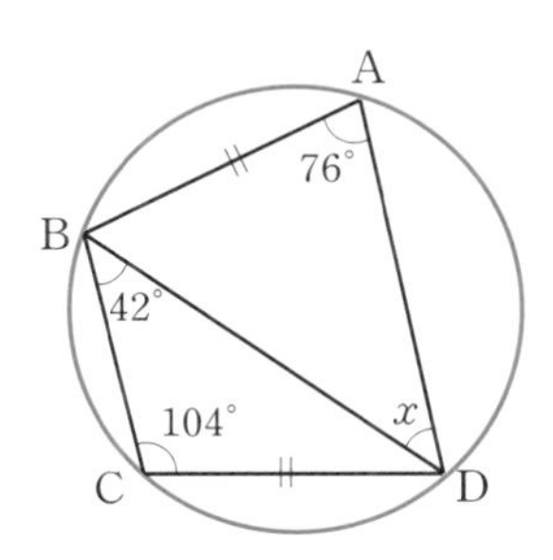

이렇게 원을 그려놓고 보면 $\overline{CD}=\overline{AB}$이므로 $\overline{CD}$의 원주각과 $\overline{AB}$의 원주각의 크기가 같습니다. 따라서 $\angle CBD=\angle ADB$이고, 우리가 구하는 $x=42°$ 입니다.

두 번째 풀이는 원의 성질에 익숙하지 않은 사람을 위한 것입니다. 다음과 같이 삼각형 BCD를 잘라서 $\overline{CD}$를 $\overline{AB}$에 맞닿게 붙인다고 생각해봅시다. 그림으로 그려보면 다음과 같습니다.

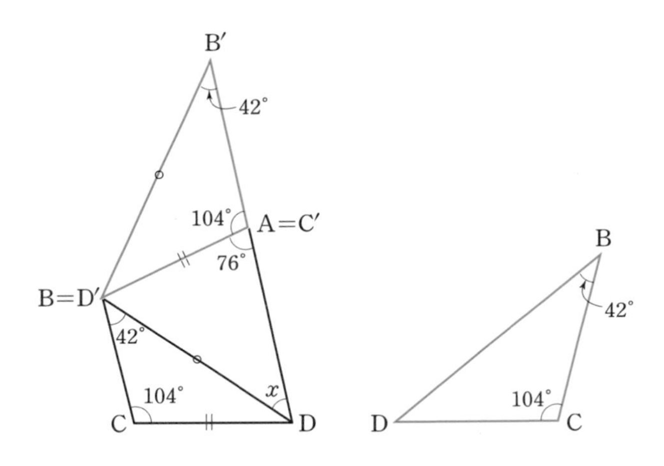

오려 붙여 새롭게 만들어진 삼각형 BDB′은 이등변삼각형입니다. 따라서 우리가 찾는 $x=42°$ 입니다.

19장

단계의 기술

전체에서 부분으로

문제를 풀다 보면 전체적인 상황을 고려하며 구체적으로 하나하나 순서를 정해서 계산을 하는 경우가 많습니다. 거시적으로 어떤 방법으로 문제에 접근하겠다는 생각을 전략이라고 합니다. 전체적인 전략을 세워서 구체적으로 하나하나 계산해나가는 것이죠. 가령 다음 문제에서 색칠된 부분의 넓이를 어떻게 구하면 좋을까요?

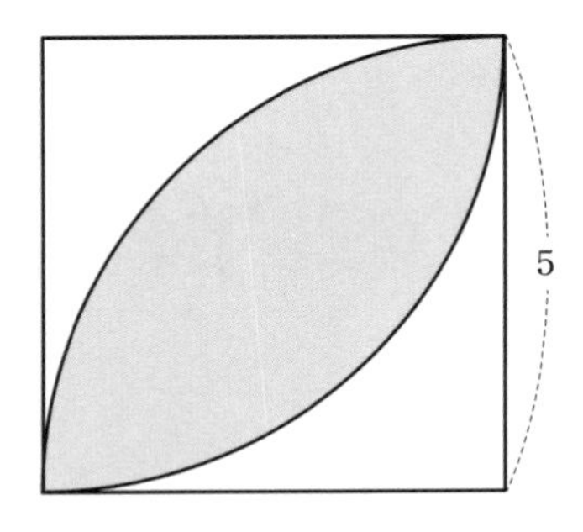

이 문제를 풀기 위해 사분원의 넓이를 구해봅시다. 사분원의 넓이를 두 배로 해서 정사각형의 넓이를 빼는 방법으로 이 문제를 푼다는 생각이 문제해결의 전략이죠. 구체적인 계산은 각자 해보기 바랍니다.

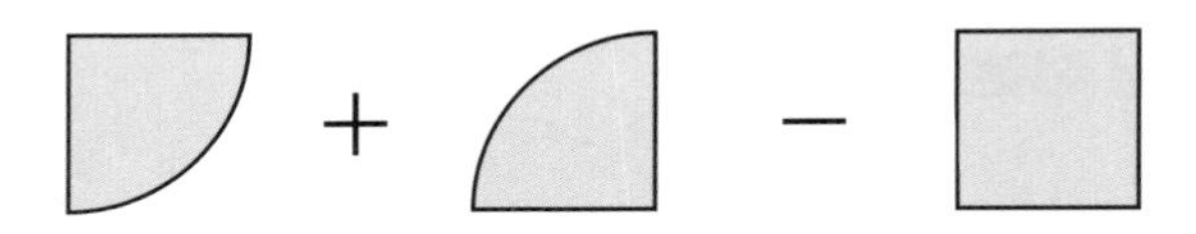

예를 들어 문제가 이렇게 주어졌다면 어떻게 할까요?

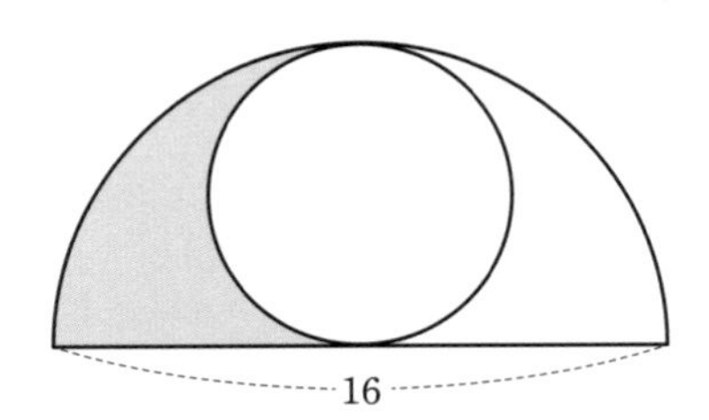

이런 문제는 큰 반원의 넓이에서 작은 원의 넓이를 빼고 그 값을

반으로 나누면 풀 수 있습니다. 그림에서 작은 원의 지름은 큰 원의 $\frac{1}{2}$입니다. 이렇게 전체적인 전략을 설계하고 구체적인 계산을 하나하나 수행하는 것이 문제를 해결하는 방법입니다.

문제 139 다음 그림에서 색칠된 부분의 넓이를 구하세요.

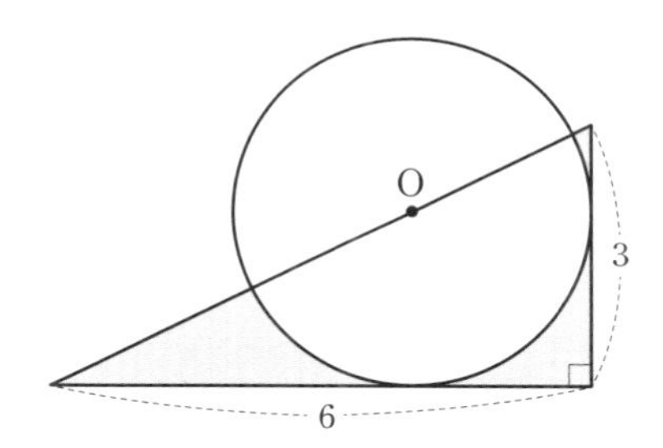

원의 중심 O에서 $\overline{AC}$, $\overline{BC}$에 수선을 내리고 반지름 r을 다음과 같이 표시합니다.

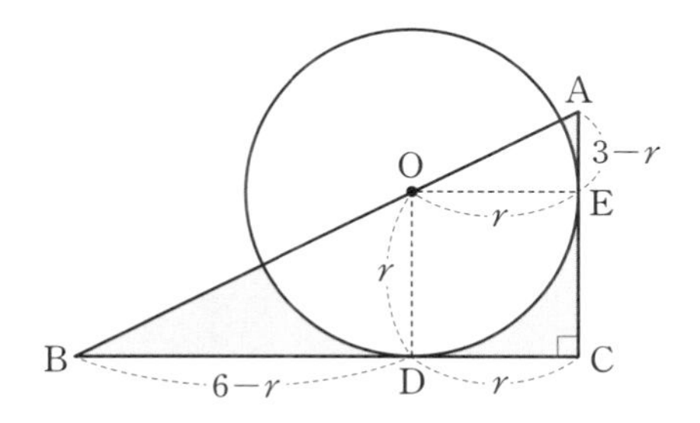

삼각형 AOE는 삼각형 ABC와 닮음이고 $\overline{AE}:\overline{OE}=3:6=1:2$이므로 $3-r:r=1:2$입니다. 이를 정리하면 $r=2$입니다. 이제 이렇게 표시해볼 수 있죠.

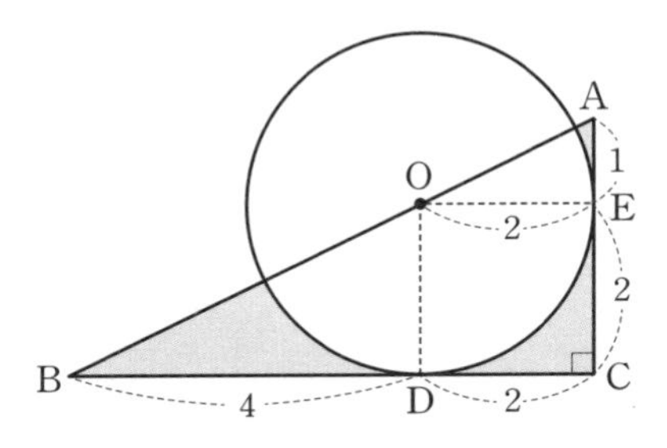

색칠된 부분의 넓이는 삼각형에서 반지름이 2인 반원을 빼서 구할 수 있습니다.

$$\frac{1}{2}\times 6\times 3-\frac{1}{2}\times 2\times 2\times \pi=9-2\pi$$

공통인 부분 찾기

문제 140 한 변이 15인 정사각형 내의 사분원을 직선으로 나눈 다음 그림에서 색칠한 두 부분의 넓이가 같을 때, $\overline{AE}$는 얼마일까요?

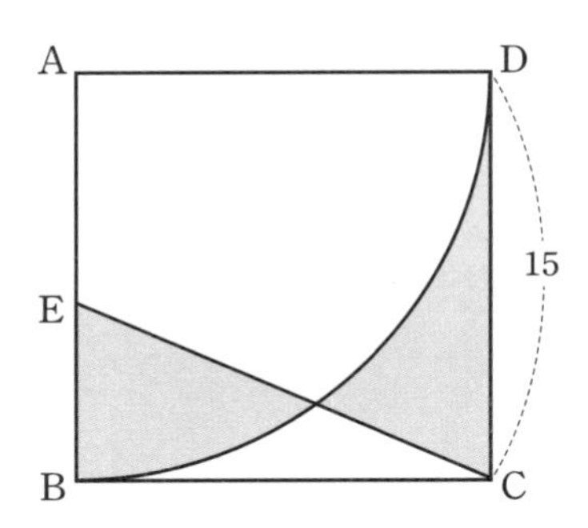

우리가 구하는 $\overline{\mathrm{AE}}=x$라고 하고, 주어진 부분을 세 부분으로 나눠서 생각해봅시다.

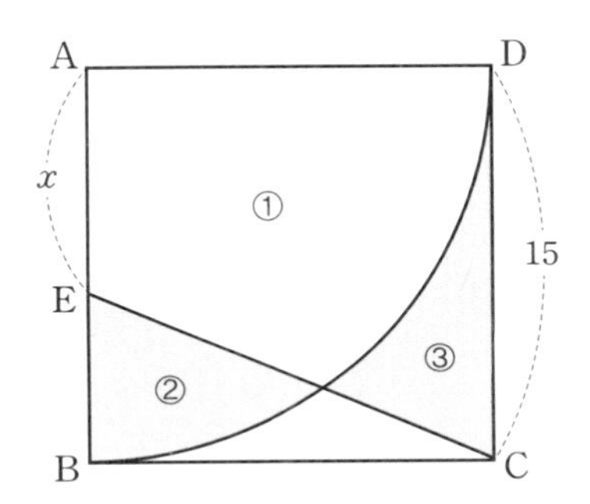

①번과 ②번은 사분원이고, ①번과 ③번은 사다리꼴입니다. 문제에서 ②번과 ③번의 크기가 같고 ①번 영역은 공통으로 들어가는 부분이기 때문에 사분원의 크기와 사다리꼴의 넓이가 같은 것을 알 수 있습니다.

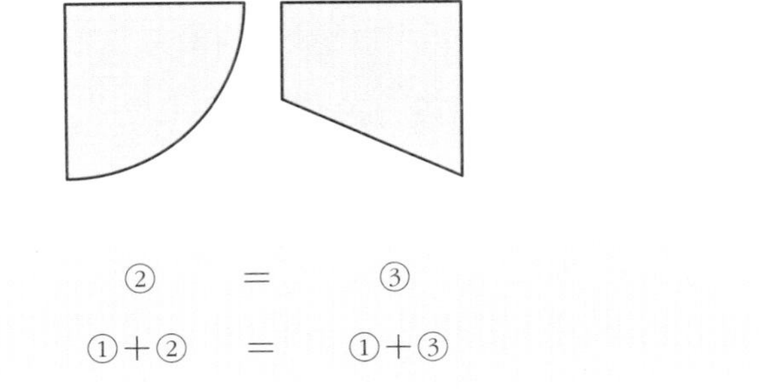

사분원의 넓이를 계산하면 $\frac{1}{4}\times 15\times 15\times \pi$이고, 사다리꼴의 넓이는 $\frac{1}{2}\times(x+15)\times 15$입니다. 이 둘이 같다는 식을 세우면 우리가 원하는 x를 구할 수 있습니다.

$$\frac{1}{4}\times 15\times 15\times\pi=\frac{1}{2}\times(x+15)\times 15$$
$$x=\frac{15}{2}\pi-15$$

문제 141 **다음 그림에서** $A=B+47$**이고** $\overline{DE}=20$**일 때,** $\overline{EF}$**의 길이를 구하세요.**

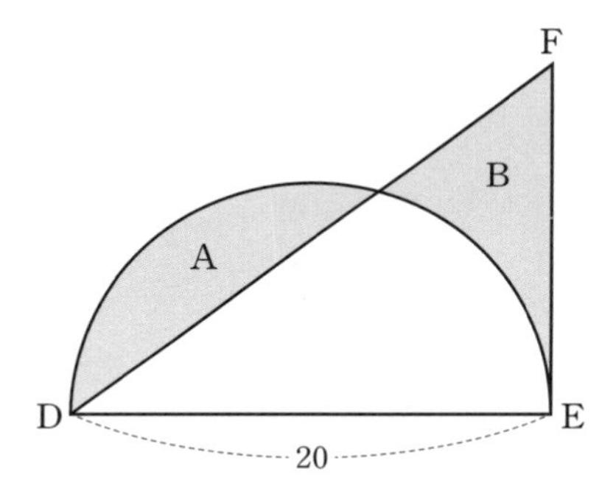

A는 반원의 일부분인데, A를 제외한 반원의 나머지 부분을 C라고 하면 $A+C$는 반원의 넓이이고, $B+C$는 직각삼각형 DEF의 넓이가 됩니다. $A=B+47$이기 때문에 다음과 같이 반원의 넓이와 직각삼각형의 넓이의 관계식을 세울 수 있습니다.

$$A+C=B+C+47$$

반원의 넓이 $A+C$는 반원의 반지름이 10이므로 $10^2\pi\times\frac{1}{2}=50\pi$입니다. 따라서 $B+C=50\pi-47$입니다. 그런데 직각삼각형

B+C의 값은 $\frac{1}{2}\times 20\times\overline{EF}=10\times\overline{EF}$입니다. 따라서 우리가 구하는 $\overline{EF}$는 다음과 같이 계산합니다.

$$10\times\overline{EF}=50\pi-47$$
$$\overline{EF}=\frac{50\pi-47}{10}$$

문제 142 **다음 그림에서 색칠된 부분의 넓이를 구하세요.**

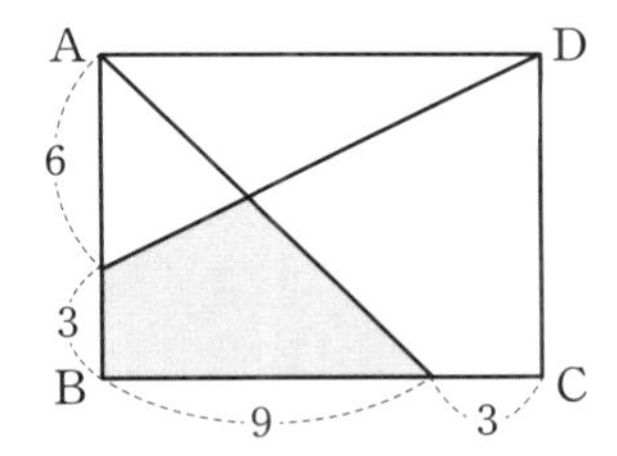

이 문제는 다음과 같이 그림을 연장해보면서 문제를 해결할 단서를 찾아야 합니다.

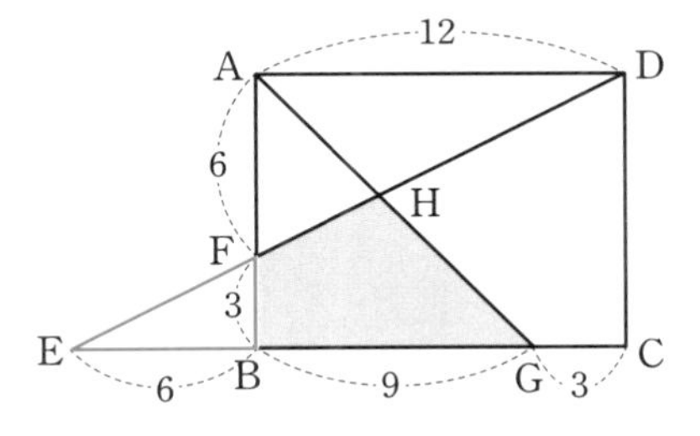

삼각형 ADF와 삼각형 BEF는 닮음이고, 닮음비는 6:3=2:1

입니다. $\overline{AD}=12$이므로 $\overline{BE}=6$입니다. 이렇게 놓고 보면 삼각형 ADH와 삼각형 EGH 역시 닮음이라는 것을 알 수 있습니다. $\overline{AD}=12$, $\overline{EG}=15$이므로, 닮음비는 $12:15=4:5$입니다. 두 삼각형의 높이를 x, y로 놓으면 $x:y=4:5$입니다.

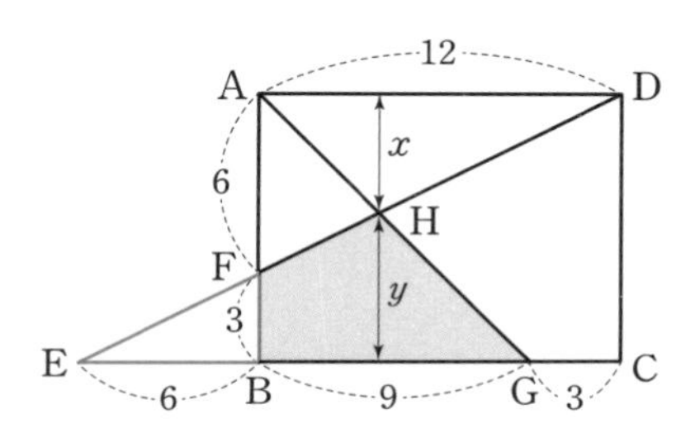

$x+y=9$이고 $x:y=4:5$이므로 $x=4$, $y=5$입니다. 색칠된 부분의 넓이는 삼각형 EGH의 넓이에서 삼각형 BEF의 넓이를 빼면 구할 수 있습니다.

$$\frac{1}{2}\times 15\times 5-\frac{1}{2}\times 6\times 3=\frac{57}{2}$$

문제 143 **다음 그림에서 색칠된 부분의 넓이를 구하세요.**

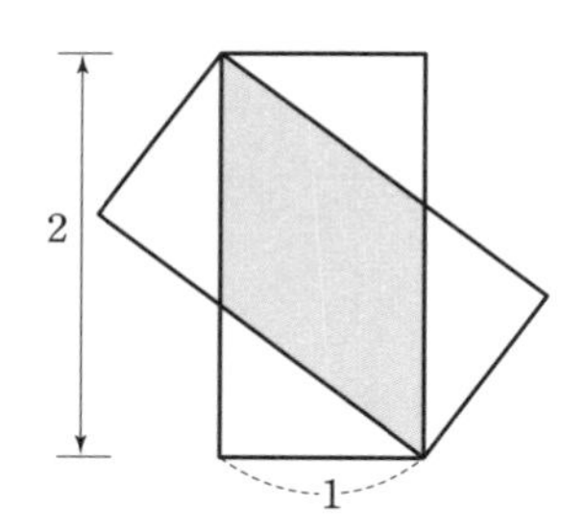

이 문제의 핵심은 다음 두 개의 삼각형이 서로 정확하게 포개진다는 것입니다. 즉 같다는 점을 이용하는 것이죠.

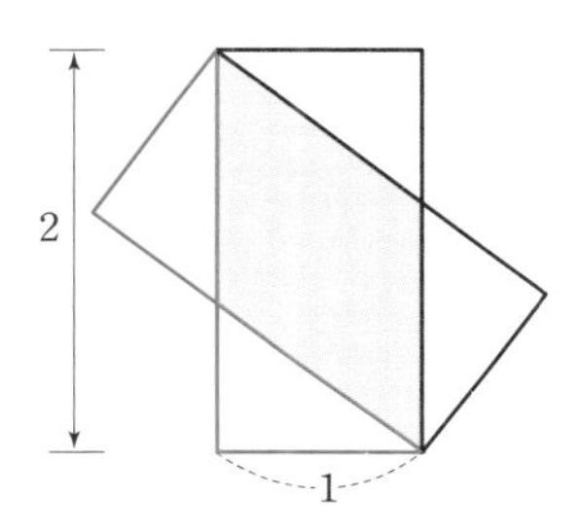

다음과 같이 x를 잡으면 두 직각삼각형의 빗변은 $2-x$가 됩니다. 직각삼각형에는 피타고라스의 정리를 적용할 수 있으므로 다음과 같이 계산합니다.

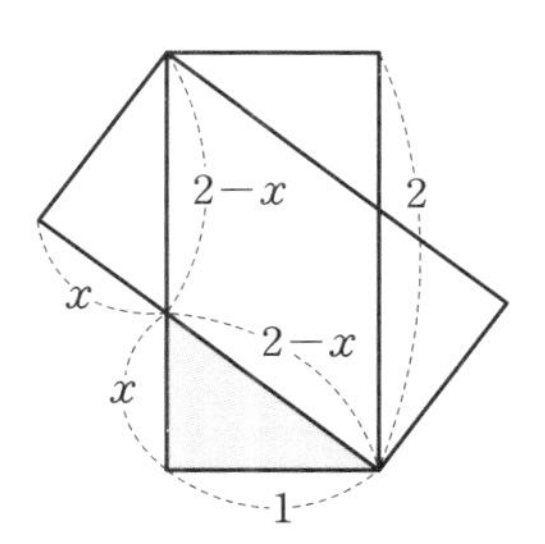

$$x^2+1=(2-x)^2$$
$$x=\frac{3}{4}$$

위 그림에서 색칠된 부분의 넓이는 $\frac{3}{8}$이고, 우리가 구하는 부분의 넓이는 직사각형에서 이 넓이의 두 배를 뺀 값이기 때문에 답은

$2-\frac{3}{8}\times 2=\frac{5}{4}$입니다.

문제 144 **다음 그림에서 원의 반지름이 6일 때, 색칠된 부분의 넓이를 구하세요.**

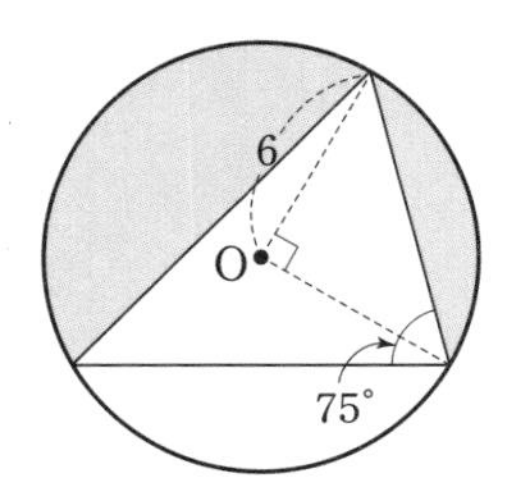

다음과 같이 원의 반지름을 표시하면 세 개의 이등변삼각형을 찾을 수 있습니다. 이등변삼각형의 두 각의 크기는 같기 때문에 이를 그림에 표시하면 다음과 같습니다.

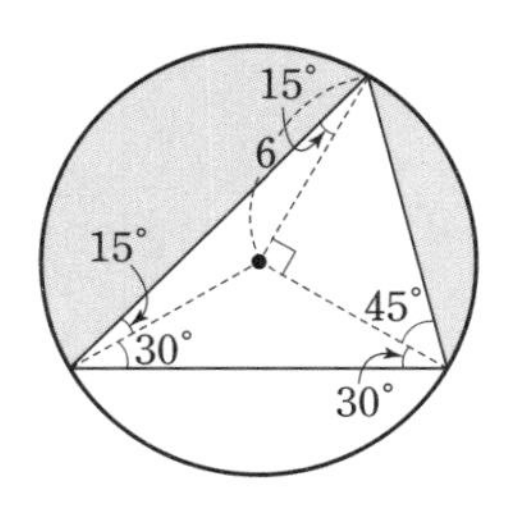

색칠된 부분은 다음과 같이 중심각이 240°인 부채꼴의 넓이에서 두 밑각이 15°인 이등변삼각형과 두 밑각이 45°인 직각이등변삼각형의 넓이를 빼면 구할 수 있습니다.

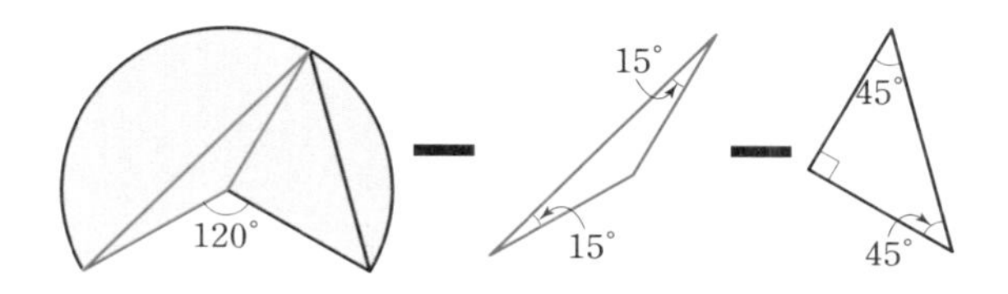

밑각이 15° 인 이등변삼각형은 다음과 같이 생각할 수 있습니다.

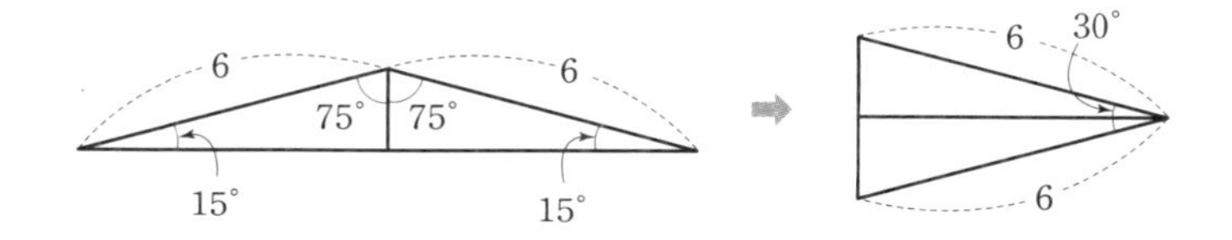

이 삼각형의 넓이는 밑변이 6, 높이가 3인 삼각형의 넓이와 같습니다.

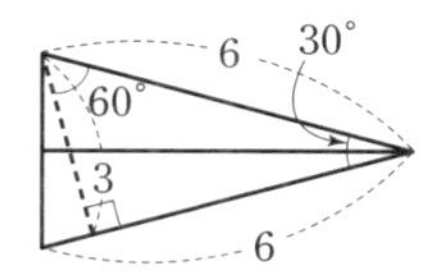

따라서 색칠된 부분의 넓이는 다음과 같습니다.

$$\frac{240}{360}\times6\times6\times\pi-\frac{1}{2}\times6\times3-\frac{1}{2}\times6\times6=24\pi-27$$

문제 145 다음 그림에서 색칠된 부분의 넓이를 구하세요.

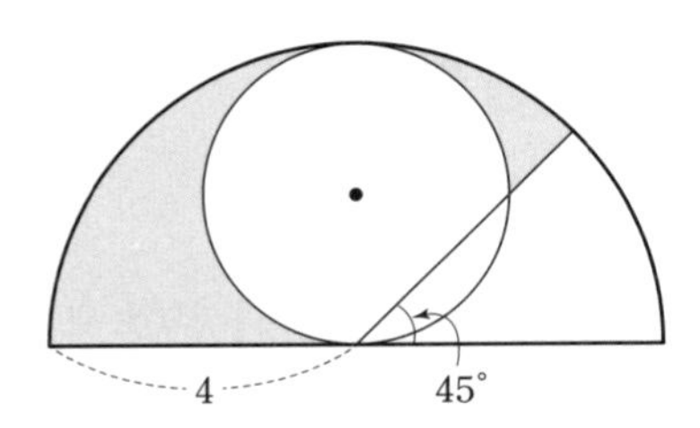

색칠된 부분의 넓이는 반지름이 4인 반원의 넓이에서 이것저것을 빼면 구할 수 있습니다. 나머지 요소를 다음과 같이 나눠볼까요?

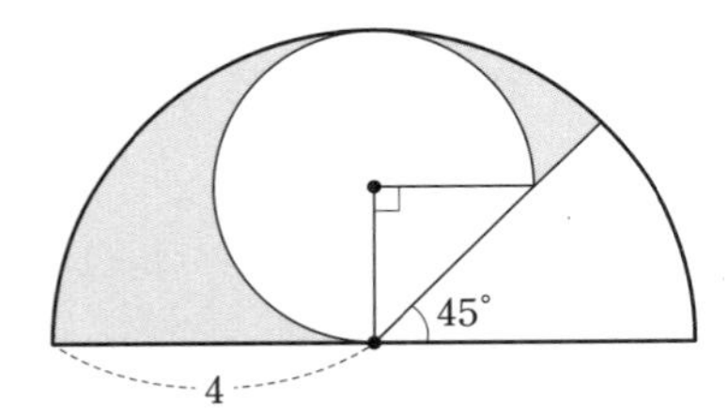

이렇게 나누고 전략을 세워봅시다.

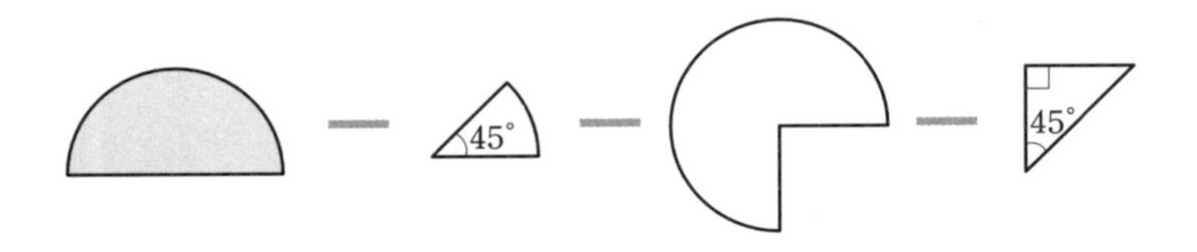

$$\frac{1}{2}\times 4^2\times\pi-\frac{45}{360}\times 4^2\times\pi-\frac{3}{4}\times 2^2\times\pi-\frac{1}{2}\times 2\times 2$$
$$=8\pi-2\pi-3\pi-2=3\pi-2$$

따라서 우리가 구하는 값은 $3\pi-2$입니다.

이런 문제는 더할 부분과 뺄 부분을 잘 설정하여 계산해야 합니다. 이 문제에서는 작은 원을 $\frac{3}{4}$원과 직각이등변삼각형으로 나눠서 생각한 것이 계산을 쉽게 만든 좋은 전략이었습니다.

20장

파악의 기술

주어진 정보를 필요한 정보로 바꾸기

문제를 풀 때에는 필요한 정보를 모두 수집해야 합니다. 정보가 많으면 많을수록 더 쉽고 빠르게 접근해서 문제를 해결할 수 있습니다. 정보가 부족하면 아무리 아이디어를 쥐어짜도 문제를 해결하기 어렵습니다. 그래서 문제를 해결하는 데 필요할 것 같은 정보를 표시해가며 풀어나가는 방법이 효과적입니다.

문제 146 다음 그림에서 $\overline{RT}=\overline{TU}$일 때, 각 x의 크기를 구하세요.

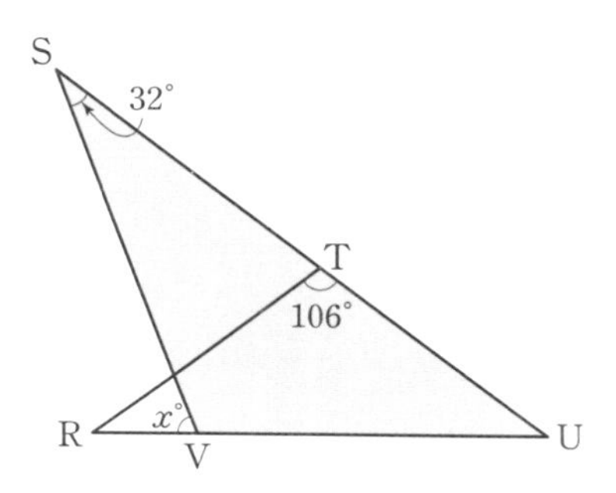

$\overline{RT}=\overline{TU}$이기 때문에 삼각형 RTU는 이등변삼각형입니다. $180°-106°=74°$이므로 이등변삼각형의 나머지 두 각의 크기는 각각 $37°$입니다. 이 정보를 문제에 적어봅시다.

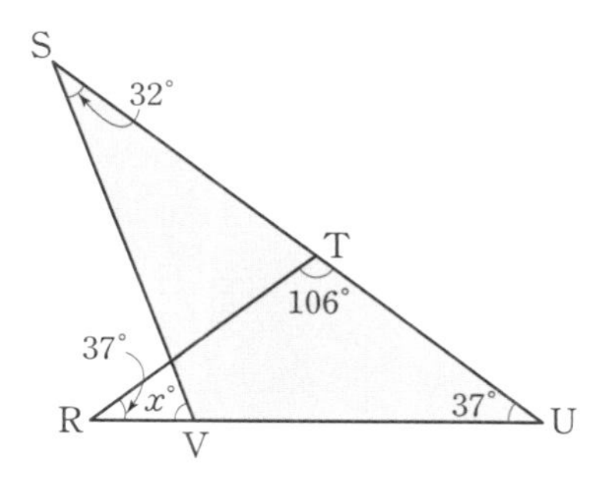

삼각형 SVU에서 각 x는 외각정리에 따라 $x=32°+37°=69°$라는 사실을 알 수 있습니다.

수학 문제는 눈으로 푸는 것이 아니라 손으로 푸는 것입니다. 손을 움직여서 가장 먼저 해야 할 일은 필요한 정보를 표시하는 것입니다. 그렇게 문제해결에 필요한 정보를 표시하다 보면, 표시한 정보가 눈에 들어오면서 머리가 돌아가고 아이디어가 떠오릅니다.

문제 147 **다음 그림에서 삼각형의 넓이를 구하세요.**

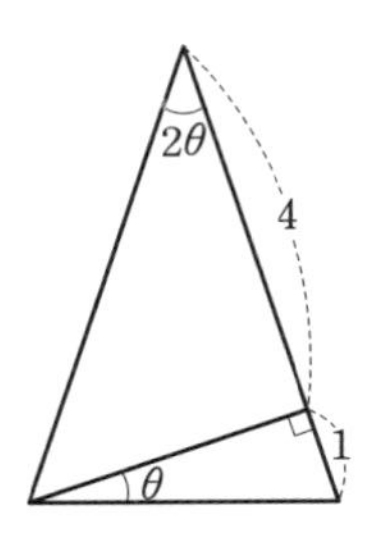

우리가 알고 있는 정보를 조금 더 채워봅시다. 먼저 삼각형의 내각의 합이 180°라는 사실에서 주어진 삼각형이 이등변삼각형이라는 것을 알 수 있습니다. 따라서 삼각형의 두 변의 길이는 5입니다.

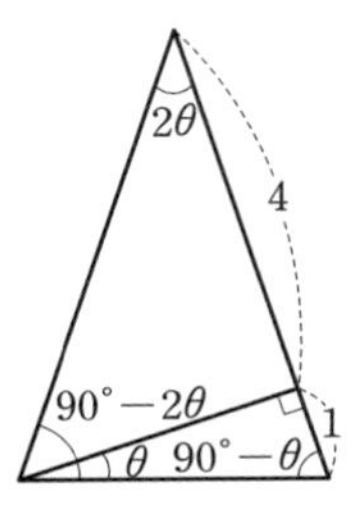

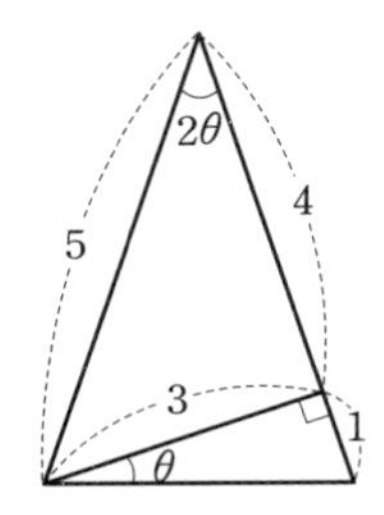

또한 세 변의 길이가 3, 4, 5인 직각삼각형을 생각하면, 밑변이 5일 때 삼각형의 높이는 3이라는 것을 알 수 있습니다. 따라서 삼각형의 넓이는 $\frac{1}{2}\times5\times3=\frac{15}{2}$입니다.

쉽고 단순하게 문제에 접근하는 법

“모로 가도 서울만 가면 된다”라는 말이 있습니다. 어떤 방법이든 문제를 풀기만 하면 된다고 생각할 수도 있는데요, 복잡하고 어렵게 문제를 풀기보다 이왕이면 쉽고 단순하게 푸는 것이 좋습니다. 그래야 계산 실수도 줄이고 시간도 절약할 수 있죠. 쉽고 단순하게 문제를 해결하려면 주어진 정보를 효과적으로 사용해야 합니다. 그러기 위해서는 어떤 정보가 필요한지 파악해야 하죠. 문제를 통해 살펴봅시다.

문제 148 다음 그림에서 색칠된 직각삼각형의 넓이를 구하세요.

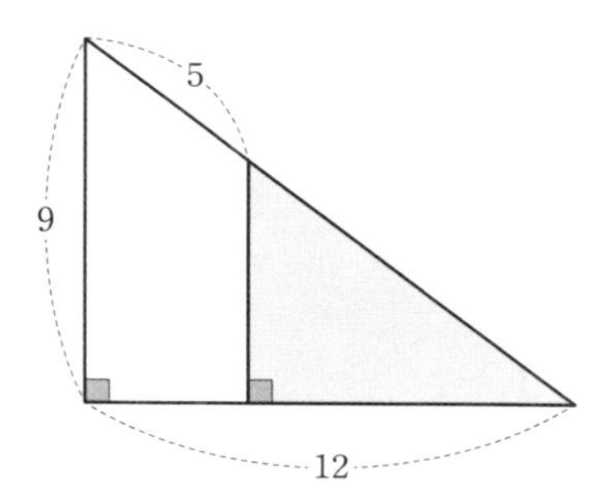

이 문제는 피타고라스의 정리로 큰 직각삼각형의 빗변의 길이를 먼저 계산하고, 직각삼각형과 작은 직각삼각형이 닮음이라는 점을 이용하여 작은 직각삼각형의 두 변의 길이를 계산한 다음 넓이를 구합니다. 하지만 무턱대고 피타고라스의 정리를 적용하기에 앞서, 큰 직각삼각형의 길이의 비를 한번 살펴볼까요?

가장 단순한 직각삼각형의 길이의 비는 3:4:5입니다. 즉 세 변의 길이의 비가 3:4:5인 삼각형은 모두 직각삼각형입니다. 문제의 큰 직각삼각형도 두 변의 길이가 9와 12인데요, 9:12=3:4입니다. 따라서 빗변은 피타고라스의 정리로 계산하지 않아도 9:12:15이므로 15인 것을 알 수 있습니다.

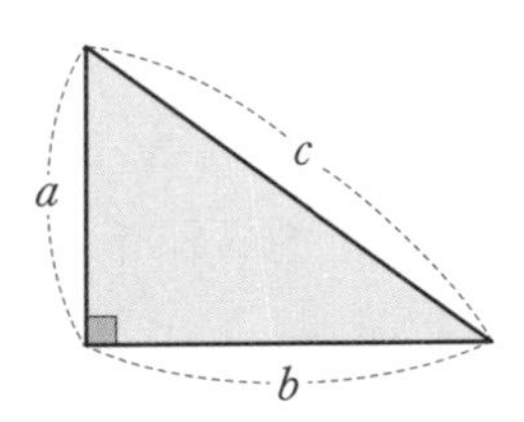

3:4:5	6:8:10
9:12:15	12:16:20

이제 파악한 정보를 문제에 써봅시다. 작은 직각삼각형의 빗변의 길이가 10이라는 것도 알 수 있죠.

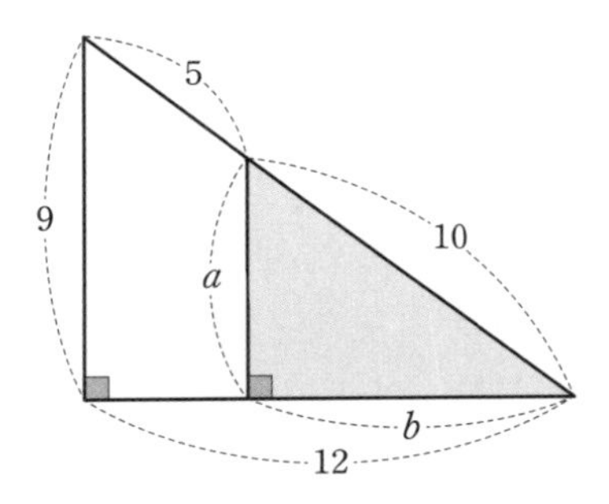

작은 직각삼각형의 두 변의 길이를 a, b라고 하면 작은 직각삼각

형도 3:4:5의 비율을 갖는 직각삼각형이므로 $a:b:10=6:8:10$입니다. 따라서 작은 직각삼각형의 넓이는 다음과 같이 계산합니다.

$$S=\frac{1}{2}\times b\times a=\frac{1}{2}\times 6\times 8=24$$

문제 149 다음 그림에서 ∠ABD의 크기를 구하세요.

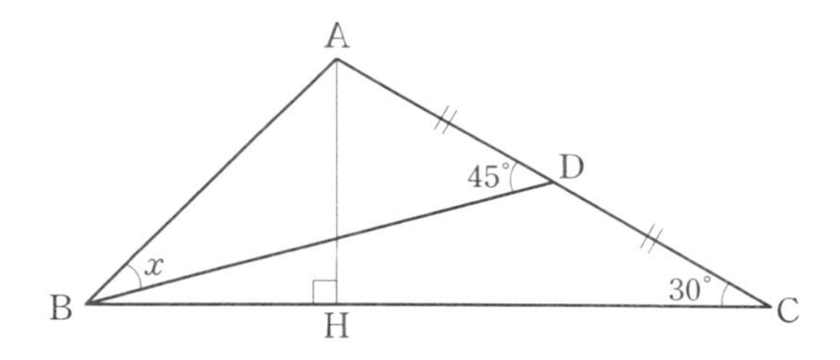

삼각형 ACH는 세 각이 30°, 60°, 90°인 직각삼각형이므로 다음 그림과 같이 빗변 $\overline{AC}$의 중점 D를 중심으로 하는 외접원을 생각할 수 있습니다.

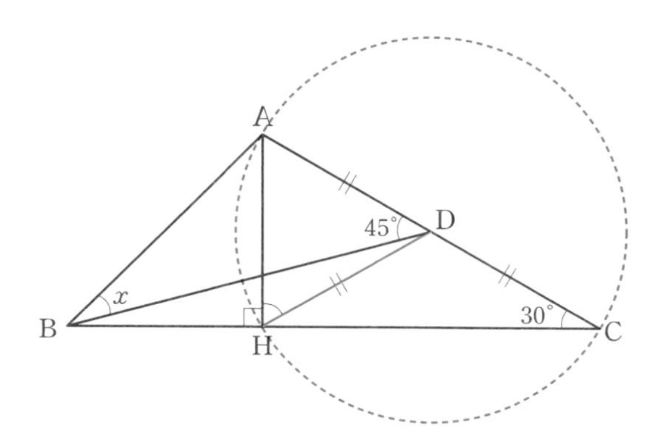

삼각형 CDH가 이등변삼각형이므로 ∠DHC 역시 30° 입니다. 따라서 ∠AHD의 크기는 60° 이고, 삼각형 ADH는 정삼각형입니다. 정삼각형의 세 각은 모두 60° 이므로 ∠ADH 역시 60° 입니다. 따라서 ∠BDH가 15° 라는 걸 알 수 있습니다.

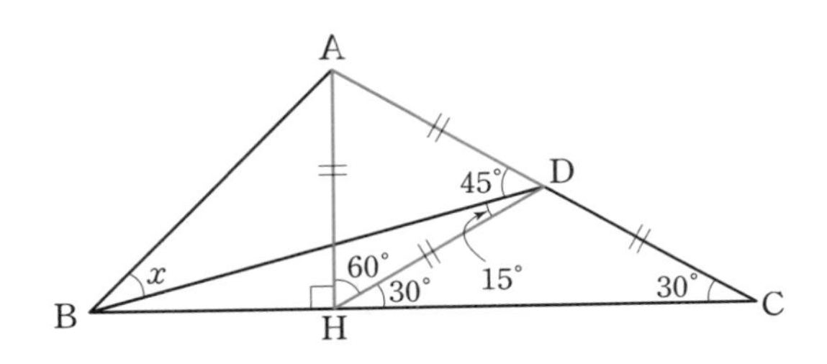

이제 삼각형 BDH를 볼까요? ∠DHC가 30° 이므로 ∠BHD는 150° 입니다. 삼각형의 세 각의 합은 180° 이므로 ∠DBH는 180° − (150° + 15°) = 15° 입니다. 따라서 삼각형 BHD는 이등변삼각형입니다. 그렇다면 $\overline{BH}=\overline{DH}$이고, 삼각형 ADH는 정삼각형이기 때문에 $\overline{AH}=\overline{DH}=\overline{BH}$입니다. 따라서 삼각형 ABH는 직각이등변삼각형입니다.

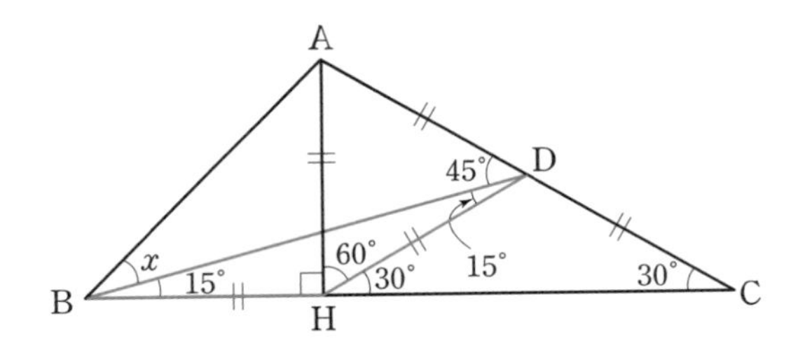

직각이등변삼각형의 밑각인 ∠ABH는 45° 이므로 우리가 구하

려고 하는 각 x의 크기는 $45^\circ - 15^\circ = 30^\circ$ 입니다.

문제 150 **다음 그림에서 정사각형** ABCD**는** $\overline{AB}=\overline{BC}=\overline{CD}$**이고** $\angle ABC$**가** 150°**일 때, 각** x**의 크기를 구하세요.**

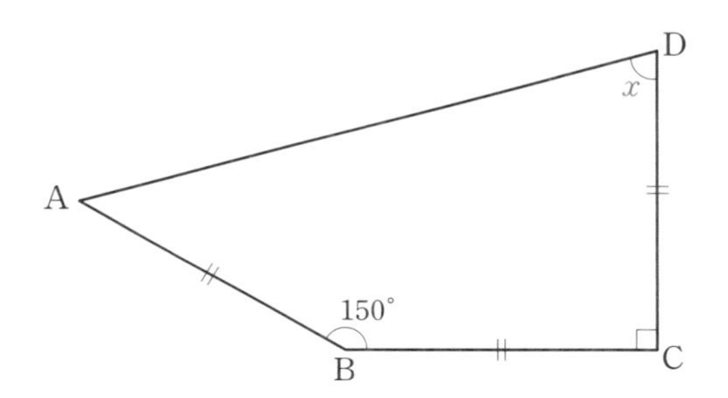

문제로 사각형이 주어졌네요. 아래 그림처럼 $\overline{AC}$를 그어서 정사각형 ABCD를 삼각형 두 개로 나눠봅시다. $\overline{AB}=\overline{BC}$이므로 삼각형 ABC는 이등변삼각형입니다. 또한 $\angle B$가 150° 이므로 두 밑각인 $\angle BAC$와 $\angle BCA$는 15°로 크기가 같습니다. 점 A에서 $\overline{BC}$의 연장선에 수선의 발 E를 내려볼까요? 이렇게 해서 생긴 삼각형 ABE는 세 각이 30°, 60°, 90° 인 특수한 직각삼각형입니다.

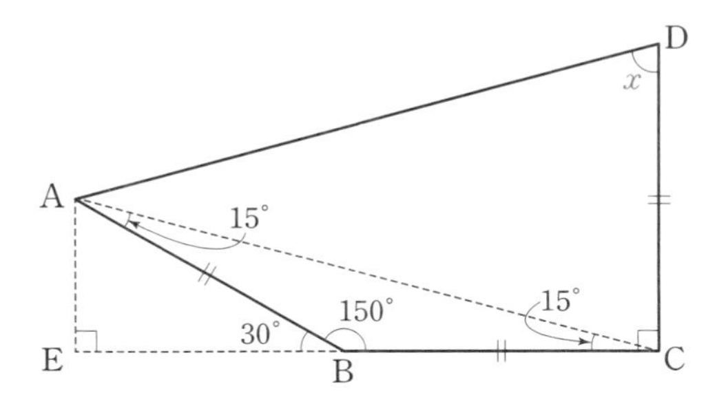

$\overline{AE}=1$이라고 하면 $\overline{AB}=2$이고, $\overline{AB}$와 길이가 같은 $\overline{BC}$, $\overline{CD}$의 길이 역시 2입니다. 점 A에서 $\overline{CD}$에 수선의 발 F를 내리면 $\overline{CF}=1$이고, 자연히 $\overline{FD}=1$입니다.

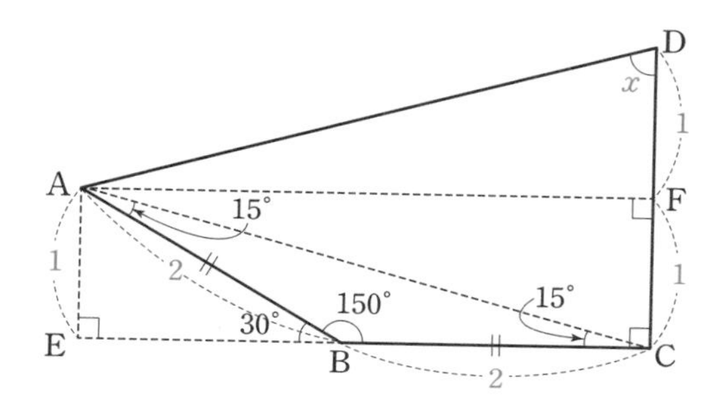

삼각형 ACF와 ADF는 직각을 끼고 두 변의 길이가 같은 삼각형이므로 두 삼각형은 합동입니다. 따라서 각 x의 크기는 $\angle ACF=90°-15°=75°$입니다.

각도로 길이와 넓이를 구하기

유클리드기하학 문제에서는 길이, 넓이, 각도를 다룹니다. 일반적으로 길이와 넓이는 같이 생각하지만, 각도가 길이와 넓이를 결정한다는 점은 쉽게 떠올리지 못합니다. 그래서 각도를 파악하여 길이와 넓이를 구해야 할 때, 때때로 그 사실을 놓치고 문제해결에 필요한 정보를 빠뜨리는 경우가 생깁니다. 길이와 넓이를 구할 때

각도가 중요한 역할을 한다는 것을 기억해둡시다.

문제 151 **정사각형과 직사각형이 다음과 같을 때, 두 사각형의 넓이의 합을 구하세요.**

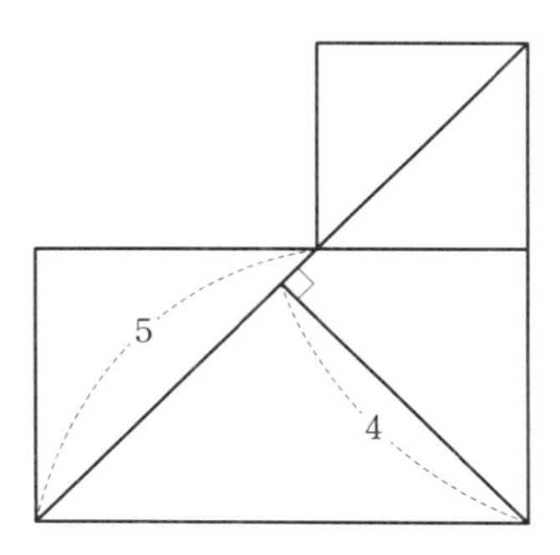

두 사각형과 일부분의 길이가 주어진 문제입니다. 이 정보만으로는 두 사각형의 넓이를 계산할 수 없습니다. 추가적인 정보를 좀 더 파악하기 위해 먼저 정사각형의 각도를 다음과 같이 써봅시다.

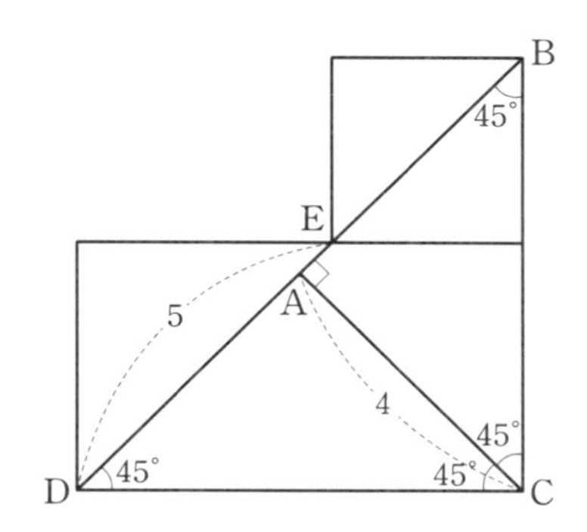

삼각형 ABC는 직각이등변삼각형입니다. 따라서 $\overline{AC}=\overline{AB}=4$

입니다. 삼각형 ACD 역시 직각이등변삼각형입니다. 따라서 $\overline{AC}=\overline{AD}=4$입니다. 여기에서 $\overline{AE}=1$이고, 작은 정사각형의 대각선의 길이인 $\overline{BE}=3$입니다. 다음과 같이 선분 $\overline{EC}$를 그으면 삼각형 CDE는 아래에 위치한 직사각형을 절반으로 나눕니다.

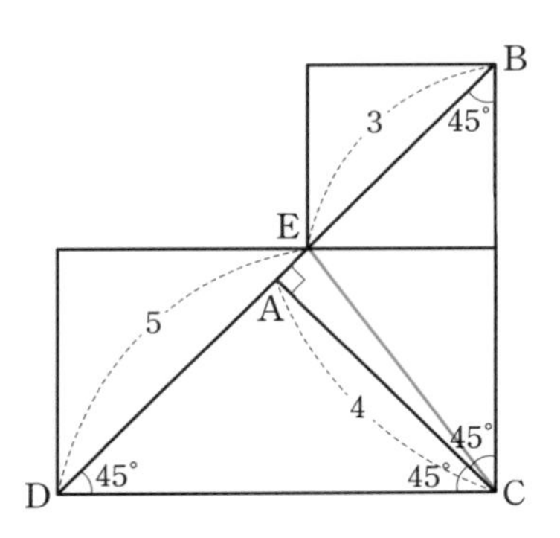

이때 아래에 위치한 직사각형의 넓이는 $4\times5=20$입니다. 작은 정사각형은 대각선의 길이가 3이므로 한 변의 길이는 $\frac{3}{\sqrt{2}}$입니다. 따라서 정사각형의 넓이는 $\frac{9}{2}$이고, 두 사각형의 합은 다음과 같습니다.

$$20+\frac{9}{2}=\frac{49}{4}$$

문제 152 **다음 그림에서** $\overline{AP}=7$, $\overline{BP}=5$, $\overline{CP}=1$**일 때, 정사각형** ABCD**의 넓이를 구하세요.**

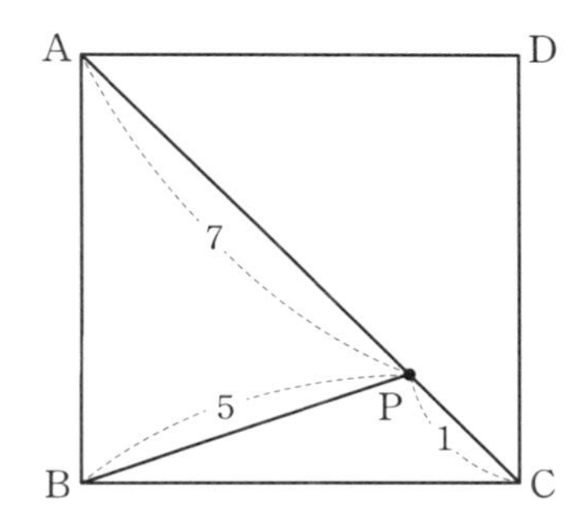

문제를 좀 더 자세히 파악하기 위해 $\overline{DP}$의 길이를 구해봅시다. 다음과 같이 나누어서 $\overline{DP}$의 길이를 구할 수 있습니다. P를 기준으로 수직과 수평이 되도록 정사각형 ABCD를 네 부분으로 나눠보면 피타고라스의 정리에 따라 다음과 같은 식을 세울 수 있습니다.

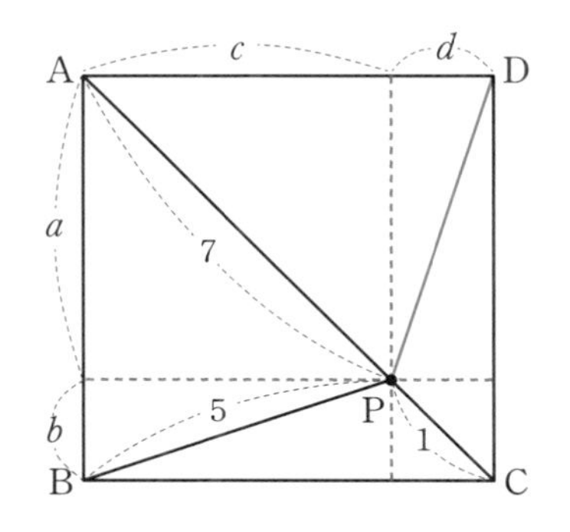

① $a^2+c^2=7^2$

② $b^2+c^2=5^2$

③ $b^2+d^2=1^2$

1번 식에 3번 식을 더하고 2번 식을 빼면 다음 결과가 나오는데,

이것이 $\overline{DP}$를 구하는 방법입니다.

$$a^2+d^2=7^2+1^2-5^2=25=5^2$$

따라서 $\overline{DP}$의 길이는 5입니다. 이제 우리가 얻은 정보를 해석해 볼 시간입니다. 사각형 ABCD는 정사각형이고 $\overline{BP}=\overline{DP}=5$입니다. 문제의 상황을 정확하게 그려보면 다음과 같이 $\overline{BP}=\overline{DP}$라는 대칭을 이룹니다.

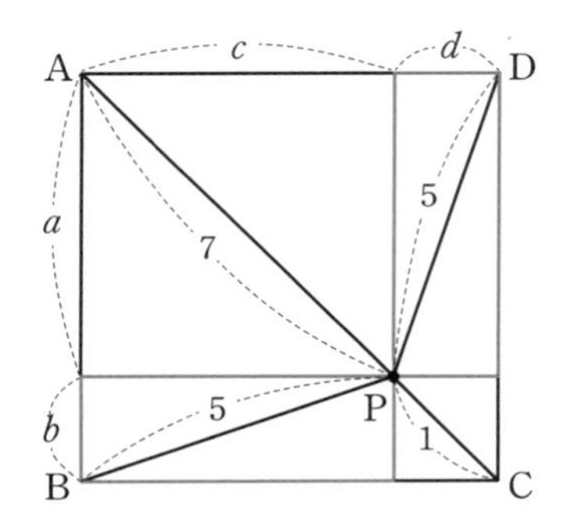

즉 $\overline{AP}$와 $\overline{PC}$는 일직선 위에 있습니다. 따라서 정사각형 ABCD의 대각선의 길이는 8이고, 대각선의 길이가 8인 정사각형 ABCD의 넓이는 32입니다.

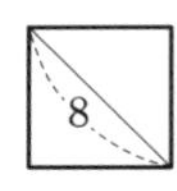

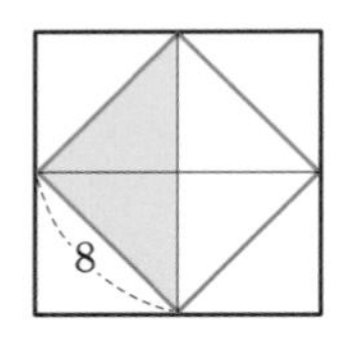

문제 153 다음 그림의 정팔각형에서 각 x의 크기를 구하세요.

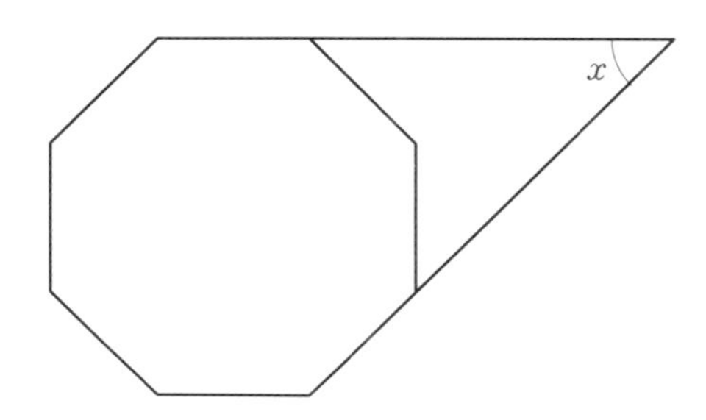

이 문제를 두 가지 방법으로 접근해봅시다. 첫 번째 방법은 아이디어를 생각하지 않고 주어진 각을 파악하는 것입니다. 먼저 정팔각형의 내각의 크기를 생각해봅시다. 정팔각형은 다음과 같이 6개의 삼각형으로 이루어져 있습니다. 따라서 정팔각형의 내각의 합은 $180° \times 6 = 1080°$입니다.

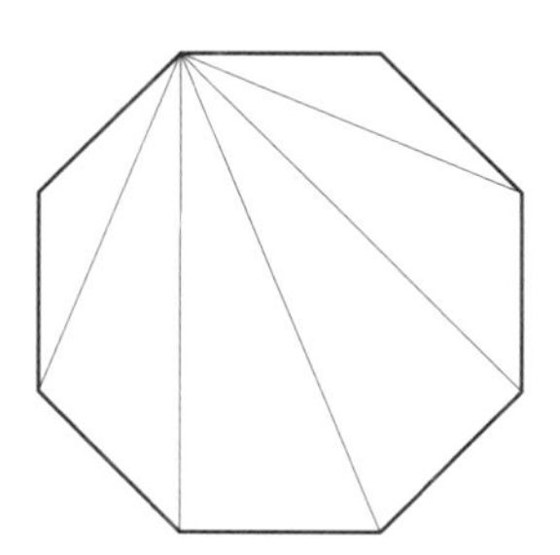

정팔각형의 내각 여덟 개의 크기는 모두 같으므로 한 내각의 크기는 $1080° \times \frac{1}{8} = 135°$입니다. 따라서 문제에 각의 크기에 관한 정보를 표시하면 다음과 같습니다.

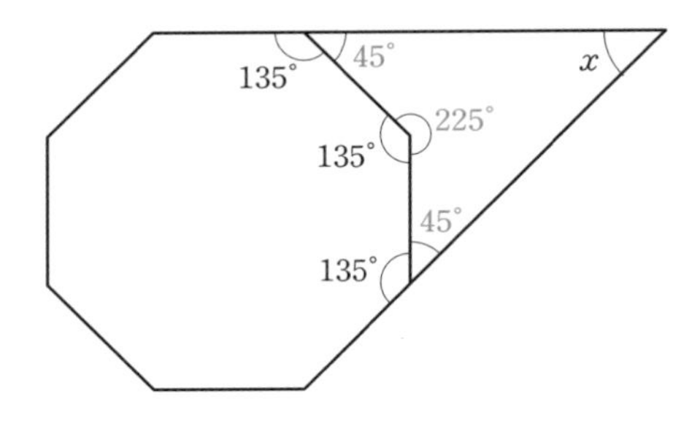

4개의 각이 사각형을 만드므로 $45° + 225° + 45° + x = 360°$ 입니다. 따라서 $x = 45°$ 입니다.

이 문제를 아이디어를 갖고 한번 접근해봅시다. 다음과 같은 삼각형을 한번 생각해볼까요?

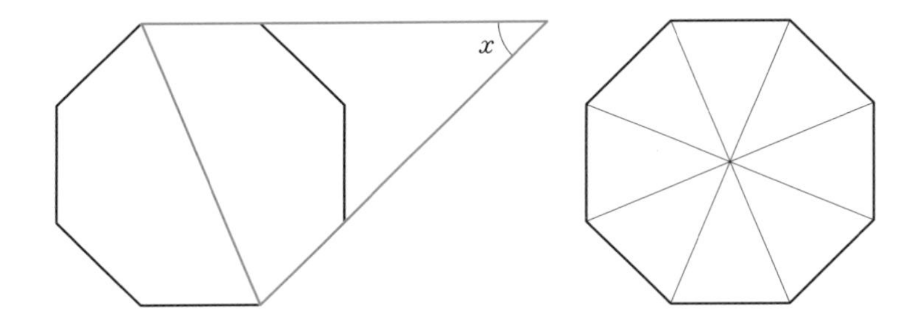

이렇게 각 x를 포함하는 삼각형을 생각하면 x를 제외한 나머지 두 각은 모두 정팔각형의 내각을 반으로 나누는 각임을 알 수 있습니다. 원의 중심을 생각하듯이 정팔각형의 중심을 그림처럼 생각할 수 있기 때문입니다. 따라서 우리가 그린 삼각형에서 x를 제외한 나머지 두 각은 모두 정팔각형의 내각인 135°의 절반입니다. 따라서 두 각의 합은 135°이고 $x = 180° - 135° = 45°$ 입니다.

유클리드기하학은 재밌다

저는 수학 퍼즐을 좋아합니다. 독특한 아이디어가 있는 수학 퍼즐은 생각의 재미를 경험하게 하죠. 우리가 특정한 수학을 공부하려고 하면 미리 알아야 할 것들이 있습니다. 가령 미적분을 공부하려면 해석기하학이나 극한의 개념과 같은 고등학교 1학년 수준의 수학 지식이 있어야 합니다.

하지만 수학 퍼즐은 특별한 지식이 필요 없습니다. 초등학교 4학년 수준의 수학 지식만 있으면 충분히 즐길 수 있죠. 최소 지식으로 최대 아이디어를 경험할 수 있는 것이 수학 퍼즐입니다. 그래서 저는 수학 퍼즐을 좋아합니다. 또한 수학 퍼즐은 수학적인 생각을 하게 하므로 실제로 학생들이 수학 퍼즐을 많이 접하고 경험하면 문제해결능력이 향상되어 학교에서 수학을 공부하는 데 도움이 됩니다. 수학에 대한 흥미를 갖게 되는 것은 물론이죠. 그래서 수학 퍼즐을 모아서 책으로 묶기로 했습니다.

수학 퍼즐을 모아서 책으로 묶는 과정을 진행하며 이런 생각이 들었습니다. 지금 우리가 학교에서 배우는 것과 똑같은 순서로 인류가 수학을 발견하지는 않았을 것 같은데, 그럼 수학이 처음 시작된 고대 그리스의 수학자들은 어떤 수학을 공부했을까? 인류 최초의 수학은 어떤 것이었을까? 이 질문에 답은 유클리드기하학이었습니다.

기원전 300년경 유클리드가 《원론》이라는 책으로 정리한 인류 최초의 수학을 사람들에게 소개해주면 좋겠다는 생각도 들었습니다. 머릿속으로 고대 그리스의 수학자들과 문제 몇 개를 놓고 게임하듯 수학 문제를 풀어보는 가상 대결을 펼치기도 했죠. 이렇게 상상하며 유클리드기하학 문제 중 아이디어가 있는 문제 1,000개 정도를 풀어보았습니다. 1,000개 정도의 문제 중 300개를 우선 뽑았고, 그중 매우 특별한 수인 $153=1^3+5^3+3^3$개를 선별해서 이 책에 싣게 되었습니다.

유클리드기하학 문제 1,000개를 찾아서 풀어보면서 흥미로운 사실을 하나 알게 되었습니다. 이 책에서 소개한 많은 문제는 일본의 중학교 입시문제에서 비롯합니다. 우리나라 학생들은 중학교 입시가 없습니다. 그런데 일본은 중학교 입시가 있어서 공부를 잘하는 초등학생들은 좋은 중학교를 가기 위해 입학시험을 본다고 합니다. 그래서 초등학교 고학년이 되면 입학시험을 대비하는 공부를 하는데, 그 시험에서 많이 나오는 문제가 바로 이 책에서 소개한 유클리드기하학 문제입니다.

공부를 잘하는 한국의 초등학교 4학년 학생이 초등학교 수학교과 지식을 모두 학습했다면 그 학생은 이어서 중학교 수학을 공부합니다. 대부분 지식적인 공부죠. 선행학습을 하는 것입니다. 반면 일본의 초등학교 4학년 학생이 초등학교 수학교과를 모두 공부했다면 그 학생은 이 책에서 소개한 유클리드기하학 문제와 같은 문제를 많이 풉니다. 좋은 중학교에 가기 위한 시험 대비를 하는 것이죠. 최소 지식으로 최대 아이디어가 있는 문제를 많이 풀어보면서 문제해결능력을 키우게 됩니다. 책을 준비하면서 안타까웠던 지점이자 동시에 이 책을 꼭 잘 만들고 싶었던 이유이기도 합니다.

우리는 수학의 개념과 지식을 배우기 위해 수학을 공부하지만, 그보다 더 중요한 것은 문제해결능력입니다. 사람은 누구나 경험을 통해서 배우게 됩니다. 아이디어가 있는 문제를 다양하게 풀어본 학생이 문제해결능력을 키울 수 있습니다.

가끔 고등학교에서 열심히 수학 공부를 하는데 문제해결능력이 부족하여 수학 성적이 좋지 않은 학생들을 보게 됩니다. 개념을 이해하고 관련된 지식은 충분히 학습했지만, 문제해결능력이 부족해서 "나는 수학 머리가 없나 봐!" "수학은 머리 좋게 태어난 사람만 하는 건가 봐"라고 한탄하며 결국 수학을 포기하고 맙니다. 안타까운 현실이죠. 지식은 눈에 보이지만, 문제해결능력은 눈에 잘 보이지 않습니다. 그래서 문제해결능력을 챙기지 못하는 경우가 있는데요, 문제해결능력도 경험을 통하여 쌓고 키워가는 것입니다. 이 책을 통하여 수학적 사고력을 기르고, 문제해결능력을 키워보면 좋겠습니다.

또한 학생이 아닌 일반인은 이 책을 즐기면 좋겠습니다. 이 책의 문제들은 재미있습니다. 재미있게 문제를 즐겼다면 자신도 모르게 머리에 좋은 자극이 갔을 것이고, 수학의 문제해결능력이 자연스럽게 향상되었을 겁니다. 사람들은 자식에게 물고기를 주기보다 물고기 잡는 법을 가르치라고 합니다. 우리에게 필요한 것은 물고기가 아니라 물고기를 잡는 법입니다. 수학 지식이나 개념도 필요하지만 그런 지식과 개념을 활용하여 문제를 해결할 수 있는 문제해결능력을 이 책으로 경험하고 자연스럽게 키워보면 좋겠습니다.